“十二五”职业教育国家规划教材
经全国职业教育教材审定委员会审定

焙烤食品生产

第二版

田晓玲 主编 马 涛 丁原春 主审

BEIKAO
SHIPIN SHENGCHAN

化学工业出版社
·北京·

本书广泛收集焙烤食品生产方面的新技术、新方法、新工艺，并结合编者的教学与生产实践，对各类焙烤食品生产所用原辅料、生产技术、质量标准、常见质量问题及解决方法等做了介绍。在编写过程中按照焙烤食品企业职业岗位的任职要求，参照相关职业资格标准，以产品为导向、以职业技能和职业素养的培养为主旨精选教学内容，按照一体化教学和工作过程系统化的教学思想，开发了面包生产、蛋糕生产、饼干生产、月饼生产、中式糕点生产、西式糕点生产6个学习情境、23个任务。每个任务都设计有相应的生产训练单，汇集成《学生实践技能训练工作手册》，配套于教材，从而便于理实一体化教学的实施。本教材还将内容与多媒体资源库相结合，在某些生产案例中同时附有与之配套的实际制作步骤，读者可以通过使用移动终端扫描与之对应的二维码获得；另外，本书还配有电子课件，可从 www.cipedu.com.cn 下载使用。

本书适合作为高等职业院校食品加工及焙烤类专业教材使用，也可供食品类其他专业选用，或作为行业培训教材使用。

图书在版编目（CIP）数据

焙烤食品生产/田晓玲主编．—2版．—北京：化学工业出版社，2017.9（2024.11重印）
“十二五”职业教育国家规划教材
ISBN 978-7-122-30206-9

Ⅰ.①焙…　Ⅱ.①田…　Ⅲ.①焙烤食品-食品加工-高等职业教育-教材　Ⅳ.①TS213.2

中国版本图书馆CIP数据核字（2017）第164580号

责任编辑：李植峰　迟　蕾　张春娥　　装帧设计：王晓宇
责任校对：边　涛

出版发行：化学工业出版社（北京市东城区青年湖南街13号　邮政编码100011）
印　　装：北京盛通数码印刷有限公司
787mm×1092mm　1/16　印张22　彩插1　字数549千字　　2024年11月北京第2版第8次印刷

购书咨询：010-64518888　　售后服务：010-64518899
网　　址：http://www.cip.com.cn
凡购买本书，如有缺损质量问题，本社销售中心负责调换。

定　　价：49.80元

《焙烤食品生产》（第二版）编审人员

主　编　田晓玲

副主编　崔东波　张海涛　王顺新　黄克强　郑　昕

编写人员（按姓名汉语拼音排列）

崔东波（辽宁农业职业技术学院）

黄二升（沈阳康福食品有限公司）

黄克强（辽宁农业职业技术学院）

李艳丽（沈阳桃李面包股份有限公司）

路红波（辽宁农业职业技术学院）

田晓玲（辽宁农业职业技术学院）

汪海涛（辽宁现代服务职业技术学院）

王顺新（河北女子师范职业技术学院）

魏晓华（威海职业技术学院）

张海涛（辽宁农业职业技术学院）

张美枝（内蒙古农业大学职业技术学院）

张　勇（北京好利来工贸有限公司）

郑　昕（深圳第二高级技工学校）

邹青松（可露丽丝）

主　审　马　涛（渤海大学粮油科学与技术研究所）

丁原春（黑龙江职业学院）

前言

焙烤食品工业在食品工业中占有一定的比重，其产品直接面向市场，直观地反映了人们的饮食文化水平及生活水平的高低。自改革开放以来，我国的焙烤食品工业得到了较快的发展，产品的门类、花色品种、数量质量、包装装潢以及生产工艺和装备，都有了显著的提高。人们消费方式的变化也为烘焙食品产业的快速发展带来了前所未有的机会。本书广泛收集焙烤食品生产方面的新技术、新方法、新工艺，并结合编者的教学与生产实践，对各类焙烤食品生产所用原辅料、生产技术、质量标准、常见质量问题及解决方法等做了介绍。在编写过程中按照焙烤食品企业职业岗位的任职要求，参照相关职业资格标准，以产品为导向、以职业技能和职业素养的培养为主旨精选教学内容，按照一体化教学和工作过程系统化的教学思想，开发了面包生产、蛋糕生产、饼干生产、月饼生产、中式糕点生产、西式糕点生产6个学习情境、23个任务。每个任务都设计有相应的生产训练单，汇集成《学生实践技能训练工作手册》，配套于教材，从而便于理实一体化教学的实施。学生通过完成各项工作任务，达到知行合一，有利于深入掌握教学内容，同时提高学生的自主学习能力、自身实践能力和职业素质。

本书由辽宁农业职业技术学院田晓玲主编，田晓玲、黄克强负责全书统稿，渤海大学粮油科学与技术研究所所长马涛教授、黑龙江职业学院丁原春教授担任主审。本书共分6个学习情境。编写分工如下：学习情境一由崔东波编写，学习情境二由田晓玲编写，学习情境三由张海涛、黄克强编写，学习情境四由路红波、张海涛编写，学习情境五由崔东波、张美枝编写，学习情境六由张海涛、田晓玲、王顺新编写，《学生实践技能训练工作手册》由魏晓华、汪海涛整理。深圳第二高级技工学校郑昕、北京好利来工贸有限公司的张勇、可露丽丝的邹青松、沈阳康福食品有限公司的黄二升及沈阳桃李面包股份有限公司的李艳丽等参与了本书的典型工作任务的提取和策划工作。本教材还将内容与多媒体资源库相结合，在某些生产案例中同时附有与之配套的实际制作步骤，读者可以通过使用移动终端扫描与之对应的二维码获得；另外，本书配有电子课件，可从 www.cipedu.com.cn 下载使用。

在本书编写过程中，辽宁农业职业技术学院给予了很多的支持和帮助，在本书的编写中也参考了大量相关的资料，在此一并向相关人员表示衷心的感谢！

由于本教材内容涉及面较广，编者水平和经验有限，书中不当之处在所难免，敬请同行专家和广大读者批评指正。

编者

2017年3月

第一版前言

本教材按照焙烤食品企业职业岗位的任职要求，参照相关职业资格标准，以产品为导向，以职业技能和职业素养的培养为主旨精选教学内容，按照理实一体化教学和工作过程系统化的教学思想，开发了5个学习情境，20个工作任务。在编写过程中，广泛收集焙烤食品生产方面的新技术、新方法、新工艺，并结合编者的教学与生产实践，对各类焙烤食品生产所用原辅料、生产技术及质量标准等做了介绍，同时将每个工作任务相应的生产训练单，汇集成《学生实践技能训练工作手册》，便于理实一体化教学的实施。学生通过完成各项工作任务，达到知行合一，有利于学生深入掌握教学内容，同时提高自身实践能力和职业素质。

本书由辽宁农业职业技术学院田晓玲主编，田晓玲、黄克强负责全书统稿，辽宁省农业科学院食品与加工研究所马涛所长主审。在本书编写中，辽宁农业职业技术学院的领导和老师给予了很多的支持和帮助，在此表示衷心的感谢。

本书共分5个学习情境。编写分工：学习情境1由崔东波编写，学习情境2由田晓玲编写，学习情境3由张海涛、黄克强编写，学习情境4由路红波编写，学习情境5由崔东波、张海涛、黄克强编写，附录由黄克强整理，《学生实践技能训练工作手册》由梁文珍、徐凌整理。张勇、黄二升、徐纯远等参与了本书的典型工作任务的提取和策划工作。

在本书的编写中，参考了相关的文献资料，在此谨向文献作者表示衷心的感谢！

由于编者学识和水平有限，书中不当之处在所难免，敬请同行专家和广大读者批评指正。

编者

2011年2月

目录

目录

目录

目录

Contents

目录

目录

目录

目录

目录

目录

学习情境一

面包生产

【知识储备】

面包是以小麦粉、酵母、食盐、水为主要原料，以鸡蛋、油脂、奶粉、果仁等为辅料，经过发酵、整形、成形、醒发、烘烤、冷却等过程加工而成的焙烤食品。面包生产历史悠久、品种丰富、数量众多，而且面包内部组织膨松，营养丰富，易于消化吸收，食用方便，越来越受到广大消费者的青睐，在人们的饮食生活中占据越来越重要的地位。

一、面包的分类

1. 按面包的柔软度分类

（1）硬式面包

配方中使用面粉、酵母、水、盐为基本原料，糖、油脂用量少于4%，表皮硬脆、有裂纹，而内部组织柔软的面包。如荷兰面包、维也纳面包、法国长棍面包、英国面包、俄罗斯面包以及我国哈尔滨生产的塞克、大列巴等面包。

（2）软式面包

配方中使用较多的糖、油脂、鸡蛋、水等柔性原料，糖、油脂用量皆在4%以上，组织松软、气孔均匀的面包。如主食面包、汉堡包、热狗、三明治等，我国生产的大多数面包属于软式面包。

2. 按生产方法分类

（1）快速发酵法面包。

（2）一次发酵法面包。

（3）二次发酵法面包。

3. 按面包内外质地分类

（1）软质面包

具有组织松软而富有弹性、体积膨大、口感柔软等特点。

（2）硬质面包

具有组织紧密、有弹性、经久耐嚼的特点。其含水量较低，保质期较长。

（3）脆皮面包

具有表皮脆而易折断、内心较松软的特点。烘烤过程中，需要向烤炉中喷蒸汽，使炉内保持一定湿度，有利于面包体积膨胀爆裂和表面呈现光泽，达到皮脆质软的要求。

（4）松质面包

松质面包又称起酥面包，是以面粉、糖、酵母、油脂等为原料搅拌成面条，冷藏松弛后裹入奶油，经过反复压片、折叠，利用油脂的润滑性和隔离性使面团产生清晰的层次，制成各种形状，经醒发、烘烤而制成的口感特别酥松、层次分明、入口即化、奶香浓郁的面包。

4. 按用途分类

(1) 主食面包

主食面包亦称配餐面包，配方中辅助原料较少，为面粉、酵母、盐和糖，含糖量不超过面粉的7%。

(2) 点心面包

点心面包亦称高档面包，配方中使用较多的糖、奶粉、奶油、鸡蛋等高级原料。

(3) 餐包

一般用于正式宴会和讲究的餐食中。

(4) 快餐面包

为适应工作和生活节奏应运而生的一类快餐食品。

5. 按成形方法分类

(1) 普通面包

以面粉为主要原料制成的成形比较简单的面包。

(2) 花色面包

指成形比较复杂，形状多样化的面包。

二、面包生产原辅料

1. 面粉

面粉是面包制作的最重要原料，面粉的性质对面包的加工工艺和品质起着决定性的作用。选择面包粉应从以下几个方面考虑。

① 面筋的数量和质量　所谓面筋，就是面粉中的麦胶蛋白和麦谷蛋白吸水胀润后形成的浅灰色柔软的胶状物。面包使用的面粉要求面筋含量高，湿面筋含量达到32%～40%，面筋弹性好，延伸性大。一般采用面包专用粉、高筋粉（强力粉）、麦芯粉等。

② 搅拌力和发酵耐力　所谓搅拌（发酵）耐力，是指面团能承受的超过了预定的搅拌（发酵）时间的能力。搅拌（发酵）耐力好的小麦粉，即使搅拌（发酵）时间略有超过，也能制出优质面包。此外，这种小麦粉的适应性强，容易操作，也容易保证产品的质量。

③ 吸水量　吸水量直接影响面包的出品率、保存期及面团的柔软程度。吸水量高，不仅面包心柔软，而且货架期长，有利于产品的保鲜与储藏。另一方面，吸水量高，出品率高，可以降低成本。一般要求吸水率在45%～55%为宜。

④ 面粉颜色　面粉颜色影响面包心的颜色。粉质洁白，灰分低，杂质少，做出的面包体积大，肉色白，口感好。

⑤酶活性　小麦粉行业标准使用降落数值（FN）来表明其活力情况。面包粉FN值在250～350为好。

面粉在使用时应注意粉温的调节。冬季应提前将面粉放在温度较高的地方，夏季则应注意通风，以保持适宜的粉温。面粉使用前必须过筛，这是为了清除杂物、打碎结块，同时使面粉中混入一定量空气，有利于酵母生长繁殖。

2. 酵母

酵母是基本原料之一，它在面包的生产过程中发挥着重要作用。

① 发酵产生CO_2，使面团膨松并在焙烤过程中膨大，疏松面包的组织；

② 增加面包风味，发酵产物如乙醇、有机酸、醛、酮类、酯类等能增加面包风味；

③ 酵母本身含有丰富的营养物质，可提高面包的营养价值。

目前生产上使用的酵母种类主要有鲜酵母（见图1-1）、活性干酵母（见图1-2）和即发性干酵母（见图1-3）。鲜酵母活性不稳定，需冷藏。活性干酵母具有活性稳定、易保存、易运输、使用方便等优点，近年来使用较多。即发性干酵母活性远远高于鲜酵母和活性干酵母，使用量低，活性特别稳定，成本及价格较高，使用时不需活化。

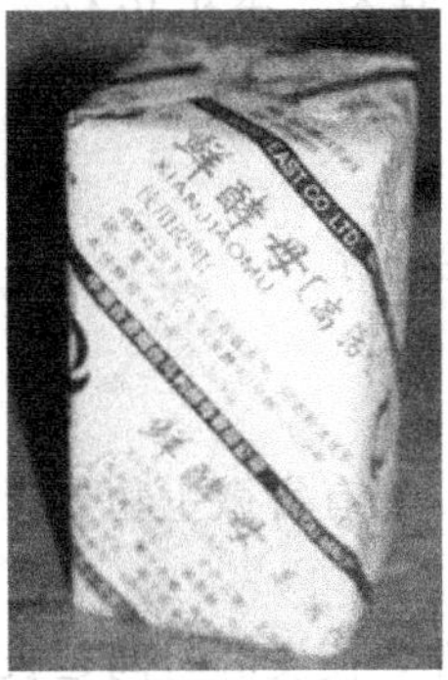

图1-1 鲜酵母

图1-2 活性干酵母

图1-3 即发性干酵母

一般鲜酵母为面粉量的3%左右，干酵母为面粉量的1%～2%。通常使用一次发酵法制作主食咸面包时，酵母可用1.5%～2%左右（以鲜酵母计），二次发酵法则可降为0.75%～1%，快速发酵法则需增加至2.5%～3%。

酵母的用量可根据原料性质、配方、面包制作方法以及操作条件等调整。使用不同种类的酵母，其用量比例如下：鲜酵母∶活性干酵母∶即发活性干酵母＝100∶（45～50）∶（30～35）。

鲜酵母与活性干酵母在使用前要经过活化处理，鲜酵母应提前从冷藏柜中拿出，待解冻后放入30℃左右的温水中，混合成乳状液，活化10～15min；活性干酵母使用时应复水和活化，复水时温度一般为40℃。

3. 食盐

食盐是制作面包不可缺少的原料之一，人们常说："做面包可以没有糖，但是不能没有盐。"盐在面包制作中起了非常重要的作用。

① 调味作用　调节原料的风味，衬托出发酵后的酯香，加少量食盐后能使甜味更加鲜美柔和。

② 增强面筋筋力　食盐能够使面筋结构紧密，增加面筋的弹性与强度，易于扩展延伸。由于面筋品质得到改善，使面包的质量也有了提高，气孔组织均匀细致，面包心颜色也更白。

③ 调节控制发酵速度　食盐用量达到面粉量的1%时即可产生明显的渗透压，对酵母发酵有抑制作用，降低发酵速度，可以用改变食盐用量的方法来控制面团发酵的速度。

④ 增加和面时间　食盐会降低面团吸水量，又能抑制蛋白酶的活力，因此需要更长的和面时间，才能使面团达到要求。一般使用2%食盐时，和面时间大约需要延长80%。

⑤ 抑菌作用　食盐对霉菌及其他有害菌的生长有一定的抑制作用。

食盐应色泽洁白，无可见的外来杂质，无苦味、无异味，氯化钠含量不得低于97%。食盐一般用量约为面粉重的0.6%～3%，甜面包用量在2%以内，咸面包不超过3%。

食盐用量还应根据面粉筋力强弱、辅料多少、发酵时间长短、水质软硬等不同而加以调整。一般面粉筋力强、辅料少、发酵时间短、水质硬者，少用盐；反之多用。为了缩短和面时间，可以采用后加盐法，即在和面结束前几分钟时再将食盐加入面团。

4. 水

生产面包的用水量为面粉的 55%～60%，它是生产面包的基本原料，其用量仅次于面粉而居第二。水在面包生产中发挥重要作用。

① 水化作用　使蛋白质吸水、胀润形成面筋网络，构成制品的骨架；使淀粉吸水糊化，有利于人体消化吸收。

② 溶剂作用　溶解各种干性原、辅料，使各种原、辅料充分混合，成为均匀一体的面团。

③ 调节和控制面团的黏稠度及面团温度。

④ 有助于生化反应　酵母发酵以及酶解反应必须有水存在才能进行。

⑤ 延长制品的保鲜期。

⑥ 作为烘烤中的传热介质，水可以用来传递热能。

水质要求符合食品加工的卫生要求，水质透明、无色、无异味、无有害微生物、无致病菌，中等硬度，微酸性，pH 为 5～6 为宜。

硬度过高的水会降低面粉中面筋蛋白的吸水性，增加面筋的韧性，使发酵时间延长，不利于生产，而且面包口感粗糙；硬度过低的水会使面包柔软而发黏，面团骨架松散，容易塌陷，体积小。碱性过强的水能中和面团酸度、抑制酵母的生长和繁殖、抑制酶活力；酸性过强的水可增加面团酸度，使口感劣变。

5. 糖

面包生产中常用的是蔗糖、淀粉糖浆、葡萄糖浆、饴糖、蜂蜜等。糖是面包生产中的主要辅料之一，在面包生产中发挥重要作用，主要有以下几方面：

① 提高面包的色泽和香味。糖类物质发生美拉德反应和焦糖化作用，形成面包特有的风味和色泽。

② 给酵母提供营养，有助于酵母生长繁殖。适量的糖可加快面团的发酵速度；但糖量太大，会影响酵母的生长和面团的发酵速度，延长发酵时间，因此在生产中应引起注意。主食面包糖用量一般为面粉量的 4%～6%，甜面包可以达到 15%。

③ 提高产品的货架寿命。糖的吸湿性使产品保持柔软和新鲜；糖的高渗透压抑制微生物的生长；还原糖的抗氧化性延缓了高油产品中油脂的氧化酸败。

④ 提供产品的甜味，提高营养价值。

6. 油脂

面包的制作要求油脂有可塑性，可塑性好的油能与面团一起伸展，因而加工容易，产品质量好，可以使面包体积发大。主要使用的有猪油、氢化起酥油、面包用人造奶油、面包用液体起酥油等。

油脂在面包生产中的作用如下：

① 改善风味与口感，提高营养价值。

② 面包品质的改进。当面包面团中加入 2%～6%油脂时，可得到如下改进效果。

a. 面包体积可增加 2%～4%；

b. 面包心更柔软，并具有丝绒般光泽；

c. 当油脂用量在 2%～5%时，可使气孔组织更加均匀（油脂用量太多则因对面筋形成的影响明显而会使颗粒组织变粗，气孔壁变厚）；

d. 面包皮更柔软，更富有光泽；

e. 保持面包心柔软，延缓面包老化速度。

油脂用量根据面粉质量和面包品种而定，面筋含量高者用油多些，低者少些；主食面包用量少，点心面包用量多。油脂用量通常为面粉量的1%～6%。油脂应在面团调制后期即面团形成阶段加入，否则会影响面团的形成。

7. 蛋与蛋制品

蛋与蛋制品是面包生产的辅料之一，它们可改善面包的色、香、味、形，增加面包的营养价值。同时蛋品中的蛋白质具有良好的发泡性能，烘烤时利于面包的体积增大、组织疏松。另外，蛋黄具有乳化性，可使面团光滑，使面包质地细腻，增加柔软性。生产中常采用的蛋品有鲜蛋、冰蛋、蛋粉等。鲜蛋用量为面粉用量的5%左右。

8. 乳与乳制品

乳与乳制品营养丰富、具有特有的奶酪香味和良好的加工性能，在面包的生产中已广泛应用。乳与乳制品可提高面团的吸水量，增强面筋筋性，提高面团的持气性和耐发酵性，从而改善面包的组织结构，延缓面包的老化。生产中一般使用奶粉较多，用量为面粉量的4%～6%，可以混入面粉中使用。为了保证面包的质量，要求乳制品无异味、不结块发霉、没有酸败。

9. 面团改良剂

在面包的生产过程中，面团的性能对成品质量、加工工艺的顺利操作起着决定性作用。因此，常常在配料中添加一些化学物质来改善面团的加工性能，以达到适合工艺需要、提高产品质量的目的，此类化学物质称为面团改良剂。目前生产中使用的面团改良剂主要有氧化剂、还原剂、乳化剂、酵母营养剂、酶制剂、pH 值调节剂和硬度调节剂等，用以改善面团的加工特性。

三、面包生产工艺

面包生产工艺均要经过搅拌、发酵、整形、醒发、烘烤五个主要工序，还有冷却与包装等成品处理的工序。

1. 面团的调制

面团调制又称调粉、打粉、搅拌或和面（见图1-4），就是将配方中的原辅料按照一定的顺序和操作工艺调和成具有弹性和可塑性的含水固形物。面团搅拌是面包生产的第一道工序，也是一道关键工序，它的正确与否在很大程度上影响着后续工序的进行和成品质量。

图1-4 面团的搅拌

（1）搅拌的目的

① 充分混合所有原料，使各种原辅材料混合在一起，并均匀地分布在面团的每一个部分，形成一个质量均一的整体。

② 加速面粉吸水，促进蛋白质吸水胀润形成面筋，缩短面筋形成时间。

③ 扩展面筋，使面团具有良好的弹性、伸展性和流动性，改善面团的加工性能。

（2）面团搅拌过程中的物理与化学变化

① 物理变化　通过搅拌钩的不断运动，使面粉、水及所有原料充分混合，这个过程称为水化作用，从而形成面筋，并由于搅拌钩对面团不断地重复推揉、折叠、压延等机械动

作，使面筋得到扩展，达到最佳状态，成为既有一定的弹性又有一定的延伸性的面团。同时，搅拌所产生的摩擦热，会使面团的温度有所升高。

② 化学变化　面团形成过程中发生着复杂的化学变化，其中最重要的是面筋蛋白质的含硫基团（如胱氨酸和半胱氨酸）中巯基和二硫基之间的变化。面团在搅拌时，在进入面团内空气的作用下，—SH 发生氧化，生成双硫键—S—S—，使原来杂乱无章的蛋白质分子相互连接成三维空间，形成网状结构即面筋，因而能够保持气体，并使面团膨大、疏松。

（3）搅拌的工艺特性

① 拾起阶段　也称混合原料阶段，在这个阶段，配方中的干性原料与湿性原料混合，成为一个粗糙且湿润的面块，这时面筋还未开始形成，用手触摸时面团较硬，无弹性，也无延伸性，整个面团显得粗糙，易散落，表面不整齐。

② 成团阶段　也称面筋形成阶段，在这个阶段，面团中的面筋已开始形成，配方中的水分已经全部被面粉等干性原料均匀地吸收。由于面筋的形成，使面团产生了强大的筋力，使面团结合在一起，开始不再粘缸，并附着在搅拌钩上，随着搅拌轴的转动而转动。此时，用手触摸面团时仍会粘手，表面很湿，用手拉取面团时无良好的延伸性，缺少弹性，容易断裂。

③ 面筋扩展阶段　随着面筋不断形成，面团性质由坚硬变为少许松弛。面团表面渐趋于干燥而且较为光滑有光泽，用手触摸时有弹性，而且柔软，具有延伸性，但仍易断裂。

④ 面筋完成阶段　在此阶段，面筋已完全形成，面团变得非常柔软，干燥且不粘手，面团内的面筋已达到充分扩展，且具有良好的延伸性，此时随着搅拌钩转动的面团又会黏附在缸壁。但当搅拌钩离开时，面团又会随钩而离开缸壁，并不时发出“噼啪”的打击声和“唧唧”的粘缸声。这时面团的表面干燥而有光泽，细腻整洁无粗糙感，用手拉取面团时有良好的弹性和延伸性，并且能拉出一块儿很均匀的半透明的面筋膜（见图 1-5）。整个薄膜分布很平均、光滑，用手指戳破，无不整齐的裂痕。现在为搅拌的最佳阶段，即可停止，进行下道工序。

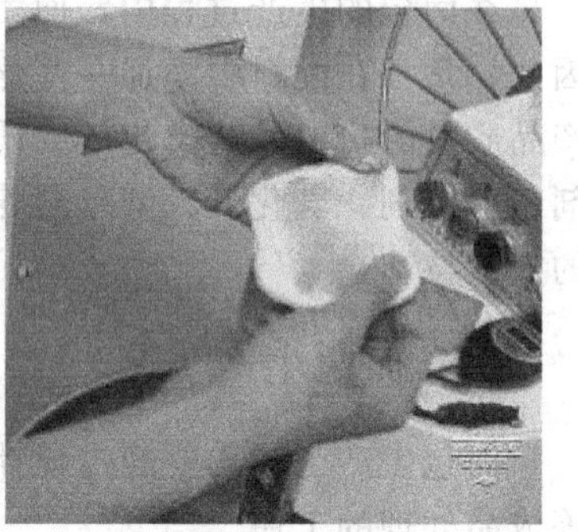

图 1-5　面筋膜

⑤ 搅拌过度阶段　当面团搅拌到完成阶段后仍继续搅拌，则面筋超过了搅拌耐力，就会逐渐打断。则此时面团外表会再度出现含水的光泽，面团开始黏附在缸壁而不再随搅拌钩的转动而离开。在这个阶段，当停止搅拌时，可看到面团向缸的四周流泻，用手拉取面团时已失去良好的弹性和延伸性，且很粘手。搅拌到这个程度的面团，会严重影响面包成品的质量。

⑥ 面筋打断阶段　再继续搅拌下去，面团已开始水化，越搅越稀且流动性很大，表面很湿，非常粘手，当停机后面团很快流向缸的四周，搅拌钩已无法再将面团卷起，用手拉取面团时，手掌将会粘有线状透明胶质。这时面筋已彻底被破坏，不能再用于制作面包。

（4）搅拌对面包品质的影响

① 搅拌不足　面团若搅拌不足，因面筋未能充分地扩展，没有良好的延展性和弹性，这样既不能保存发酵中所产生的气体，又无法使面筋软化，所以做出来的面包体积小，两侧往往向内陷，内部组织粗糙且多颗粒，颜色发黄，结构不均匀且有条纹。搅拌不够的面团因性质较湿或干硬，所以在整形操作上也较为困难，很难滚圆至光滑，使面包成品外表不整齐。

② 搅拌过度　面团搅拌过度，因面筋已经打断，导致面包在发酵产气时很难包住气体，使面包体积扁小。面团则过分湿润，黏手，造成在整形操作上极为困难，面团滚圆后也无法

挺立，向四周流淌。

（5）影响搅拌的因素

① 加水量　面团加水量要根据面粉的吸水率而定，一般在面粉量的45%～55%的范围内（其中包括液体辅料中的水分）。水分的多少将影响面团的软硬，所以一定要掌握用于制作面包面粉的吸水量。

② 面团温度　面团温度低，所需卷起的时间较短，而扩展的时间应予以延长，如果温度高，则所需卷起的时间较长。如果温度超过标准太多，则面团会失去良好的延展性和弹性，卷起后已无法达到扩展的阶段，使面团变成脆和湿的性质，对烤好的面包品质影响也很大。水的温度是控制面团温度的一个重要手段。

③ 搅拌机速度　搅拌机的速度对搅拌和面筋扩展的时间影响很大，快速搅拌面团卷起时间快，达到完成的时间短，面团搅拌后的性质较好。如慢速搅拌则所需卷起的时间较久，而面团达到完成阶段的时间就长。

④ 面团搅拌的数量　搅拌面团的时候，搅拌机的能量也有一定的负荷力，过少和过多都会影响到搅拌的时间，原则上面团的一次搅拌数量以不低于规定量的1/3和不超过规定量为原则。

⑤ 配方的影响　配方中如果柔性原料过多，则所需卷起的时间较久，搅拌的时间也相应延长；如果韧性原料过多，则所需卷起的时间较短，其面筋的扩展时间也短。

2. 发酵

发酵是继搅拌后面包生产中的第二个关键环节。发酵好与否，对面包产品的质量影响极大。有人认为发酵对面包品质的影响负有70%的责任。发酵就是在一定的温度和湿度条件下，酵母利用面团中糖类充分地繁殖生长，产生大量的CO_2和各类风味物质；同时发生一系列复杂的生物化学变化，使面团膨松富有弹性。

（1）发酵过程中的物质变化

① 糖类的变化　面团内所含的可溶性糖有单糖和多糖。单糖主要有果糖和葡萄糖，是酵母生长繁殖的最好营养物质。双糖主要是蔗糖、麦芽糖和乳糖。在发酵时，酵母菌本身可以分泌麦芽糖酶和蔗糖酶，这两种酶可以将面团中的蔗糖及麦芽糖分解为酵母可以利用的单糖。

无氧呼吸是面团发酵中的主要生化过程，这种反应在面团发酵后期尤为旺盛。从理论上讲，面包在发酵过程中的有氧呼吸和发酵是有严格区别的两个生化过程，但在面包生产中，这两种变化往往同时进行，很难区分，不过在不同发酵阶段所起的作用不同。

② 蛋白质的变化　在发酵初期，面筋蛋白在氧和氧化剂作用下，分子中的巯基向二硫键转化，蛋白质网络结构强化，坚韧而紧缩。随着氧的逐渐减少，二硫键向巯基方向转换。另外，在发酵中蛋白质在面粉自身带有的蛋白酶的作用下发生酶解。

③ 代谢产物　酵母发酵的终产物主要有CO_2、乙醇、有机酸、热量。

随着发酵的进行，酵母代谢产物也逐渐积累，CO_2能使面团膨松、发起。乙醇是发酵的主要产物之一，也是面包制品的风味及口味来源之一。有机酸是面包味道的来源之一，同时也能调节面筋成熟的速度。面包中主要有乳酸、醋酸等有机酸和碳酸以及极少量的硫酸、盐酸等无机强酸。酵母进行有氧呼吸和发酵时都会产生热量，这就是发酵后的面团温度有小幅度上升的原因。

（2）发酵操作技术

① 发酵的温度和湿度　理想发酵温度为25～30℃，常采用27℃，相对湿度在75%左右。

② 发酵时间　面团的发酵时间不能一概而论，要按所用的原料性质、酵母用量、糖用

量、搅拌情况、发酵温度及湿度、产品种类、制作工艺（手工或机械）等许多因素来确定。

通常情形是：在正常环境条件下，鲜酵母用量为3%的接种面团，经3～4h即可完成发酵。或者观察面团的体积，当发酵至原来体积的4～5倍时，即可认为发酵完成。

③ 翻面技术　翻面也称揿粉，是指面团发酵到一定时间后，用手拍击发酵中的面团，或将四周面团向中间翻压，使一部分CO_2放出，充入新鲜空气，同时使面团混合均匀。翻面这道工序只是直接法需要，而接种面团则不需要。

a. 翻面的目的：充入新鲜空气，促进酵母发酵；促进面筋扩展增加气体保留性，加速面团膨胀；使面团温度一致，发酵均匀。

b. 翻面时机：观察面团是否到达翻面时间，可将手指稍微沾水，插入面团后迅速抽出面团无法恢复原状，同时手指插入部位有些收缩，此时，即可作第一次翻面的时间。

c. 翻面操作：翻面时不要过于剧烈，否则会使已成熟的面筋变脆，影响醒发。

第一次翻面时间约为总发酵时间的60%，第二次翻面时间等于开始发酵至第一次翻面所需时间的一半。例如，从开始发酵至第一次翻面时间为120min，亦即等于总发酵时间的60%，故计算得总发酵时间为200min，可知第二次翻面应在第一次翻面后的60min进行，亦即在总发酵时间的第180min进行。

上述计算是一般方法，实际生产中则应视与发酵有关的各个因素及环境条件决定具体每槽面团的翻面时间，尤其是所用的面粉的性质。例如，通常使用的都是已经熟化了的面粉，翻面次数不可过多，故可省略第二次翻面，只作一次翻面，其时间在总发酵时间的2/3～3/4，大多数都在3/4时进行，这样既减了一次翻面，又缩短了发酵时间，这种面团称为“嫩面团”。

如使用的是蛋白质含量高、筋力强的面粉，则要酌量增加翻面次数，需4～5次，同时提前进行第一次翻面，这种面团称为“老面团”。

④ 面团发酵成熟度的判断方法

a. 手触法：用手指轻压面团表面顶部后，观察面团的变化情况。如四周的面团不向凹处塌陷，被压凹处也不立即复原，仅在凹处周围略微下落，表示面团成熟；如果被压凹处很快恢复原状，表示发酵不足；如果凹处随手指离开而很快跌落，表示面团发酵过度。

b. 看面团状态：用手将面团撕开，如内部呈丝瓜瓤状并有酒香，说明面团已经成熟。用手将面团握成团，如手感发硬或粘手是面团嫩；如手感柔软且不粘手就是成熟适度；如面团表面有裂纹或很多气孔，说明面团已经老了。

c. 温度法：发酵成熟的面团，一般温度比发酵初期上升4～6℃。

d. pH值法：面团发酵前pH值为6.0左右，发酵成熟后pH值为5.0。如果低于5.0，则说明发酵过度。

（3）影响发酵速度及时间的因素

发酵的温度、面团pH、各种原辅料（如糖、盐、酵母、改良剂）用量、面粉性质等以及整形操作、产品类型均对发酵有影响，应注意掌握各种因素。

3. 面包的整形

面包的整形，是指把完成发酵的面团按不同品种所规定的要求进行分割、称量、滚圆（搓圆）、中间醒发、成形和装盘（入模）等过程。

（1）分割与称重

分割是通过称量把大面团分切成所需重量的小面团。按照成品规格的要求，将面团分块称量。一般面包坯经烘烤后，其质量损失为7%～10%，所以在切块称量时要把质量损失考虑在内，称重一定要准确，称重关系到面包成品大小是否一致，避免超重和不足。

① 分割方法　分割与称重有手工操作和机械操作两种。手工分割（见图 1-6）比机械分割不易损坏面筋，尤其是筋力软弱的面粉，用手工分割比机械分割更适宜。机械分割按照体积来分割而使面团变成一定重量的小面团，并不是直接称量分割得到的，所以操作时发酵作用并未结束，仍在继续进行，并且其发酵速度也不减弱，相反有增加的趋势。从分割开始到最后，面团的密度均在变化，所以要注意调整容器出口的大小，以控制不同比重的面团保持同样的重量。

② 分割控制　不论是手工操作还是机械操作，面团的全部分割应控制在 20min 内完成，不可超过。

（2）滚圆

① 滚圆目的　分割后的面团不能立即进行整形，而要进行滚圆，滚圆（见图 1-7）也称搓圆，是将分割后的不规则小块面团搓成圆球状，使面团外表有一层薄的表皮，以保留新产生的气体，使面团膨胀。而且光滑的表皮有利于以后工序机器操作中不会被黏附，烘出的面包表皮也光滑好看，内部组织颗粒均匀。

图 1-6　手工分割

图 1-7　滚圆

② 方法　滚圆分手工搓圆和机械搓圆。手工搓圆是掌心向下，五指握住面块，在案面上向一个方向旋转，将面块搓成圆球形。机械搓圆是由搓圆机完成的，目前我国采用的搓圆机大致有三种，即伞形搓圆机、锥形搓圆机、桶形搓圆机。

在滚圆操作中要注意的是撒粉不要太多，防止面团分离。用机器操作时，除了撒粉不要太多外，还要尽量均匀，以免面包内部有大孔洞或出现条状硬纹。

（3）中间醒发

中间醒发亦称静置。小块面团经切块、搓圆后，排除了一部分气体，内部处于紧张状态，面团缺乏柔软性，如立即成形，面团表面易破裂，内部裸露出来，具有黏性，面筋受到了极大的损伤，包不住气体，面包体积小，外观差，保存时间短。中间醒发虽然时间短，但对提高面包质量具有不可忽视的作用。

① 作用　可缓和由切块、搓圆工序产生的紧张状态；可使酵母恢复活性，内部产生气体，使面筋恢复弹性，调整面筋延伸方向，增强持气性，使面团柔软，表面光滑，易于成形；使处于紧张状态的极薄的表皮层不会在整形加工时黏附在压延辊上。

② 工艺条件　温度为 27～29℃，相对湿度为 70%～75%；中间醒发所需时间不等，主食面包面团的醒发时间大约为 10～12min，花色面包为 12～17min，硬面包为 15～20min。

一般都在常温环境下进行中间醒发，大多数都是依靠面团本身的温度和水分的蒸发来调节的。不过，环境温度如果太低，那就要求密闭得相当好，以防止温湿度的下降。在夏季还要注意降温，否则面团表面会出现软化、风干等不良因素。

机械化生产线则有中间醒发箱设备，面团运行时间可任意调整，并可控制温度和湿度。面团经滚圆后自动落入中间醒发箱的布袋上，到了规定时间，即自动送到压片机。

③ 判别醒发的程度　主要观察面团体积膨大的倍数。通常以搓圆时的体积为基数。如果膨大到原来体积的1.7～2倍时，就可认为是合适的程度。假定体积膨胀不足，面块伸展性就比较差。如膨胀过度在成形时将急速起发，容易引起表皮开裂。

(4) 整形

整形是把面包做成产品所要求的形状。

① 手工整形　包括压片及成形两部分。压片（见图1-8）是把面团中原来不均匀大气泡排除掉，使面团内新产生的气体均匀分布，保证面包成品内部组织均匀。压片可用擀面棍或用手压排气，成形用手搓卷。成形是把压片后的面团薄块做成产品所需的形状，使面包外观一致、式样整齐。

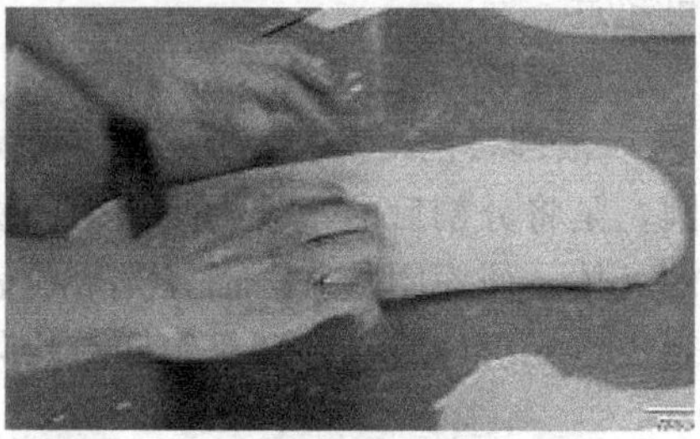
图1-8　手工压片

常见的花色面包有圆形的、方形的、长方形的、蛋形的、多边形的、三角形的、椭圆形的等。

有仿植物造型的面包，例如佛手面包、棍棒面包、菠萝面包、香蕉面包等；有仿动物造型的青蛙面包、黄鱼面包、虾形面包、蝴蝶面包、小鸭面包等。

② 机械整形　一般主食面包的生产，都是用整形机整形。整形机分压片、卷折、压紧三部分。压片部分有2～3对滚轴，从中间醒发箱出来的面团经滚轴压薄成扁平的圆形或椭圆形。此时面团内的气体大部分被压出，内部组织已比较均匀。然后，经过卷折部分，由于铁网的阻力而使面团薄块从边缘处开始卷起，成为圆柱体，最后圆柱体面团经过压紧部分的压板，较松的面团被压紧，同时面团的接缝也被黏合好。

影响面团整形的有面团本身性质和整形机调整情况。

面团本身性质包括：配方原料、搅拌程度、发酵情况等。如搅拌不足，面团较硬且脆，整形困难；搅拌过度，则延展性过大，成形不够紧密。

整形机本身的情况对面团整形结果影响较大。如压片部分滚轴间距的调整，如果滚轴调得太紧，面团会被撕破，内部暴露而黏附在机器上，影响操作；若滚轴太松，则虽经压片，但面团内的气体无法压出或压出不多，面团内部气体分布不均，导致面包成品内部组织不均匀，有大孔洞或颗粒粗糙的现象。

卷折时，一般要求面团薄块卷到一定圈数——两圈半。过多或过少时可调整输送带的速度。

(5) 装饰

面包装饰用的原辅料很多，主要有以下几种装饰方法。

① 刷蛋液　用毛刷将蛋液涂刷在面包表面，进炉烘烤以后，表面会出现棕黄的光泽。

② 撒砂糖　将白砂糖撒在面包表面，用稍低的炉温烘烤，面包表面形成一层晶莹的砂糖粒；将白糖粉撒在烤熟后涂油或糖浆面包的表面，增加美观和甜度。

③ 装饰果仁　将果仁包括花生、芝麻、核桃及椰丝之类撒在面包表面，增加和改善外观，将五颜六色的水果蜜饯切成小丁，撒在表面增加美观，提高口味和营养价值。

④ 其他　冰淇淋浆是一种特殊的面包表面涂料，能增加美观；白马糖是一种特制的面

包表面装饰料，能增加美观与甜味。

4. 装盘

装盘（或装听）就是把成形后的面团装入烤盘或烤听内，然后去醒发室醒发。

（1）装盘（或装听）的方法

分为手工和机械两种。在装入面包坯前，烤盘或烤听必须先刷层薄薄的油，防止面团与烤盘（听）粘连，不易脱模。面刷油前应将烤盘（听）先预热60～70℃，然后再刷油，否则，凉盘（听）刷油比较困难，拉不开刷子，还浪费油。

（2）装盘（或装听）注意事项

面团的间距必须均匀一致，四周靠边沿部位应距盘边3cm。

装盘时不能出现“一头沉”现象，即面团靠烤盘一端装得多，另一端出现空盘。这样醒发时势必造成面团互相挤压变形。

制作夹馅面包时，面片涂抹上馅料后，再卷成圆筒状，分块后水平放在烤盘上，不要切口朝下，以免焦煳。

使用烤听烤制面包时，特别是将烤制长方形或方形面片卷成圆筒状后，一定要把封口处朝下，并应偏向发酵后膨胀方向相反一方，以使发酵后的面团封口处正在下方位。

加工夹馅或不夹馅方形面包不用烤听，全部用平盘，每盘摆放多少面团应根据每个面团剂量大小和烤盘来确定。通常应先摆几盘进行试验，如果醒发后面团膨胀互相连接在一起，充满整个空间而成形，即表示装盘合适。然后，趁热手工分开即可。

5. 面包的最后醒发

（1）目的

使面团重新产气膨松，以得到制成品所需的体积，并使面包成品有较好的食用品质。在醒发阶段可对前几道工序所出现的差错进行一些补救，但若醒发时发生差错，则再无办法挽回，使前部分操作所得全部报废，只能制作出品质极差的面包成品。

（2）影响醒发的因素

① 温度　温度维持在35～38℃，相对湿度在80%～85%。在此条件下，面团发酵速度最快，使涨到原来体积的两倍以上，而且可防止面团在发酵时表面干皮。假如最后发酵箱的温度过低，则面团发酵时间过长，使烤出来的面包体积小，组织粗糙，且表皮下的组织会形成大的不规则孔洞，相反如果发酵的温度过高，面团的内部与表面发酵不均匀，同时，过高的温度会使面团表皮的水分蒸发过快，而造成表面结皮，影响面包的表皮质量，烤出来的面包失去应有的风味，同时缩短了储存时间。

② 湿度　湿度低，面团表面结皮快，因此面团表皮失去弹性，抑制面包在烤炉内的膨胀，结果面包体积小，同时面包顶部有盖，而且干皮，在烘焙时导致面包表皮颜色浅，欠缺光泽，且有许多斑点。湿度亦不可太大，如太大会使烤出来的面包表皮韧性增大，且多泡易碎裂，内部组织粗糙，影响外观及食用质量。

③ 醒发的时间　最后发酵的时间应尽量缩短，最后发酵的时间越短，做出的面包组织越好。其长短依照醒发室的温度、湿度及其他有关因素（如产品类型、烘炉温度、发酵程度、搅拌情况等）来确定。一般以达到成品体积的80%～90%为准，通常是55～65min。过度的最后发酵，使面包表皮白、颗粒粗、组织不良、储存时间短、味道太酸。而最后发酵不足的面包，体积小、顶上有盖、表皮颜色为红褐色，边有烧焦的现象。

（3）最终发酵程度的判断

最终发酵到什么程度入炉烘烤，这是关系到面包质量的一个关键环节。主要是根据面粉的性能和品种的不同，凭经验来判断，常采用的方法如下。

① 看体积　如果根据经验知道烤后面包的大小，那么发酵膨胀到烤后体积80%的程度即可，其余20%留在烘烤时膨胀，这样即可烤成预期的面包。

② 看膨胀倍数　观察成形后的面包坯容积是整形时的3～4倍，这是凭经验来确定的。

③ 看形状、透明度和触感　与上述两种方法不同，这种方法不是按照量的方法而是按照质的方法。面包坯随着发酵的进行，不仅形状增大，接近适当时期时要向横向方向扩展，要抓住这一点。另外，开始时有不透明"发死"的感觉，随着膨胀的进行变得柔软，膜变薄，接近半透明的感觉。到最后时，用手轻轻触一触，有暄松的感觉，是发酵适当的时期。发酵过度时用手一触则面团破裂塌陷。

6. 面包的烘烤

烘烤是面包加工的最后一个工序，也是保证面包质量的关键工序，俗语说："三分做，七分烤"，说明了烘烤的重要性。面包坯在烘烤过程中，受炉内高温作用，生的面团从不能食用变成了松软、多孔、易于消化，表面呈现金黄色，有可口香甜气味的面包。

(1) 热传导方式

面团醒发入炉后，在烘烤过程中，由热源将热量传递给面包的方式有传导、对流和辐射。这三种传热方式在烘烤中是同时进行的，只是在不同的烤炉中主次不一样。

① 传导　传导是热源通过物体把热传递给受热物质的传热方式。传导是面包加热的主要方式。传导加热的特点是火候小、对食品内部风味物质的破坏少，烘烤出的食品香气足、风味正。至今，法国巴黎、我国哈尔滨市某股份有限公司食品厂等仍用木炭加热的砖烤炉烘烤面包。

② 对流　对流是依靠气体或液体的流动，即流体分子相对位移和混合来传递热量的传热方式。在烤炉中，热蒸汽混合物与面包表面的空气发生对流，使面包吸收部分热量，没有吹风装置的烤炉，仅靠自然对流所起的作用是很小的。目前，有不少烤炉内装有吹风装置，强制对流，对烘烤起着重要作用。

③ 辐射　辐射是用电磁波来传递热量的过程。热量不通过任何介质，像光一样直接从物体射出。即热源把热量直接辐射给模具或面包。例如，目前在全国广泛使用的远红外烤炉以及微波炉，即是现代化烤炉辐射加热的重要手段。

(2) 烘烤过程中的变化

① 面包在烘烤过程中的温度变化　在烘烤过程中，面包内外温度的变化，主要是由于面包内部温度不超过100℃，而表皮温度超过100℃。在烘烤中，面包内的水分不断蒸发，面包皮不断形成与加厚以至面包成熟。烘烤过程中面包温度变化情况如下。

面包皮各层的温度都达到并超过100℃，最外层可达180℃以上，与炉温几乎一致。

面包皮与面包心分界层的温度，在烘烤将近结束时达到100℃，并且一直保持到烘烤结束。

面包心内任何一层的温度直到烘烤结束均不超过100℃。

② 面包在烘烤过程中发生的生物化学变化

a. 淀粉糊化：当温度达55℃以上时，淀粉大量吸水膨胀直到完全糊化。

b. 蛋白质变性凝固：60～80℃，面包坯内同时发生淀粉糊化、蛋白质变性凝固的过程。在70～80℃，面筋蛋白质变性凝固，即面包定型。同时，析出部分水分被淀粉糊化所吸收。

c. 淀粉水解：β-淀粉酶钝化温度在82～84℃，α-淀粉酶为97～98℃。

d. 蛋白质水解：蛋白酶钝化温度为80～85℃。

③ 面包在烘烤过程中的结构变化　面包烘烤中，形成的面包气孔结构，受到烘烤条件、入炉前各工序条件等制约，发酵不成熟的面团制作的面包，气孔壁厚、坚实而粗糙、孔洞大；发酵过度的面团制出的面包，气孔壁薄、易破裂、多呈圆形；炉温的高低对面包气孔的形成起着重要作用。理想的气孔结构应当为：壁薄，孔小而均匀，形状稍长，手感柔软而平滑。

④ 面包表皮色泽的形成　面包在烘烤中产生金黄色或棕黄色的表面颜色，主要由以下两种途径来实现：一是美拉德反应，其反应在炉温很低的情况下可进行；二是焦糖化反应，糖在高温下发生的变色作用。此外，鸡蛋、乳粉、饴糖、果葡糖浆等均有良好的着色作用。

生产面包时添加不同的氨基酸或铵盐与葡萄糖，使面包表面产生不同的颜色。但铁盐与糖反应时会生成一些有毒的物质，故在面包生产中应控制其使用量。

⑤ 香味　面包坯在高温烘烤的过程中，表皮褐变的同时，面包还产生特有的风味。这些特有风味是由各种羰基化合物形成的，其中醛类起着主要作用，而且也是面包风味的主体。此外还有醇和其他物质。这些物质在面包表皮中的含量远比瓤中的含量多。随着烘烤时间的延长，其褐变程度也加强。这些物质形成得越多，面包的特有风味也越好。

（3）烘烤工艺

面包烘烤需要掌握三个重要条件，即温度、时间和面包的品种。在烘烤时需要根据面包的品种来确定烘烤的温度及时间。

① 面包的烘烤控制

a. 烘烤初期阶段：是体积增大阶段。炉内湿度保持60%～70%，炉面火要低，一般控制在120℃左右，底火要高，使底面大小固定，面包体积增大，一般控制在200～220℃，不要超过260℃，这样有利于面包体积增大。

b. 烘烤中间阶段：是面包定型、成熟阶段。此时面火可达270℃，底火可控制在270～300℃，烘烤时间为3～4min。

c. 烘烤最后阶段：是面包上色和增加香气、提高风味的阶段。此时，面包已经定型并基本成熟，炉温逐步降低，面火一般在180～200℃。此温度可使面包表面发生美拉德反应，产生金黄色表皮，并产生香气。底火可降到140～160℃。

面包坯经过三个阶段的烘烤，即可制成色、香、味俱佳的面包。

② 面包烘烤时间　一般50～500g的面包，烘烤时间需0.5～1h。面包的烘烤时间应根据以下条件而定。

a. 面包形状：面包坯越大，烘烤的时间越长，对于同样质量的面包，长方形比圆形的烘烤时间要短，薄的比厚的烘烤时间要短。装模面包比不装模面包所需烘烤时间要长，同样重量的面包，听型要比平盘多烘烤3～5min。听型面包烘烤比较均匀，着色好，形状规整，体积大。

b. 面包用料：使用较多鸡蛋、奶粉、绵白糖或砂糖的点心面包，极易着色，入炉温度必须降低，通常为175～180℃，烘烤时间适当延长，否则极易造成外焦里不熟的现象。主食面包烘烤温度可适当提高。点心面包坯内水分较多，因此烘烤时间要长些。夹馅面包的烘烤时间也要长些。

③ 烤炉内的湿度控制　湿度适当，可加速炉内蒸汽对流和热交换速度，促进面包的加热和成熟，增大面包的体积。此外，还可以传给面包表面淀粉糊化需要的水分，使面包皮产生光泽。

比较先进的面包烤炉，一般都具有恒湿控制的装置，可通过自动喷射水蒸气或水雾来提高炉内湿度。大型面包生产线，由于产量大，面包坯一次入炉内，面包坯蒸发出来的水蒸气即可自行调节炉内湿度。但对于小型的烤箱来说，则湿度往往不够，需要在炉内放一盆水以增加湿度。烘烤面包时，不应经常打开炉门。

一般烤箱上方均有排烟、排气孔，烘烤时应该将其关闭，防止水蒸气从炉内散失。大型隧道式远红外烤炉的炉口部都安装有喷水器。炉内相对湿度以65%～70%为适宜。

④ 烤炉选择　烘烤是面包质量的决定性因素。因此，烤炉的选择至关重要。一般应选择能控制上、下火并有加湿装置的烤炉，以确保生产高质量的面包。烤炉的种类很多，应根据班产量来选择。产量很大时，应选择隧道式电烤炉（见图1-9），以保证生产的正常进行和面包质量的稳定；产量不大时（每天生产0.5t以下面粉），应选择箱式电烤炉（见图1-10），既保证了面包的正常烘烤，又利于节能。

图1-9　隧道式电烤炉

图1-10　箱式电烤炉

远红外线烤炉具有加热速度快，生产效率高，烘烤时间短，节电省能，烘烤均匀，面包质量稳定等特点。因此，应尽量选择远红外加热烤炉。

7. 面包的冷却

(1) 冷却的目的

冷却工序是面包生产中必不可少的生产程序。面包出炉以后温度很高，表皮干脆，瓤心很软，缺乏弹性，经不起压力，如果立即进行包装或切片，没有一定的机械承受力，必然会造成断裂、破碎或变形，增加损耗，且很难顺利进行，切好后面包两边也会凹陷；如果立即包装，热蒸汽不易散发，遇冷产生的冷凝水便吸附在面包的表面或包装纸上，导致面包容易发霉。因此，为了减少这种损失，面包必须冷却后才能进行包装。

(2) 冷却的方法

一般有自然冷却、通风冷却、空调冷却和真空冷却四种方法。

① 自然冷却　是在室温下冷却，该法无需添置冷却设备，节省资金，但不能有效地控制损耗，冷却时间也太长，如果卫生条件不好易使制品被污染，受季节影响也较大。

② 通风冷却　是用风扇吹冷，冷却室是一个圆形旋转密闭室，空气从底部吸入、由顶部排出。面包出炉后倒出在输送带上，随着输送带慢慢运转，由上而下直到出口，由于空气的对流，辐射热被带走，水分蒸发，面包得以冷却。这种方法的冷却时间比自然冷却少得多，但仍不能有效地控制水分损耗。冷却速度较快。因自然冷却所需时间太长，故现在大部分工厂采用通风冷却法。

③ 空调冷却　该法是通过调节冷却空气的温度和湿度，使冷却时间减少，同时可控制面包水分的损耗。目前国外已有很多工厂采用该法。其形式有箱式、架车式、旋转式等。箱

式较简单及经济，输送带式则在大型工厂应用较多（因所占空间较少）。

④ 真空冷却　是目前较为先进的冷却方法。其优点是在适当温度、湿度下和一段时间的真空下，面包能在极短时间内冷却（只需半小时），而不受季节的影响。

(3) 冷却中影响面包质量的因素

① 气流相对湿度　相对湿度越大，质量损耗越小；反之质量损耗越大。

② 气流温度　气温低，面包外表面的蒸汽压降低，水分蒸发缓慢，质量损耗减小；反之，温度高，面包质量损耗大。

③ 含水量　含水量越大，在冷却中的损耗越大。

④ 损耗　质量相同的面包，其体积越大，损耗越大。

(4) 冷却注意事项

① 不论采用哪种方法冷却，都必须注意使面包内部冷透，冷却到室温为宜。

② 听形面包出炉后即可倒出冷却。摆放时，面包之间不要挤得太紧，要留有一定空隙，以便空气流通，加快冷却速度。

③ 圆形面包出炉后，不宜立即倒盘，应连盘一起放在移动式冷却架上，待冷却到面包表皮变软并恢复弹性后，再倒在冷却台上，冷却至包装所要求的温度。

8. 面包的包装

为了保证面包品质和符合卫生要求。冷却后或切片后的面包，应立即包装，以免污染。

(1) 包装的目的

面包经包装后可保持清洁卫生，避免在运输、储存、销售过程中受污染。同时，有包装的面包，可以避免面包水分过多损失，较长时间保持面包的新鲜度，有效地防止面包的老化变硬，延长保鲜期。还有，美观漂亮的包装装潢能增加产品对人的食欲，扩大销售的竞争能力，提高工厂的经济效益，国内的工厂在这方面做得还不够，应予重视。

(2) 包装材料的选择

对包装材料的选择，一是要符合食品卫生要求，无毒、无臭、无味，不会直接或间接污染面包；二是要求密闭性能好，不透水、不透气，以免面包变得干硬，香气散失；三是要求材料价格适宜，在一定的成本范围内尽量提高包装质量。对于机械包装来说，还要考虑包装材料的强度以适应机械的操作，保护产品免受机械损伤。

常用的面包包装材料有耐油纸、单向拉伸聚丙烯薄膜（OPP）/聚乙烯（PE）复合薄膜、铝箔复合薄膜、蜡纸、硝酸纤维素薄膜、聚乙烯、聚丙烯等。现在较为普遍的是使用塑料类的聚乙烯薄膜、聚丙烯薄膜等。

另外，包装袋（包装纸）除了要求美观外，还应印有产品成分重量的说明及生产日期等。

(3) 包装的方法

面包冷却到28～38℃，进行包装是比较适宜的。包装的方法有手工包装、半机械化包装和自动化包装。

(4) 包装环境

适宜的条件是：温度在22～25℃，相对湿度在75%～80%，最好设有空调设备。

四、面包质量标准

面包质量标准必须符合GB/T 20981—2007，评判面包的质量主要指标有感官指标、理化指标、微生物指标。

1. 感官指标（见表 1-1）

表 1-1 面包感官指标

项目	软式面包	硬式面包	起酥面包	调理面包	其他面包
形态	完整，丰满，无黑泡或明显焦斑，形状应与品种造型相符	表皮有裂口，完整，丰满，无黑泡或明显焦斑，形状应与品种造型相符	丰满，多层，无黑泡或明显焦斑，光洁，形状应与品种造型相符	完整，丰满，无黑泡或明显焦斑，形状应与品种造型相符	符合产品应有的形态
表面色泽	金黄色、淡棕色或棕灰色，色泽均匀，正常				
组织	细腻，有弹性，气孔均匀，纹理清晰，呈海绵状，切片后不断裂	紧密，有弹性	有弹性，多孔，纹理清晰，层次分明	细腻，有弹性，气孔均匀，纹理清晰，呈海绵状	符合产品应有的组织
滋味与口感	具有发酵和烘烤后的面包香味，松软适口，无异味	耐咀嚼，无异味	表皮酥脆，内质松软，口感酥香，无异味	具有本品种应有的滋味与口感，无异味	符合产品应有的滋味与口感
杂质	正常视力无可见外来杂质				

2. 理化指标（见表 1-2）

表 1-2 面包理化指标

项目		软式面包	硬式面包	起酥面包	调理面包	其他面包
水分/%	≤	45	45	36	45	45
酸度/°T	≤	6				
比体积/(mL/g)	≤	7.0				

3. 微生物指标（见表 1-3）

表 1-3 面包微生物指标

项目		指标
菌落总数/(CFU/g)	≤	1500
大肠菌群/(MPN/100g)	≤	30
霉菌计数/(CFU/g)	≤	100
致病菌（沙门菌、志贺菌、金黄色葡萄球菌）		不得检出

五、常见质量问题及解决方法

1. 面包体积过小

原因：①酵母用量不足；②酵母失去活力；③面粉筋力不足；④糖用量太多；⑤盐的用量不足或过量；⑥油脂用量太多；⑦缺少改良剂；⑧搅拌过度或不足；⑨中间醒发时间不足或时间过长；⑩面团发酵时间不足或过长；⑪整形不当；⑫烤盘涂油过多；⑬装盘的面团重量不够；⑭最后醒发时间不足，温度低；⑮烤炉温度太高等。

解决方法：①增加酵母的用量；②对于新购进的或储存时间较长的酵母要在检验其

发酵力后再进行使用，不用失效的酵母；③选择面筋含量高的面粉；④减少配方中糖的用量；⑤盐的用量应控制在面粉用量的1%～2.2%之间；⑥减少油脂的用量；⑦加入改良剂；⑧正确掌握搅拌的时间，时间短面筋打不起来，时间长易把形成的面筋打断；⑨注意醒发时间；⑩正确掌握面团的发酵时间；⑪整形要熟练，不要反复整；⑫减少烤盘涂油的用量；⑬装入烤盘的面团分量要足；⑭最后醒发时间要够，温度控制在38℃；⑮烤制炉温不要过高。

2. 面包表面颜色太浅

原因：①糖及奶粉用量太少；②搅拌不当；③面团发酵过度；④中间醒发时间太长；⑤最后醒发湿度过大；⑥所用干粉过多；⑦烤炉温度太低，面火不足，烘烤时间过短等。

解决方法：①增加糖及奶粉的用量；②注意搅拌适当；③控制面团发酵程度；④减少中间醒发时间；⑤降低最后醒发湿度；⑥减少干粉用量；⑦烘烤后期提高面火温度，增加烘烤时间。

3. 面包表皮颜色过深

原因：①糖及奶粉的用量太多；②搅拌过度；③发酵时间不足；④最后醒发湿度太高；⑤烤箱的温度过高，尤其是面火高，且烘焙时间过长；⑥烤箱内的水汽不足等。

解决方法：①减少糖的用量，减少奶粉的用量；②搅拌适当；③延长发酵的时间；④降低最后醒发湿度；⑤按不同品种正确掌握烤箱的使用温度，降低面火的温度，注意烘烤时间；⑥烤箱内加喷水蒸气设备或用烤盘盛热水放入烤箱内以增加烘烤湿度。

4. 面包表皮过厚

原因：①糖、奶粉及油脂的用量不足；②搅拌不当；③基本发酵时间过长；④最后醒发温度、湿度不当；⑤烤盘涂油过多；⑥烤箱温度过低，烘烤过度等。

解决方法：①加大糖及奶粉的用量，增加油脂4%～6%；②注意搅拌的程序；③减少基本发酵的时间；④严格控制醒发室的温度和湿度，醒发的时间过久或无湿度醒发，表皮失水过多；⑤减少烤盘涂油用量；⑥提高烤箱的温度，防止烘烤过度。

5. 表皮有气泡

原因：①面团软；②面团发酵不足；③搅拌过度；④最后醒发室湿度太高；⑤整形不当；⑥烤炉操作不当；⑦烤炉内面火太大。

解决方法：①面团软硬适当；②面团重复发酵；③搅拌适当；④最后醒发室控制好湿度；⑤整形恰当；⑥正确使用烤炉；⑦降低炉内面火。

6. 面包外皮有黑斑点

原因：①奶粉没有完全溶解或材料没有完全拌匀；②发酵室内水蒸气凝结成水滴；③未烘烤的面包沾上糖粒；④使用生粉过多。

解决方法：①奶粉要充分溶解，材料混合均匀；②控制好发酵室内温度，防止蒸汽凝结成水滴；③注意未烘烤的面包不要沾上糖粒；④减少生粉用量。

7. 表皮裂开

原因：①配方成分低；②老面团（已经发酵完的面团）使用过多；③发酵不足，或发酵湿度、温度太高；④炉温过高。

解决方法：①注意调配好配方中的成分；②减少老面团的使用；③发酵充分，降低发酵湿度、温度；④降低烤制炉温。

8. 表面无光泽

原因：①盐用量少；②配方成分低，改良剂太多；③老面团，或撒粉太多；④发酵室温度太高；⑤烤炉蒸汽不足，炉温低。

解决方法：①增加盐用量；②注意调配好配方中的成分；③减少老面团及干粉用量；④降低发酵室温度；⑤增加烤炉蒸汽，提高炉温。

9. 面包内部组织粗糙

原因：①面粉筋力不足；②搅拌不当；③造型时使用干面粉过多；④面团太硬；⑤面团发酵不足或发酵的时间过长；⑥油脂不足；⑦最后醒发温度过高，湿度过大或时间过长；⑧中间醒发时间过长；⑨最后醒发不足；⑩整形不当；⑪炉温太低；⑫水的硬度过大；⑬酵母用量不当；⑭奶粉品质差；⑮面团小，烤盘大；⑯使用了刚刚磨出来的新面粉。

解决方法：①使用高筋面粉；②将面筋充分扩展，掌握搅拌时间；③造型、整形时所使用的干面粉越少越好；④加入足够的水分；⑤注意调整发酵所需的时间；⑥加入4%～6%的油脂润滑面团；⑦控制最后醒发温度、湿度；⑧缩短中间醒发时间；⑨控制好最后醒发程度；⑩整形要熟练；⑪提高炉温；⑫降低水的硬度；⑬注意酵母用量；⑭选择优质奶粉；⑮面团、烤盘比例适当；⑯不要用刚刚磨出来的新面粉。

10. 面包风味及口感不良

原因：①所用材料不好或用量不当；②配方比例不平衡；③面团发酵时间太长或面团发酵不足；④中间醒发时间太长；⑤最后醒发时间太长；⑥面包表皮烤焦或烘烤不足；⑦包装前未冷却。

解决方法：①选择优质材料；②注意配料比例；③控制好面团发酵时间；④缩短中间醒发时间；⑤缩短最后醒发时间；⑥烘烤恰当；⑦冷却后再包装。

11. 面包易发霉

原因：①面团发酵不足；②糖用量少；③面粉品质低劣；④油脂用量少；⑤搅拌不当；⑥面包没烤熟；⑦包装及切片设备不卫生；⑧包装前冷却不充分；⑨所用包装纸不佳或包装时没有密封好；⑩储藏库温度及湿度不适当。

解决方法：①面团发酵要充分；②增加糖用量；③使用优质面粉；④增加油脂用量；⑤和面要充分；⑥控制烤制温度和时间，面包要烤熟；⑦注意设备及包装的卫生；⑧包装前要充分冷却；⑨选择优质包装纸，包装时要密封好；⑩注意储藏库温度及湿度。

12. 面包发黏

原因：①面团太稀；②搅拌时间不够或过久；③面粉筋度过低；④面团发酵不足或过度；⑤淀粉酶含量过多。

解决方法：①和面时注意加水量及温度；②搅拌适当；③选择高筋粉；④控制面团发酵适当；⑤使用淀粉酶含量少的面粉。

13. 面包表面有凹陷

原因：①最后醒发时间过长；②烤盘没有涂油或涂油不当；③搅拌时间不够；④烤炉底火温度太低。

解决方法：①控制好最后醒发时间；②烤盘涂油适当；③搅拌要充分；④提高烤炉底火温度。

任务1-1　快速发酵法面包生产

学习目标

- 了解快速发酵法的特点。
- 掌握快速发酵法面包的生产工艺。
- 处理快速发酵法面包生产中遇到的问题。
- 能够进行原辅料的选择和计算。
- 能进行快速发酵法面包生产和品质管理。

【知识前导】

（1）快速发酵法定义

面包制作过程中，发酵时间很短或无发酵时间，这种发酵方法称为快速发酵法。快速发酵法面团搅拌后即立刻进行分割、整形，由于面团完全不经基本发酵或发酵时间很短，故必须加入化学催熟剂，以促进面团成熟，故成品缺乏传统发酵面包的香与味，反而有残留的化学剂味道，影响口感，快速发酵法加工整个生产周期只需2～3h。这种工艺方法是在欧美等国家发展起来的。它是在特殊情况或应急情况下需紧急提供面包食品时才采用的面包加工方法。近年来，我国不少中小型面包厂也多采用这种工艺并有了一定的创新和发展。

（2）类型

快速发酵法包括以下几种：

① 无发酵时间法。

② 短时间发酵法（与无发酵时间法统称为化学法）。

③ 机械快速发酵法。例如，柯莱伍德机械快速发酵法，电动机功率41～51kW；电动机转速350r/min；真空下进行，真空度53.33kPa。

（3）化学方法的快速发酵法原理

① 增大酵母用量为常规法的一倍　这是快速发酵的主要措施。面包体积的膨大主要是依靠酵母的作用，快速发酵法几乎无发酵工序，因此，必须增加酵母用量才能达到面包膨胀。

② 增加酵母营养剂　因无发酵工序，酵母来不及从面团中摄取足够的营养来促进自身生长繁殖。故应添加酵母营养剂来补充酵母的营养需要，促进酵母长年繁殖，扩大孢子数，增加发酵潜力。目前，面包添加剂均加有酵母营养剂。

③ 提高面团温度　面团温度提高为30～32℃，促进发酵。

④ 其他方面

a. 使用还原剂、氧化剂和蛋白酶。使用还原剂是为了缩短面团搅拌时间，改善面团的机械加工能力。还原剂在面团搅拌期间即破坏面筋蛋白质。常用的还原剂有L-半胱氨酸、山梨酸、亚硫酸氢盐。平均使用量为20～40mg/kg。其用量在减少面团搅拌时间方面不能超过25%。

b. 使用氧化剂是为了补偿还原剂对面筋的破坏，恢复面团的强度、弹性、韧性和持气性，保证面包的质量。常用氧化剂有溴酸钾、维生素C等。

c. 蛋白酶因对面筋的破坏作用是不可逆的，其活性又受温度和pH影响，在使用时不易掌握，故很少用。

d. 降低盐用量，加快面筋水化和面团形成，但不能过低，否则起不到改善风味的作用。

e. 降低糖和乳粉用量1%～2%，以控制着色。因发酵时间短，面团中剩余的糖多。

f. 减少用水量大约1%，缩短面团水化时间，因水多面团黏度大。

g. 加入乳化剂，因快速法生产的面包易老化。

h. 加酸或酸盐，以软化面筋，调节面团pH，加快面团形成和发酵度，常用的有醋酸和乳酸，用量为0.5%～1%，磷酸氢钙0.45%。pH过高，不利于酵母生长。

(4) 快速发酵法的特点

① 优点　生产周期短，效率高；发酵损失很少，提高了产量，提高了出品率；节省设备投资、劳力和车间面积；降低了能耗和维修成本；不合格产品少。

② 缺点　缺乏发酵产品的口感和香气，这是因为无发酵和发酵时间短的缘故；面包老化较快，储存期短，不易保鲜，这是由于缺少对淀粉作用的缘故，可使用乳化剂来改善；需使用较多的酵母、面团改良剂和保鲜剂，并且用料较多，故成本大，价格高。

(5) 生产配方（见表1-4）

表1-4　快速发酵法面包配方（烘焙百分比①）　　单位：%

原辅料名称	配方1	配方2	配方3	配方4	配方5
面粉	100	100	100	100	100
水	55	56	52	60	58
即发活性干酵母②	0.8	0.8	1	1	0.9
盐	0.8	0.8	0.6	1.2	0.7
糖	10	8	15	5	12
鸡蛋	5	2	4	1	3
奶粉	2	2	2	1	3
油脂	2	2	2	3	3
面包添加剂	1	1.2	0.8	1.3	0.9
甜味剂	0.02	0.02	0.8	0.05	0.014
香兰素	0.05	0.07	0.05	0.08	0.06
椰丝	适量	适量	适量	适量	适量

① 烘焙百分比是烘焙工业专用的百分比，以配方中的面粉重量为100%，其他各种原料的百分比是相对于面粉的多少而定。

② 使用法国燕牌即发活性干酵母时，应减量。

(6) 工艺流程

配料→面团调制→静置→切块→搓圆→整形→装盘→醒发→烘烤→冷却→包装→成品

【生产工艺要点】

(1) 酵母处理

选择即发活性干酵母。这种酵母不需要活化，直接与面粉混匀，进行调粉即可，一般用量为0.8%～1.0%。也可选用活性干酵母或鲜酵母，但注意用量应较正常法增加一倍。

(2) 搅拌

投料顺序是将全部面粉投入和面机内，再将除了酵母、盐、油之外的其他辅料一起加入和面机内，搅拌后，加入已准备好的酵母溶液，搅拌均匀，待面筋打到八成时，依次加入盐、油脂，继续搅拌至搅拌终点，搅拌中要注意，搅拌后面团温度春、秋、冬三季可控制高一些，为 30～32℃；夏季应控制低一些，为 25～27℃，搅拌时间较正常法延长 20%～25%，搅拌至稍微过头的阶段，使面筋软化以利于发酵。

（3）静置

快速发酵法有的静置，有的不静置。静置一段时间后有利于面粉进一步水化胀润，形成更多的面筋，改善面筋网络结构，增强持气性。静置时间一般为 20～30min，温度 30℃，相对湿度 75%～80%。当用手拍打面团，出现空空的声音时即可。若采用的是无静置的快速法时，则需加重面团成熟剂的用量，面团可直接压片，但面包体积比静置的小。

（4）压片

将面团在压片机上反复压延二十多遍，直至面团表面光滑、细腻为止。压片时要加少量浮粉，否则面片不光滑。面团太软时需要加浮面粉，否则易断条、粘机器。

（5）卷起

面片压好后置于操作台上，用滚筒稍加压延。把两端压薄，以利于卷起后封口。在面片表面刷一层水，然后从一端卷起，卷成圆筒状，要求卷紧、卷实，否则成品表面易出现坑凹，不光滑。

（6）分块称重

将卷好后的圆筒状面团按面包成品设计规格分块，要求刀口垂直整齐，不偏，大小一致。常见的分块质量有 110g、115g、120g、140g 和 150g 等。

（7）成形

普通面包的成形方法较多，大多数利用手工成形。常见的有方形、长方形、圆形、橄榄形等。其中，方形和长方形面包通过装盘方法来成形。

（8）醒发

可比正常的最后醒发时间缩短 1/4，为 30～40min。醒发成熟的标志是面团在烤盘内全部胀满。

（9）烘烤

烘烤最好有蒸汽设备，以增加面包的烘烤急胀。

【生产案例】

一、方包的制作

1. 主要设备与用具

和面机、醒发箱、烤箱、切面刀、台秤、案板、烤盘、擀面杖、包装袋等。

2. 配方

配方见表 1-5。

表 1-5 方包配方表

原辅料名称	质量/g	烘焙百分比/%
高筋面粉	2500	100
砂糖	200	8
奶粉	100	4
即发酵母	32.5	1.3
改良剂	7.5	0.3
水	1500	60
食盐	50	2
奶油	200	8

3. 工艺流程

面粉、糖、奶粉、改良剂→搅拌→加入水、酵母→面团搅拌至面筋八成→加入盐、奶油→搅拌至面筋扩展→静置→切块→搓圆→中间醒发→整形→最后醒发→烘烤→冷却→包装→成品

4. 操作要点

① 和面　面粉、糖、奶粉、改良剂加入搅拌机内，搅拌均匀，加入水、酵母打至面筋八成，加入盐，继续搅拌，最后加入奶油，面团搅拌至完成稍过阶段。搅拌后面团温度30℃。

② 静置　面团松弛时间20min。

③ 切块、搓圆　面团切分50g/个，搓圆。

④ 中间醒发　中间醒发10min。

⑤ 整形　用擀面杖将中间醒发后的面坯擀薄，使面团内气体消失，再以挤和卷的方法将面团卷成长卷形，放置松弛5min。然后以同样的手法，将长卷形的面团擀薄，再卷成短卷形，把五个面团并排，接头朝下放入烤模中。

⑥ 最后醒发　最后醒发时醒发室温度35～38℃，相对湿度85%。面团醒发至烤模体积八分满时取出，加盖后进行烘烤。

⑦ 烘烤　烘烤炉温为面火200℃、底火190℃，时间35～40min。

二、手腕面包的制作

1. 主要设备与用具

和面机、醒发箱、烤箱、切面刀、台秤、案板、烤盘、擀面杖（棍）等。

2. 配方

配方见表1-6。

表1-6　手腕面包配方表

原辅料名称	质量/g	烘焙百分比/%
高筋面粉	700	80
低筋面粉	800	20
砂糖	800	20
鸡蛋	400	10
奶粉	160	4
鲜酵母	120	3
改良剂	12	0.3
水	2000	50
食盐	40	1
油脂	400	10

3. 工艺流程

原料→搅拌至面筋扩展→静置→切分→搓圆→中间醒发→整形→最后醒发→烘烤→冷却→包装→成品

4. 操作要点

① 搅拌　将所有原料放入搅拌机中迅速搅拌至面筋完全扩展，面团温度26℃。

② 静置　松弛30min。

③ 切分、搓圆　分割55g/个，搓圆。

④ 中间醒发　中间醒发10min。

⑤ 整形　将面擀成椭圆形薄片，从一端卷起成结实的棒状，注意不要将空气卷进去。松弛5min，从中间向两头搓成中间粗两端渐细、长度50cm的棒状，两个顶端做成圆球状，然后编扭成手腕形（见图1-11）。

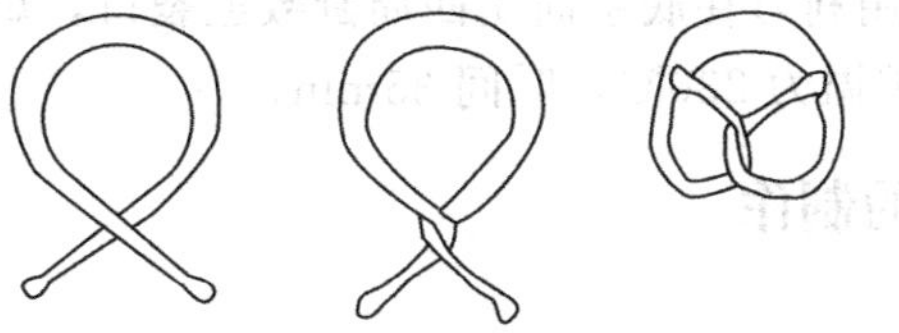

图1-11　手腕面包成形

⑥ 最后醒发　最后醒发20min，醒发室温度32～35℃，相对湿度75%。醒发室温度、湿度都不宜过高，湿度以面包表面不干燥为度。另外，醒发程度不宜大，收油起发即可。取出后，在面包表面涂上碱性溶液（3%的小苏打溶液），以促进烘烤过程中面包上色。放入冰箱使面包冷却5min，使碱性溶液分布均匀。

⑦ 烘烤　在涂抹小苏打溶液的面包上撒上粗盐粒，再用利刀于中间粗大部位划割一裂口。烘烤炉温为220℃，时间20min，烤好后的面包呈红褐色；不涂小苏打溶液的面包，烘烤炉温230℃，炉内要有蒸汽。

三、英国茅屋面包的制作

1. 主要设备与用具

和面机、醒发箱、烤箱、切面刀、台秤、案板、烤盘、包装袋等。

2. 配方

配方见表1-7。

表1-7　英国茅屋面包配方表

原辅料名称	质量/g	烘焙百分比/%
高筋面粉	700	70
低筋面粉	300	30
砂糖	300	30
即发干酵母	8	0.8
面包改良剂	3	0.3
水	620	62
食盐	20	2
油脂	30	3

3. 工艺流程

原料→搅拌至面筋扩展→静置→切分→搓圆→中间醒发→整形→最后醒发→烘烤→冷却→包装→成品

4. 操作要点

① 面团搅拌　原料倒入搅拌机，搅拌至面筋扩展，面团温度26℃。

② 面团静置　静置30min。

③ 分割、滚圆　上层面团320g/个，下层面团180g/个。滚圆时应使各部分密度一致。

④ 中间醒发　中间醒发15min。醒发时间不宜过长，否则底部面团不能支撑上部面团。

⑤ 整形　将滚圆松弛后的面团压扁，大面团表面刷水，放上小面团，用手指从上层面团中央插下，使上下两层面团黏紧。

⑥ 最后醒发　醒发时间40min。

⑦ 烘烤　入炉烘烤前用利刀在底层面团四周割数道裂口，烘烤时可从此裂口放出气体，放置上部面包滑下。烘烤炉温为230℃，时间35min。

四、苹果奶酪餐包的制作

1. 主要设备与用具

和面机、醒发箱、烤箱、切面刀、台秤、案板、烤盘等。

2. 配方

配方见表1-8。

表1-8　苹果奶酪餐包配方表

原辅料名称	质量/g	烘焙百分比/%
高筋面粉	560	100
盐	11.2	2
糖	56	10
蛋	16.8	3
奶粉	22.4	4
奶酪粉	56	10
即发干酵母	8.4	1.5
面包改良剂	2.8	0.5
水	280	50
奶油	22.4	4
煮熟苹果丁	168	30

3. 工艺流程

原料→搅拌至面筋扩展→静置→切分→搓圆→中间醒发→整形→最后醒发→烘烤→冷却→包装→成品

4. 操作要点

① 搅拌　除奶油和苹果丁以外其他所有原料放入搅拌缸低速搅拌成团，加入奶油，低速混匀，中速搅拌至面筋扩展，再加入苹果丁，低速搅匀即可。搅拌后面团温度30℃。

② 静置松弛　静置松弛30min。

③ 分割、搓圆　分割30g/个，搓圆。

④ 中间醒发　中间醒发10min。

⑤ 整形、最后醒发　搓成圆球形，最后醒发1h。

⑥ 烘烤　烘烤炉温为面火205℃/底火200℃，时间12min。

五、葡萄干十字餐包的制作

1. 主要设备与用具

和面机、醒发箱、烤箱、切面刀、台秤、案板、烤盘等。

2. 配方

配方见表1-9。

表1-9 葡萄干十字餐包配方表

原辅料名称	质量/g	烘焙百分比/%
高筋面粉	500	100
盐	7.5	1.5
红糖	80	16
蛋	40	8
即发干酵母	6.5	1.3
面包改良剂	2.5	0.5
水	250	50
油	50	10
葡萄干	300	60
肉桂粉	1	0.2
豆蔻粉	0.5	0.1

3. 工艺流程

原料搅拌→面团松弛→切分→搓圆→中间醒发→整形→最后醒发→烘烤→冷却→装饰

4. 操作要点

① 搅拌　葡萄干先用水浸泡10min，洗净沥干水分备用。配方中除油和葡萄干以外其他所有原料放入搅拌缸低速搅拌成团，加入油脂，低速混匀，中速搅拌至面筋扩展，再加入葡萄干，低速搅匀即可。搅拌后面团温度30℃。

② 松弛　松弛30min。

③ 分割、搓圆　切分30g/个，搓圆。

④ 中间醒发　中间醒发10min。

⑤ 整形、最后醒发　搓成圆球形，最后醒发1h。

⑥ 烘烤、冷却、装饰　烘烤炉温为面火190℃/底火200℃，烘烤时间10min。出炉后表面刷上一层糖蜜（水100%+蜂蜜50%），待冷却后用裱花袋在表面用糖冻霜饰挤十字形两条。

【生产训练】

见《学生实践技能训练工作手册》。

任务1-2　一次发酵法面包生产

学习目标

- 知道一次发酵法的特点。
- 掌握一次发酵法面包的生产流程及操作要点。
- 解决一次发酵法面包生产中遇到的问题。
- 能够进行原辅料的选择和计算。
- 能够进行一次发酵法面包的生产和品质管理。

【知识前导】

一次发酵法又称为直接发酵法，指面包制作过程中，采取一次性搅拌、一次性发酵的方法。这种方法使用最普遍，无论是较大规模生产的工厂或家庭式的面包作坊都可采用一次发酵法制作各种面包。

(1) 一次发酵法的类型

① 普通一次发酵法。

② 无盐两次搅拌一次发酵法。

该法是根据古时维也纳面包师傅采用的发酵方法而改进的。它介于一次发酵法和二次发酵法之间。这种方法采用两次搅拌面团，将配方中的盐留在面团发酵以后的第二次搅拌时加入，搅拌方法与普通的一次发酵法基本相同，只是搅拌程度不同。

③ 两次加水两次搅拌一次发酵法。

两次加水两次搅拌一次发酵法介于一次发酵法和二次发酵法之间。也是采用两次搅拌面团，将配方中的水保留10%～15%，在面团发酵以后的第二次搅拌时加入，其他同普通一次发酵法。

(2) 一次发酵法的特点

优点：缩短了生产时间，提高了劳动效率，生产周期为5～6h；由于发酵时间较二次发酵法短，减少了发酵损失；只使用一次搅拌，减少了机械设备、劳动力和车间面积；具有良好的搅拌耐力；具有极好的发酵风味，无异味和酸味。

缺点：由于发酵时间短，面包体积比二次法要小，并且容易老化；发酵耐力差，醒发和烘焙时后劲小；一旦搅拌或发酵出现失误，没有纠正机会。

(3) 配方（见表1-10）

表1-10　一次发酵法面包基本配方（烘焙百分比）　单位：%

原辅料名称	份数	平均份数	原辅料名称	份数	平均份数
高筋面粉	100	100	奶粉	0～8.2	2
水	50～65	60	油脂	0～5	3
鲜酵母	1.5～3	3	乳化剂	0～0.5	0.35
盐	1～2.5	1.5	改良剂	0.5～1.5	1
糖	0～12	4	丙酸钙	0～0.35	0.25

(4) 工艺流程

配料→面团调制→发酵→切块→搓圆→整形→醒发→饰面（蛋液）→烘烤→冷却→包装→成品

【生产工艺要点】

(1) 配料

按配方将各种原辅料准确称量后备用（干料过筛，糖、乳等用水制成溶液）。

(2) 调制面团

将全部面粉和水投入调粉机内，再将砂糖、奶粉等其他辅料一同加入，先慢速搅拌1min后，加入活化好的酵母溶液，然后把配方中适温的水倒入，启动开关先用慢速搅拌，使搅拌缸内的干性原料和湿性原料全部搅匀成为一个表面粗糙的面团，才可改为中速继续把面团搅拌至表面呈光滑状。这表明所有原料已经均匀分布在面团的每一部分，把配方中的油、盐加入，待面团表面有光泽、柔软细腻、具有良好延伸性时，则表明搅拌成熟。调制后面团温度最好保持在 28～30℃（此温度为酵母发酵的适宜温度）。一般要先用酵母重量的4～5倍的温水（水温 35～40℃），把酵母活化 15min，再加在面粉上，并记住要从配方中扣去酵母的用水量。另外要注意的是酵母不能首先与盐或糖等混合在一起，防止酵母在高渗透压的情况下死亡，降低酵母的活力。搅拌中延迟配方中油的加入，是因为防止油在水与面粉未充分混合均匀的情况下首先包住面粉，造成部分面粉的水化作用不完全。如果是使用乳化油或高速搅拌机，则无需延迟加油，全部原料一起投入即可。

（3）发酵

将调制好的面团放入发酵室内，理想发酵室的温度应为 28℃，相对湿度为 75%～80%，一般一次发酵法的面团发酵时间在其他条件相同的情况下，可以根据酵母的使用量来调节。通常在正常情况下（搅拌后面团温度 26℃，发酵室温度 28℃，相对湿度 75%～80%，搅拌程度合适），使用 2%～3%新鲜酵母的主食面包，其面团发酵时间共约 3h，即基本发酵 2h，经翻面后再延续发酵 1h。如果要调整发酵时间，在配方其他材料不变的前提下以调整酵母和盐的使用量为合适发酵。

（4）整形

经过发酵成熟后的面团应立即整形，其工序包括：分割、称量、搓圆、静置、成形和装盘（入模）等。

（5）醒发

放入醒发箱内醒发，温度 38～40℃，湿度 85%～90%。

（6）烘烤、冷却、包装。

【生产案例】

一、豆沙包的制作

1. 主要设备与用具

和面机、醒发箱、烤箱、切面刀、台秤、案板、烤盘、擀面杖、包装袋等。

豆沙包制作

2. 配方

配方见表 1-11。

表 1-11 豆沙包配方表

原辅料名称	质量/g	烘焙百分比/%
高筋面粉	3200	80
低筋面粉	800	20
砂糖	800	20
鸡蛋	400	10
奶粉	160	4
鲜酵母	120	3
改良剂	12	0.3
水	2000	50
食盐	40	1
油脂	400	10

3. 工艺流程

面粉、砂糖、奶粉、改良剂→搅拌→加入鸡蛋、水、酵母→面团搅拌至面筋八成→加入盐、油脂→搅拌至面筋扩展→发酵→切块→搓圆→中间醒发→整形→最后醒发→烘烤→冷却→包装→成品

豆沙包见彩图 1-1。

4. 操作要点

① 和面　将面粉、奶粉、砂糖、改良剂倒入和面机内慢速搅拌 2～3min，加入鸡蛋、水、活化酵母，先慢速搅拌 3min，继而高速搅拌 10～15min 直至面筋打到八成扩展，加入盐继续搅拌，最后加入黄油，高速搅打至面筋扩展，取出。

② 发酵　将取出的面团在案板上轻轻揉，直至表面光滑，放入烤盘内，送入醒发箱内，醒发箱温度 28℃、湿度 75%，发酵 40min 左右。

③ 豆沙的准备　将豆沙馅切成小块，称取 30g/个，用手揉成圆球，备用。

④ 分割、称量、搓圆、中间醒发　将发酵好的面团从醒发箱中取出，切分成小块，称取 100g 一个面团，搓圆，中间醒发 15min。

⑤ 整形　将中间醒发好的面团包入豆沙，用擀面杖擀成长薄片，然后将擀好的面团对折三分之一，使用面刀连续切数刀；头部面团应保留，以免切断。然后将切好的面团拉开，双手指头并拢，以挤的方式由未切开的面团方向卷起，接头压紧。卷好的面团表面涂少量蛋液，并撒上芝麻装饰。整形后的面包均匀放入烤盘内，注意留有一定间距。

⑥ 醒发　将烤盘内的面包放入醒发箱内，进行最后醒发，温度为 38℃，湿度为 85%，待面包体积变为原来的 2～3 倍时，取出。

⑦烘烤　将烤炉温度升至面火、底火均为 200℃，面包放入烤炉内烘烤 8～10min，待面包表面上色，即可出炉。

⑧ 包装　将面包冷却后装入包装袋内，即为成品。

二、全麦水果面包的制作

1. 主要设备与用具

和面机、醒发箱、烤箱、切面刀、台秤、案板、烤盘、擀面杖等。

2. 配方

配方见表 1-12。

全麦水果面包制作

表 1-12　全麦水果面包配方表

原辅料名称	质量/g	烘焙百分比/%
高筋面粉	800	80
全麦面粉	200	20
砂糖	100	10
鲜酵母	40	4
改良剂	5	0.5
水	600	60
食盐	5	0.5
酥油	100	10
葡萄干	300	30
蔓越莓干	100	10

3. 工艺流程

面粉、砂糖、改良剂→搅拌→加入水、酵母→面团搅拌至面筋八成→加入盐、酥油→搅拌至面筋扩展→加入葡萄干、蔓越莓干→搅拌均匀→发酵→切块→搓圆→中间醒发→整形→最后醒发→装饰→烘烤→冷却→成品

全麦水果面包成品见彩图 1-2。

4. 操作要点

① 和面　和面方法同豆沙包的制作，面筋完全扩展后，加入葡萄干、蔓越莓干，搅拌均匀即可。

② 发酵　将取出的面团在案板上轻轻揉，直至表面光滑，放入烤盘内，送入醒发箱内，醒发箱温度 28℃、湿度 75%，发酵 40min 左右。

③ 分割、称量、搓圆、中间醒发　将发酵好的面团从醒发箱中取出，切分成小块，称取 300g 一个面团，搓圆，放入醒发箱中，中间醒发 15min。

④ 整形　将面团擀成长片，用手向内卷，搓成梭子状，均匀放入烤盘内，注意留有一定间距。

⑤ 最后醒发　将烤盘内的面包放入醒发箱内，进行最后醒发，温度为 38℃，湿度为 85%，待面包体积变为原来的 2～3 倍时，取出。

⑥ 装饰　用小刀在面包中央切一道线，裱花袋内装入黄油，底部剪开，将黄油挤到划开的线上，作为装饰。

⑦ 烘烤、冷却　烤炉炉温为面火 180℃/底火 190℃，烘烤时间约 20min，待面包表面上色后，即可出炉。放到凉网上冷却即为成品。

三、热狗肉松面包的制作

1. 主要设备与用具

和面机、醒发箱、烤箱、切刀、台秤、案板、烤盘、擀面杖等。

2. 配方

配方见表 1-13。

表 1-13　热狗肉松面包配方表

原辅料名称	质量/g	烘焙百分比/%
高筋面粉	1400	100
水	800	57
鸡蛋	100	7
细砂糖	200	14
干酵母	12	0.8
奶粉	50	3.6
食盐	15	1
黄油	150	10

3. 工艺流程

面团搅拌→发酵→切块→搓圆→中间醒发→整形→最后醒发→装饰→烘烤→冷却→装饰→成品

4. 操作要点

① 和面　原料搅拌至面筋完全扩展。

② 发酵　将取出的面团在案板上轻轻揉，直至表面光滑，放入烤盘内，送入醒发箱，醒发箱温度28℃、湿度75%，发酵1h左右。

③ 分割、称量、搓圆、中间醒发　将发酵好的面团从醒发箱中取出，切分成小块，称取65g一个面团，搓圆，放入醒发箱中，中间醒发15min。

④ 整形　取一个中间发酵好的面团，用擀面杖擀成长条形面片。取一个火腿肠放在长条形面片的中央。用长条形面片把火腿肠裹起来，卷成圆筒状。用切刀在裹好的面团上剪9刀，顶端不要剪断（火腿肠要全部剪断，剪的时候刀口要用稍微倾斜一点的角度），把面团向两边翻开摆好。放入烤盘中。

⑤ 最后醒发　将烤盘内的面包放入醒发箱内，进行最后醒发，温度为38℃，湿度为85%，待面包体积变为原来的2～3倍时，取出。

⑥ 烘烤　将发酵好的面团表面轻轻刷上一层全蛋液，放进预热好面火180℃/底火200℃的烤箱，烘烤约15min。

⑦ 装饰　面包出炉冷却后，在表面挤上一些沙拉酱，并粘上肉松即可。

四、葡萄干面包的制作

1. 主要设备与用具

和面机、醒发箱、烤箱、切面刀、台秤、案板、烤盘等。

2. 配方

配方见表1-14。

表1-14　葡萄干面包配方表

原辅料名称	质量/g	烘焙百分比/%
高筋面粉	1000	100
鸡蛋	50	5
白砂糖	200	20
即发干酵母	10	1
改良剂	5	0.5
水	500	50
食盐	20	2
奶油	200	20

3. 工艺流程

面团搅拌→发酵→切块→搓圆→中间醒发→整形→最后醒发→烘烤→冷却

4. 操作要点

① 面团搅拌　将所有原料放在搅拌容器中先慢速搅拌至粗糙、黏湿的面块，然后逐渐提高速度快速搅打，直至面团表面光滑、有弹性为止。

② 发酵　把调制好的面团放入醒发箱中发酵，待面团内部呈现均匀丝状且手感柔软、不粘手时发酵成熟。

③ 分割、搓圆、中间醒发　将发酵好的面团放在案板上分割成50g一块的小面团，并搓圆、中间醒发10min。

④ 整形　逐个包入葡萄干，收严剂口，揉圆，剂口朝下摆入刷油的烤盘内。

⑤ 最后醒发　将搓圆后的面团再入醒发箱进行最后醒发，直至面坯体积胀大 1 倍时即可。

⑥ 烘烤　用蛋液轻轻涂刷在醒发后的面坯表面，然后送入预热好的面火 200℃/底火 200℃的烤炉，烘烤约 10min，烤至表面呈金黄色即可。

五、农夫面包的制作

1. 主要设备与用具

和面机、醒发箱、烤箱、切面刀、台秤、案板、烤盘等。

2. 配方

配方见表 1-15。

表 1-15　农夫面包配方表

原辅料名称	质量/g	烘焙百分比/%
高筋面粉	1000	50
黑麦粉	500	25
全麦粉	500	25
即发干酵母	20	1
改良剂	6	0.3
水	1340	67
食盐	40	2
起酥油	140	7

3. 工艺流程

面团搅拌→发酵→切块→搓圆→中间醒发→整形→最后醒发→烘烤→冷却

4. 操作要点

① 面团搅拌　面团中速搅拌至面筋扩展，搅拌后面团温度 26℃。注意主面团搅拌程度，避免搅拌过度。

② 发酵　发酵时间 2h 45min。

③ 分割、搓圆、中间醒发　分割 500g/个，搓圆，中间醒发 15min。

④ 整形　整理成球形或棒形，棒状农夫面包坯整理成 40cm 长的棒状。

⑤ 最后醒发　最后醒发 45min。

⑥ 烘烤　在球状面包坯面上划割格子形裂口，在棒状面包坯面上斜着划割 3～4 道裂口，然后入炉烘烤。炉温面火 230℃/底火 210℃，时间 35～40min，炉内要有蒸汽。

【生产训练】

见《学生实践技能训练工作手册》。

任务1-3　二次发酵法面包生产

学习目标

- 掌握二次发酵法面包的生产流程及操作要点。
- 解决二次发酵法面包生产中遇到的问题。
- 能够进行原辅料的选择和计算。
- 掌握几种面包生产方法主要的区别。
- 能进行二次发酵法面包的生产和品质管理。

【知识前导】

二次发酵法又称为中种法和分醪法，即采取两次搅拌、两次发酵的方法。第一次搅拌的面团称为种子面团、中种面团、醪种面团、小醪或醪子。第二次搅拌的面团称为主面团或大醪。

（1）二次发酵法的类型

① 普通二次发酵法。

② 全面粉种子面团二次发酵法。

全面粉种子面团二次发酵法是将全部面粉加入到种子面团中，所制出面包具有良好的柔软度和风味，香味充足，特别适合带盖的听型面包。

（2）二次发酵法的特点

优点：一般体积较一次发酵法的要大，而且面包内部结构与组织均较细密和柔软；面包不易老化，储存保鲜期长；面包发酵风味浓，香味足；第一次搅拌发酵不理想，还有纠正机会，即在第二次搅拌和发酵时纠正；发酵耐力好，后劲大；配方中的酵母用量较一次发酵法节省 20%左右。

缺点：搅拌耐力差；生产周期长，效率低；需要设备、劳力、车间面积较多，投资大；发酵损失大。

（3）配方（见表 1-16）

表 1-16　二次发酵法面包基本配方（烘焙百分比）　单位：%

原辅料名称	份数	平均份数	原辅料名称	份数	平均份数
种子面团			主面团		
高筋面粉	60～80	65	水	12～24	24
水	36～48	36	糖	0～14	8
鲜酵母	1～3	2	脱脂奶粉	0～8.2	2
酵母食物	0～0.75	0.5	油脂	0～4	3
乳化剂	0～0.5	0.375	盐	1.5～2.5	2
主面团			鸡蛋	4～6	5
高筋面粉	20～40	35	丙酸钙	0～0.35	0.25

（4）工艺流程

部分配料→第一次搅拌→第一次发酵→第二次搅拌（全部余料）→第二次发酵→切块→

搓圆→整形→醒发→饰面（蛋液）→烘烤→冷却→包装→成品

【生产工艺要点】

（1）原料选择

面粉应选择筋性较高的高筋面粉，如果面粉筋性不足，则在长时间的发酵中，面筋会受到破坏。因此，筋性较弱的面粉应放在主面团中。筋性高的面粉在种子面团中的比例应大于主面团的面粉比例，发酵时间也应长于主面团。

二次发酵法加工面包，酵母大多选择鲜酵母。这种酵母具有较好发酵耐力。酵母的用量一般比正常一次发酵法减少 20%左右。

（2）种子面团（中种面团）搅拌

将 60%～70%的面粉、全部酵母及适量水投入搅拌机中搅成面团，种子面团的加水量可根据发酵时间长短而调整。一般情况下，种子面团加水量少，发酵时间虽长，但面团膨胀及面筋软化成熟效果好，而水分用量多的种子面团发酵时间短、速度快，但面团膨胀体积小，面筋软化成熟差。种子面团不必搅拌时间过长，也不需面筋充分形成，其主要目的是扩大酵母的生长繁殖，增加主面团和醒发的发酵潜力。可将面团搅拌稍软、稍稀一些，以利酵母生长，加快发酵速度。

二次发酵法种子面团中一般不添加除酵母食物外的其他辅料。种子面团和主面团的面粉比例有以下几种：80/20、70/30、60/40、50/50、40/60 和 30/70，高筋面粉多数使用70/30和 60/40，即种子面团面粉用量高些。中筋面粉（例如国产特制粉）多使用 50/50，即种子面团面粉用量少些，发酵时间不宜太长。二次发酵法比一次法酵母用量少。种子面团与主面团的面粉比例应根据面粉筋力大小来灵活调整。

（3）种子面团（中种面团）发酵

搅拌后面团温度应控制在 24～26℃，相对湿度 75%～80%，发酵 3.5～4.5h，当面团发酵后再进行第二次调制面团。第一次面团发酵程度判别如下：面团体积膨胀到原来体积的 4～5 倍；面团顶部稍微塌陷；用手指向上拉起面团，很容易断裂，表示已经完成发酵。如果拉起后仍有强烈弹性，则表明发酵不足，还需继续再发酵。发酵好的面团表面干燥，同时有很规则的网状结构。

（4）主面团搅拌

首先将主面团中的水、糖、蛋、添加剂加入搅拌机中搅拌均匀。然后加入发酵好的种子面团，将其搅拌均匀。再加面粉、奶粉搅拌至面筋初步形成。加入食盐至与面团充分混合时，最后加入油脂搅拌至面团细腻、光滑为止。搅拌时间一般为 12～15min。

（5）主面团发酵

其发酵温度和时间可根据气温的高低来掌握，一般温度为 25～31℃，发酵 2～3h，面团即可成熟，并应根据种子面团与主面团的面粉比例来调节。如果种子面团面粉比例大，即所谓的醪种大，则主面团发酵时间可缩短；反之，则应延长。

（6）翻面

第二次发酵成熟后的面团，应该立即进行翻面。翻面的次数应根据面团发酵程度而定，一般可以进行一次或两次，有时也可以进行三次。

翻面的方法：将已发起的面团压下去，驱跑面团内部的大部分 CO_2 气体，再把发酵槽的四周及上部的面团翻压下去，使原来发酵槽底部的面团翻到槽的上面来。翻面后的面团，再继续发酵 20min 左右，使其恢复到原来发酵状态，然后再进行第二次或第三次翻面，也有用搅拌机来翻面的。

(7) 整形

经过发酵成熟后的面团应立即整形，其工序包括：分割、称量、搓圆、静置、成形和装盘（入模）等。

(8) 醒发

二次发酵法的面团醒发时间要比其他方法短一些。在38～40℃、相对湿度85%～90%的条件下，醒发50～65min。由于面团中酵母数量多，后劲大，故面团醒发程度可比一次法稍轻一些，以利在烘烤过程中面团体积进一步膨大。

(9) 烘烤、冷却、包装。

【生产案例】

一、鲜奶吐司面包的制作

1. 主要设备与用具

和面机、醒发箱、烤箱、吐司模具、台秤、案板、切面刀、擀面杖等。

鲜奶吐司面包制作

2. 配方

配方见表1-17。

表1-17 鲜奶吐司面包配方表

原辅料名称		质量/g	烘焙百分比/%
种子面团	高筋面粉	700	70
	鲜酵母	45	4.5
	鸡蛋	120	12
	牛奶	350	35
	水	50	5
主面团	高筋面粉	300	30
	砂糖	180	18
	改良剂	2	0.2
	牛奶	150	15
	食盐	17	1.7
	油脂	150	15

3. 工艺流程

种子面团原料→搅拌→种子面团发酵→主面团搅拌→主面团发酵→切块→搓圆→中间醒发→整形→最后醒发→烘烤→脱模→冷却→成品

鲜奶吐司面包成品见彩图1-3。

4. 操作要点

① 种子面团的搅拌　将高筋面粉、鸡蛋、牛奶、活化的鲜酵母、水倒入和面机内，先慢速搅拌2～3min，继而高速搅拌成为均匀的面团。

② 种子面团的发酵　将取出的面团放入烤盘内，送入醒发箱，醒发箱温度28℃、湿度75%，发酵至体积为原来的2倍左右，约1h。

③ 主面团的搅拌　将发酵好的面团放入和面机内，把主面团中的高筋面粉、砂糖、改

良剂、牛奶、食盐、油脂依次加入和面机内，高速搅拌至面筋完全扩展。

④ 主面团的发酵　将面团滚圆，收口朝下，放入烤盘内，放入醒发箱，发酵，温度28℃，湿度75%，直至体积变为原来的2倍，约1h，发酵结束。

⑤ 分割、称量、滚圆、中间醒发　将发酵好的面团从醒发箱中取出，切分成210g的面团，分别滚圆，放入醒发箱内，温度28℃，湿度75%，中间醒发15min。

⑥ 整形　将中间醒发好的面团，用擀面杖擀成长条状，由短边卷起，收口向下，盖上纱布，中间再醒发10min。将面团旋转90°，再次擀成长条状，由短边卷起，收口向下，保持适当间距，放入500g的吐司模具中。

⑦ 醒发　将装好的吐司模放入醒发箱内，进行最后醒发，温度为38℃，湿度为85%，待面团发酵至九分满时，取出。盖上吐司盖。

⑧ 烘烤　将烤炉温度升至面火、底火均为210℃，将吐司模放入烤炉内烘烤约40min。烤好后马上倒扣出来，放在凉网上晾凉即可。

二、毛毛虫面包制作

毛毛虫面包制作

1. 主要设备与用具

和面机、醒发箱、烤箱、烤盘、台秤、案板、切面刀、锯齿刀、擀面杖等。

2. 配方

配方见表1-18。

表1-18　毛毛虫面包配方表

原辅料名称		质量/g	烘焙百分比/%
种子面团	高筋面粉	700	70
	鲜酵母	45	4.5
	鸡蛋	150	15
	水	200	20
主面团	高筋面粉	300	30
	砂糖	200	20
	改良剂	3	0.3
	奶粉	20	2
	水	100	10
	食盐	12	1.2
	黄油	100	10
线条装饰	黄油	140	
	水	300	
	食盐	5	
	低筋面粉	200	
	鸡蛋	240	

3. 工艺流程

种子面团原料→搅拌→种子面团发酵→主面团搅拌→主面团发酵→切块→搓圆→中间醒发→整形→最后醒发→装饰→烘烤→冷却→装饰→成品

毛毛虫面包成品见彩图1-4。

4. 操作要点

① 种子面团的搅拌　将高筋面粉、鸡蛋、活化的鲜酵母、水倒入和面机内，先慢速搅拌 2～3min，继而高速搅拌成为均匀的面团。

② 种子面团的发酵　将取出的面团放入烤盘内，送入醒发箱，醒发箱温度 28℃、湿度 75%，发酵至体积为原来的 2 倍左右，约 1h。

③ 主面团的搅拌　将发酵好的面团放入和面机内，把主面团中的高筋面粉、砂糖、改良剂、奶粉、食盐、黄油依次加入和面机内，高速搅拌至面筋完全扩展。

④ 主面团的发酵　将面团滚圆，收口朝下，放入烤盘内，放入醒发箱，发酵，温度 28℃，湿度 75%，直至体积变为原来的 2 倍，约 1h，发酵结束。

⑤ 分割、称量、滚圆、中间醒发　将发酵好的面团从醒发箱中取出，切分成 200g 的面团，分别滚圆，放入醒发箱内，温度 28℃、湿度 75%，中间醒发 15min。

⑥ 整形　将中间醒发好的面团用擀面杖擀成长条状，横过来，双手向内收将面片卷起，搓成长条状，保持适当间距放入烤盘内。

⑦ 醒发　将烤盘放入醒发箱内，进行最后醒发，温度为 38℃、湿度 85%，待面团发酵至原来体积的 2 倍时，取出。

⑧ 装饰　将黄油、水、食盐、低筋面粉、鸡蛋放入搅拌机内，搅拌均匀即可。将其装入裱花袋，将裱花袋底部剪开，在醒发好的面团表面来回画折线，进行装饰。

⑨ 烘烤　将烤炉温度升至面火、底火均为 200℃，将烤盘放入烤炉内烘烤约 20min，烤至表面金黄即可出炉，冷却。

⑩ 装饰　用锯齿刀将面包侧面切开，用裱花袋挤入打发的奶油，即为成品。

三、辫子面包的制作

1. 主要设备与用具

和面机、醒发箱、烤箱、烤盘、台秤、案板、切面刀、擀面杖等。

2. 配方

配方见表 1-19。

表 1-19　辫子面包配方表

原辅料名称		质量/g	烘焙百分比/%
种子面团	高筋面粉	700	70
	干酵母	10	1
	水	390	39
主面团	高筋面粉	30	30
	砂糖	100	10
	鸡蛋	40	4
	水	160	16
	食盐	8	0.8
	植物油	58	5.6

3. 工艺流程

种子面团原料→搅拌→种子面团发酵→主面团搅拌→主面团发酵→切块→搓圆→中间醒发→整形→最后醒发→装饰→烘烤→冷却→成品

4. 操作要点

① 第一次发酵　先将酵母用温水调制均匀，加入极少量白糖，将此酵母液在室温下放置 15～30min 使其活化后使用。

将 39kg 左右的水和全部酵母液放入和面机中，搅拌片刻立即加入 70kg 面粉继续搅拌均匀为止。在 28℃下发酵 4～6h，待发酵成熟后立即进行第二次发酵。

② 第二次发酵　将白糖、鸡蛋、盐、植物油（留下 2kg 刷烤盘用）等辅料投入和面机中，加入 14～16kg 水搅拌均匀，投入第一次发酵成熟的面团及剩余的面粉经充分搅拌成均匀面团，放在温度为 28℃的条件下发酵 2～3h，待面团发酵成熟后，立即进行整形与成形。

③ 切分、搓圆、中间醒发　切分成 165g/个面团，搓圆，中间醒发 10min。

④ 整形　整成辫子形，摆到烤盘上。摆盘要考虑烘焙后膨胀的体积。

⑤ 最后醒发　整形、摆盘后即可进入醒发室进行最后醒发，温度为 34～36℃，相对湿度在 85%～95%，时间为 40min 左右。待面包坯体积增大到原来的 1～2.5 倍时即可。

⑥ 烘烤、冷却、包装　将炉温升到 250～260℃，面包坯入炉前刷上一层蛋浆（上面也可撒上少许芝麻或核桃仁碎块等），入炉烘烤 5～8min 即可成熟。出炉后冷却，再出盘包装。

四、奶油面包的制作

1. 主要设备与用具

和面机、醒发箱、烤箱、烤盘、台秤、案板、切面刀、擀面杖等。

2. 配方

配方见表 1-20。

表 1-20　奶油面包配方表

原辅料名称		质量/kg	烘焙百分比/%
种子面团	高筋面粉	40	40
	干酵母	1.2	1.2
	砂糖	1	1
	水	23	23
主面团	高筋面粉	60	60
	砂糖	18	18
	鸡蛋	11	11
	水	30	30
	食盐	0.2	0.2
	奶油	2.5	2.5
	植物油	4.5	4.5
	奶粉	2	2
	香兰素	0.05	0.05

3. 工艺流程

种子面团原料→搅拌→种子面团发酵→主面团搅拌→主面团发酵→切块→搓圆→中间醒发→整形→最后醒发→装饰→烘烤→冷却→成品

4. 操作要点

① 第一次发酵　将 1.2kg 酵母以温水调开，加糖 0.8kg，连同酵母液加水 23kg。将酵母液调开后，加面粉 40kg，在 27～28℃下发酵 4～4.5h。第一次发酵要发老一些。

② 第二次发酵 加奶油1kg、植物油2.5kg、水30kg及其他全部配料，调匀后，加面粉57.5kg（留下2.5kg作薄面）。面团接近调好时加植物油2kg。在30℃下发酵2h，面要老一些。将1.5kg奶油加温熔化成乳状，冷却待用。

③ 切块、搓圆、中间醒发、整形 切分面团，称量1kg（每个面团），然后搓圆，中间醒发10min。取一个醒发后的面团，抖成片状，擦上奶油，叠起后，再擀成1cm厚的薄片。分别均（分）成边长10cm和8cm的正方形方块，将小方块放在大方块上，对角叠起，再用一长形面条捆住。夹馅的可不用面条捆。

④ 最后醒发、烘烤和冷却 整形后，在30℃下发酵醒发40min左右，使之成形。烘烤时，要求炉温低些，面火、底火均为180℃，烘烤时间长些。出炉后冷却至室温装盘。这种面包易挤压变形，故一般不装箱。

五、紫薯小餐包的制作

1. 主要设备与用具

和面机、醒发箱、烤箱、烤盘、台秤、案板、切面刀、擀面杖等。

2. 配方

配方见表1-21。

表1-21 紫薯小餐包配方表

原辅料名称		质量/g	烘焙百分比/%
种子面团	高筋面粉	1500	75
	干酵母	16	0.8
	面包改良剂	5	0.25
	水	900	45
主面团	高筋面粉	100	5
	低筋面粉	400	20
	砂糖	400	20
	鸡蛋	200	10
	水	210	10.5
	食盐	20	1
	奶油	240	12
	即发干酵母	6	0.3
	奶粉	80	4

3. 工艺流程

种子面团原料→搅拌→种子面团发酵→主面团搅拌→主面团发酵→切块→搓圆→中间醒发→整形→最后醒发→装饰→烘烤→冷却→成品

4. 操作要点

① 种子面团搅拌 低速2min，中速2min，至面团卷起阶段，搅拌后面团温度24℃。

② 种子面团发酵 温度28℃，湿度75%，发酵至体积为原来的2倍左右，约2h。

③ 主面团的搅拌 将主面团的水、糖、蛋、盐放入搅拌缸内搅拌溶化，加入中种面团，再加入面粉、酵母、奶粉低速搅拌，加入油脂，低速搅拌，中速搅拌至面筋扩展阶段，搅拌后面团温度28℃。

④ 主面团的发酵 将面团滚圆，收口朝下，放入烤盘内，放入醒发箱，发酵，温度

28℃，湿度75%，直至体积变为原来的2倍，约1h，发酵结束。

⑤ 分割、称量、滚圆、中间醒发　分割50g/个，滚圆，中间醒发15min。

⑥ 整形　取一个中间松弛好的面团，擀成包子皮状，放上紫薯馅，像包包子似地包起来，捏紧收口，保持适当间距放入烤盘内。

⑦ 醒发　将烤盘放入醒发箱，进行最后醒发，温度为38℃，湿度为85%，待面团发酵至原来体积的2倍时，取出。

⑧ 装饰　表面刷上蛋黄液，点上黑芝麻。

⑨ 烘烤、冷却　将烤炉温度升至面火、底火均为200℃，将烤盘放入烤炉内烘烤约20min，烤至表面金黄即可出炉，冷却，即为成品。

【生产训练】

见《学生实践技能训练工作手册》。

任务1-4　冷冻面团法面包生产

学习目标

- 掌握冷冻面团法面包的生产流程及操作要点。
- 解决冷冻面团法面包生产中遇到的问题。
- 能够进行原辅料的选择和计算。
- 掌握几种面包生产方法主要的区别。
- 能进行冷冻面团法面包生产和品质管理。

【知识前导】

用冷冻面团生产面包是20世纪50年代发展起来的新工艺，制作冷冻面团所用原辅料及工艺过程在一定条件下有特殊要求。冷冻面团法，就是由较大的面包厂或中心将已经搅拌、发酵、整形面团在冷冻库中快速冻结和冷藏，然后将冷冻面团送往各个连锁店，包括超级市场、宾馆、饭店、面包零售店等，用冰箱储存，各连锁店只需备有醒发箱和烤炉，随时可以将冷冻面团从冰箱中取出，放入醒发室内解冻、醒发，然后烘焙即可成为新鲜面包。顾客可以在任何时间都能买到刚出炉的新鲜面包。现代面包的生产和销售越来越要求现做、现烤、现卖，以适应顾客吃新尝鲜的需要。

目前，在许多国家和地区该法已经相当普及，特别是国内外面包行业正流行连锁店经营方式，冷冻面团法得到了很大发展。

大多数冷冻面团的生产都采用快速发酵法，即短时间或无时间发酵。许多研究证明，应用长时间发酵的工艺方法对冷冻面团生产来说是不理想的。因此，用两次发酵法生产的冷冻面团产品储存时间短，保鲜差。这是由于在较长的中种面团发酵期间酵母被活化所致，这种活化作用使得酵母在冷冻和解冻期间更容易受到损伤。短时间或无时间发酵法生产冷冻面团是最合适的，它们能使产品在冷冻后具有较长的保鲜期，这是因为经冻结后，使酵母活性完全被保存下来。

工艺流程：

部分配料→面团搅拌→静置→切块→搓圆→整形→冷冻→包装→冷冻库储存→解冻→发酵→烘焙→冷却→包装→成品

【生产工艺要点】

(1) 原料的选择

① 面粉　冷冻面团所需要的面粉要比通常的面粉含有较高的蛋白质，在面粉中要求蛋白质含量高的原因是保证面团具有充足的韧性和强度，提高面团在醒发期间的持气性。一般可以选择春小麦和冬小麦的混合物，蛋白质含量应该在11.75%～13.5%。

面粉的吸水率应达到50%～63%，在调制面团时，既要使面团能充分吸水，又要保证加入的自由水为最低限度。如果加入的水——自由水过多，在冻结或解冻期间对面团和酵母十分不利，对保持面团的形状也不利。

② 酵母用量　酵母用量通常是3.5%～5.5%，这个用量可以根据产品的种类或糖的用量来改变。在使用活性干酵母时，应该同时使用较多的氧化剂，这可使面团冻结和储存阶段保持质量，同时注意用量较低，应是鲜酵母用量的1/2。此外，酵母的耐冻性是影响面团质量的关键。

③ 其他辅料　盐用量为1.75%～2.5%，冷冻面团糖的用量要比普通面包的配方高一些，一般为6%～10%。由于糖有吸湿性，则糖用量较高会使制品在储存期中稳定得多。油脂用量为3%～5%，这将增加面团的起酥性，使面团更有利于机械加工，也改善了面团在醒发期间的持气性。

④ 改良剂　在冷冻面团中选择适当的氧化剂和用量非常重要，应选择适当的国家标准允许使用的氧化剂。抗坏血酸和溴酸盐的结合使用是最广泛的使用方法。

(2) 面团搅拌

冷冻面团的搅拌类似于未冻结的面团，在搅拌过程中要注意面团需一直搅拌到面筋完全扩展为止。如果搅拌过度，面团将变得过分柔软和不适宜后续工序的操作，面团冻结后储存气体能力差。

制得的面团温度18～24℃最为理想，温度过低会使面团在冻结前降低酵母的活性，从而延长面团的搅拌时间；温度过高，酵母活性被大大激活，从而造成酵母过早产气发酵，面团在分块时不稳定，不易整形，导致保鲜期缩短。

(3) 发酵

发酵时间通常在45min之内，在冻结加工期间能减少酵母被损害的程度。

(4) 分割与成形

由于冷冻面团要比普通面团的吸水率低，而且面团温度也低，因此加工这种硬面团必须要求分割均匀。同时，对这种硬面团要适度压片后成形，千万注意调整压片机的间距，使之逐渐变窄，避免面团被撕裂而造成成品体积小、持气性降低。分割、压片后要及时成形并迅速被冻结。

(5) 冻结方法

对面团进行冷冻，常采用吹风冻结法。

① 吹风冻结法　在低温条件下，向面团吹入冷空气使面团冷冻，一般有两种方法。

机械吹风：$-40\sim-34$℃（空气）同时以气体流速为$16.8\sim19.6m^3/min$，0.454～0.511kg面块中心温度达$-32\sim-29$℃需要的时间是60～70min。

低温吹风：−46℃（充入CO_2、N_2的空气），使0.454～0.511kg面块中心温度达−32～−29℃需要的时间是20～30min。其原因是在冷冻初期，沿面团四周形成一层厚表壳，这个冻结层厚度为0.38～0.60mm。由于面团内部温度比较高，内部的热量需要向外部传递，要使内部温度与外界温度趋于一致，即达到一种温度动态平衡，需要一定时间。

经过吹风冻结后，产品通常包装在衬有多层纸的纸板箱内，这种多层衬纸能够防止冷冻面团在储存期间过多地失水。

② 冷冻温度　如果冷冻面团需储存一段时间，则储存温度很重要，最佳冷冻温度在−23～−18℃。然而在实际应用中，这是非常困难的，因为在生产中总是要有产品进进出出，使得冷冻间的温度难免有些波动，这将损害面团的质量，缩短面团的储存期，这是由于冰结晶形成和运动的结果。一般面团在冷冻室储存三周的时间，不需太严格的工艺控制，而5～12周则应该注意冷冻室温度，避免波动，储存12周后，面团将变质。

(6) 冷冻面团的解冻

一般可采用以下两种方法。

① 从冷冻间取出冷冻面团，在4℃的冷藏间里放置16～24h，这可以使面团解冻。然后将解冻的面团放在温度32～38℃、相对湿度70%～75%的醒发室里，醒发2h左右。

② 从冷冻间直接取出面团放入温度27～29℃、相对湿度70%～75%的醒发箱内，醒发2～3h。

上述两种方法，其相对湿度均是70%～75%，这要比正常的鲜面团醒发的相对湿度低，主要是为了防止面团含水量过多，发生收缩、变形。这种收缩对面团具有软化作用，并导致面团在醒发期间发生塌陷。正如在生产中所看到的，如果面团过软，对面团应重新加工，也就是说将面团重新成形将有助于改善持气性，才能保证面包体积大。

现在生产中常将面团搓圆后直接冷冻，需要制作面包时，将冷冻面团在4℃冷藏室回软后，进行成形、醒发、烘烤，制得面包成品。

【生产训练】

见《学生实践技能训练工作手册》。

自 测 题

一、判断题（请在题前括号中划“√”或“×”）

(　　) 1. 中种发酵又叫做二次发酵。

(　　) 2. 面团搅拌时与搅拌的速度有关，与搅拌时面团的温度无关。

(　　) 3. 面包制作中面团的搓圆是使其芯子结实，表面光滑。

(　　) 4. 焙烤制品烘烤时，一般底火的温度与面火的温度没有差别。

(　　) 5. 面包坯进行烘烤时，炉温低，入炉后面包坯膨胀得小；炉温高，入炉后面包坯膨胀得大。

(　　) 6. 分割后的小面团进行揉圆，其作用之一是排出部分二氧化碳气体，使各种配料分布均匀。

(　　) 7. 发酵后的面团进行分块和称量时要把面包坯在烘烤后将有10%～12%的质量损耗计算在内。

(　　) 8. 酵母通常包括：鲜酵母，活性干酵母，发酵粉三种。

(　　) 9. 生产面包工艺中，搅拌开始时即加入食盐，会减少面团搅拌时间50%。

（　）10. 面包生产中面团搅拌第一步是加糖、蛋、油脂、水、奶粉、添加剂搅拌均匀，充分溶化。

（　）11. 生产面包时，面团的量不应低于搅拌机有效负荷量的1/4。

（　）12. 生产普通面包，面团搅拌到面筋扩展阶段可以停止搅拌，转入发酵工序。

（　）13. 生产面包的搅拌工序一般可分为五个阶段。

（　）14. 现代面包生产技术都采用先加盐法。

（　）15. 一次发酵法在发酵过程中翻面的作用之一是强化面筋，提高扩张力。

（　）16. 在发酵面团中，糖的用量越多，酵母的产气能力越强。

（　）17. 焙烤的炉内湿度会直接影响产品质量。

（　）18. 水为面包原料中最廉价的一种，在不影响面包品质的前提下，面包应尽量在配方中增加水的用量。

（　）19. 快速直接法制作面包至少得给予20min的发酵时间。

（　）20. 夏天天气较热，制作面包时可添加一些碎冰取代水量，使搅拌出来的面团温度较低以免发酵过度。

二、选择题

1. 面包发酵理想的发酵温度为（　）。

A. 20～22℃　B. 24～26℃　C. 27～28℃　D. 30～32℃

2. 一般面包使用的面粉为（　）。

A. 特高筋粉　B. 低筋粉　C. 中筋粉　D. 高筋粉

3. 主食面包一般油脂的使用量为（　）。

A. 2%～3%　B. 5%～6%　C. 7%～9%　D. 10%～11%

4. 面包的（　）问题，是面包制作工艺中一个重要的质量问题。

A. 糊化　B. 陈化　C. 老化　D. 粗糙

5. 中间醒发时，中间醒发箱适宜的相对湿度为（　）。

A. 60%～65%　B. 65%～70%　C. 70%～75%　D. 75%～80%

6. 下列几种疏松剂，（　）是生物疏松剂。

A. 泡打粉　B. 活性干酵母　C. 小苏打　D. 臭碱

7. 生产面包的搅拌工序一般可分为（　）阶段。

A. 3个　B. 4个　C. 5个　D. 6个

8. 生产面包，想要把面包做得柔软，就要向面团里多加（　）。

A. 油脂　B. 盐　C. 奶制品　D. 鸡蛋黄

9. 醒发适宜程度判别一般应根据醒发后面团体积为面包应有体积的多少来确定？（　）

A. 70%　B. 80%　C. 90%　D. 120%

10. 对于发酵时间不太长的面坯，为了促进面坯的成熟其搅拌应如何掌握？（　）

A. 尽快结束　B. 较长　C. 充分搅拌　D. 过度地搅拌

11. 面包烘烤后，为什么表面会下塌？（　）

A. 醒发过度　B. 烘烤不足

C. 面团操作时已经老化　D. 以上情况均可

12. 一般甜面包在面包坯质量为60g时，炉温设置（　）。

A. 上火180℃，下火160℃　B. 上火160℃，下火180℃

C. 上火160℃，下火140℃　D. 上火140℃，下火140℃

13. 生产普通面包，面团搅拌到哪一阶段，可以停止搅拌，转入发酵工序？（　　）

A. 面筋形成阶段　B. 面筋扩展阶段　C. 面筋完成阶段　D. 搅拌过度阶段

14. 发酵室内理想的相对湿度为（　　）。

A. 60%～65%　B. 65%～70%　C. 70%～75%　D. 75%～80%

15. 如果烘烤的面包皮色太浅，可能是受下列哪个因素的影响所致？（　　）

A. 下火低，上火高　B. 炉温低，烘烤时间长

D. 炉内湿度小，温度低　D. 炉内湿度小，上火低，烘烤时间短

16. 中间醒发适宜温度（　　）。

A. 24～26℃　B. 27～29℃　C. 30～32℃　D. 34～36℃

17. 面包坯醒发温度为（　　）。

A. 20～25℃　B. 26～30℃　C. 31～34℃　D. 35～40℃

18. 面筋蛋白质的主要成分是（　　）。

A. 麦清蛋白和麦球蛋白　B. 麦清蛋白和麦谷蛋白

C. 麦球蛋白和麦胶蛋白　D. 麦胶蛋白和麦谷蛋白

19. 下列何者不是面包制作的主要材料？（　　）

A. 糖　B. 面粉　C. 酵母　D. 盐

20. 普通一次发酵法，如使用0.8%即发干酵母，在适宜的温、湿度条件下，发酵时间一般为（　　）。

A. 1h　B. 2h　C. 3h　D. 4h

三、问答题

1. 面包制作中对水质有何要求，水能起到哪些作用？
2. 面团搅拌的功能有哪些？
3. 如何判断面团发酵成熟度？
4. 面团发酵及面包坯醒发的温、湿度要求有哪些？
5. 面包在焙烤过程中有哪些方面的变化？
6. 制作面包时为什么要选择高筋粉？
7. 影响面团调制的因素有哪些？
8. 面团发酵控制的主要技术有哪些？
9. 冷冻面团法生产面包主要的特点是什么？
10. 一次发酵法面包生产的工艺流程及操作要点有哪些？

四、实践应用题

请根据所学知识，自行设计一套二次发酵法面包的生产方案。

学习情境二 蛋糕生产

【知识储备】

蛋糕是一种以面粉、鸡蛋、食糖等为主要原料，经搅打充气，辅以疏松剂，通过烘烤或汽蒸加热而使组织松发的一种疏松绵软、适口性好的方便食品。蛋糕具有浓郁的香味，新出炉的蛋糕质地松软，富有弹性，组织细腻多孔，软似海绵，易消化，是一种营养丰富的食品。

蛋糕是传统且具有代表性的西点，深受消费者喜爱。现代社会中，无论是生日聚会，还是周年庆典、新婚典礼、各种表演及朋友聚会等场合都会有蛋糕。在很多时候人们也把蛋糕作为点心食用。蛋糕已经成为人们生活中不可或缺的一种食品。

一、蛋糕的分类

1. 按蛋糕面糊性质分类

蛋糕的种类很多，按其使用原料、搅拌方法及面糊性质和膨发途径，通常可分为三类。

（1）油底蛋糕（面糊类蛋糕）

主要原料依次为糖、油脂、面粉，其中油脂的用量较多，并依据其用量来决定是否需要加入或加入多少化学疏松剂。油底蛋糕主要膨发途径是通过油脂在搅拌过程中结合拌入的空气，而使蛋糕在炉内膨胀。例如日常所见的牛油蛋糕、提子蛋糕等。

（2）乳沫类蛋糕

主要原料依次为蛋、糖、小麦粉，另有少量液体油，且当蛋用量较少时要增加化学疏松剂以帮助面糊起发。乳沫类蛋糕膨发途径主要是靠蛋在拌打过程中与空气融合，进而在炉内产生蒸汽压力而使蛋糕体积起发膨胀。根据蛋的用量的不同，又可分为海绵类与蛋白类。使用全蛋的称为海绵蛋糕，例如瑞士蛋糕卷、西洋蛋糕杯等，若仅使用蛋白的称为天使蛋糕。

（3）戚风类蛋糕

混合上述两类蛋糕的制作方法而成，即蛋白与糖及酸性材料按乳沫类打发，其余干性原料、流质原料与蛋黄则按面糊类方法搅拌，最后把二者混合起来即可。例如戚风蛋卷、草莓戚风蛋糕等。至于生日蛋糕底坯，则既可用海绵蛋糕类配方，也可用戚风蛋糕类的配方，可根据各地方特点及消费者口味，选择适当的配方。

2. 按用料特点分类

（1）鸡蛋蛋糕

指以鸡蛋为膨松介质制成的蛋糕。

（2）油脂蛋糕

指以油脂为膨松介质制成的蛋糕。

(3) 乳酪蛋糕

指在蛋糕面糊中加入大量奶油芝士而制成的蛋糕。

(4) 慕斯蛋糕

是慕斯与蛋糕结合，将慕斯制成蛋糕夹层，经冷冻凝结后再加以表面装饰，造型精美，口感松软凉爽，是西餐中常用的餐后甜点。

3. 按蛋糕形态分类

(1) 片状蛋糕

指烘焙后的蛋糕坯经切割成简单的几何形状，如长方形、方形、三角形等，再整体或个别霜饰而成的蛋糕。

(2) 杯子蛋糕

指搅拌后的面糊装入杯形蛋糕模中烘焙而成的蛋糕。

(3) 卷筒蛋糕

以烘烤的蛋糕薄坯为基础，经抹馅、卷筒、定型、切块等成形装饰工序而制成。

(4) 夹馅蛋糕

可由多层蛋糕薄坯夹馅组成，圆形蛋糕可横向切割成多片后夹馅。蛋糕层数一般为2～3层，总厚度为4～5cm。

(5) 艺术装饰蛋糕

通常以乳沫蛋糕、戚风蛋糕或面糊类蛋糕坯为基础，先做成几何形、多层体、房屋等立体形状，再通过裹面、抹面、裱花、拼摆等方式进行装饰，主要用于传统的节日喜庆蛋糕和展台展示。

二、蛋糕加工基本原理

蛋糕的膨松主要是物理性能变化的结果。经过机械高速搅拌，使空气充分混入坯料中，经过加热，空气膨胀，坯料体积疏松而膨大。蛋糕用于膨松充气的原料主要是蛋白和奶油(又称黄油)。

蛋白是黏稠的胶体，具有起泡性。蛋白液的气泡被均匀地包在蛋白膜内，受热后气泡膨胀。油蛋糕的起发与膨松主要是依靠油脂，黄油在搅拌过程中能够大量拌进空气而起发。

1. 蛋白质的膨松

鸡蛋是由蛋白和蛋黄两部分组成。蛋白具有起泡性，当蛋白液受到急速连续的搅打时，空气充入蛋液内形成细小的气泡，这些气泡被均匀地包裹在蛋白膜内，受热后空气膨胀时，凭借胶体物质的韧性，使其不至于破裂。蛋糕糊内气泡受热膨胀至蛋糕凝固为止，烘烤中的蛋糕体积因而膨大。蛋白保持气体的最佳状态是在呈现最大体积之前。因此，过分地搅打会破坏蛋白胶体物质的韧性，使保持气体的能力下降。蛋黄不含有蛋白中胶体物质，保留不住空气，无法打发。但在制作海绵蛋糕时，蛋黄与蛋白一起搅拌很容易与蛋白及拌入的空气形成黏稠的乳状液，同样可保存拌入的空气，烘烤成体积膨大的疏松蛋糕。

2. 奶油的膨松

制作奶油蛋糕时，糖和奶油在搅拌过程中，奶油里拌入了大量空气并产生气泡。加入蛋液继续搅拌，油蛋料中的气泡就随之增多。这些气泡受热膨胀会使蛋糕体积膨大、质地松软。为了使油蛋糕糊在搅拌过程中能拌入大量的空气，在选用油脂时要注意油脂的以下特性。

① 可塑性　塑性好的油脂，触摸时有粘连感，把油脂放在手掌上可塑成各种形态。这种油脂与其他原料一起搅拌，则可以提高坯料保存空气的能力，使面糊内有充足的空气，促使蛋糕膨胀。

② 融合性　融合性好的油脂，搅拌时面糊的充气性高，能产生更多的气泡。油的融合性和可塑性是相互作用的，前者易于拌入空气，后者易于保存空气。如果任何一种特性不良，要么面糊充气不足，要么充入的空气保留不佳，易于泄漏，都会影响制品的质地。

③ 油性　油脂所具有的良好的油性，也是蛋糕松软的重要因素。在坯料中油脂的用量也应恰到好处，否则会影响制品的质地。

此外，在蛋糕制作过程中，加入乳化剂能起到与油脂同样的作用，有时也加入一些化学疏松剂，如泡打粉等，它们在制品成熟过程中，能产生二氧化碳气体，从而使成品更加松软、更加膨胀。

三、蛋糕生产原辅料

1. 蛋及蛋制品

鸡蛋是蛋糕加工中不可缺少的原料，蛋品有着多种特性，对蛋糕的品质起着多方面的作用。由于鸭蛋、鹅蛋有异味，蛋糕加工中所用的蛋品主要是新鲜鸡蛋及其加工品。

鸡蛋在蛋糕加工中有以下作用。

① 膨松作用　鸡蛋蛋白质受热凝固时失水较轻，能保证蛋糕制品润湿柔软。

② 营养作用　鸡蛋营养丰富，可以赋予制品蛋白质、脂肪等营养物质。

③ 改善制品组织结构　蛋品对原料中的脂肪和其他液体物料还可以起到乳化作用，使蛋糕制品的风味和结构均一。

④ 增加蛋糕的色泽和风味　鸡蛋中的类叶黄素、核黄素等会使蛋糕内部色泽呈橙黄色。鸡蛋含有的蛋白质和氨基酸在蛋糕烘烤过程中会发生美拉德反应，产生特有的令人愉悦的风味和棕黄的色泽，从而使蛋糕产生诱人的风味和色泽。

2. 面粉

蛋糕体积与面粉细度显著相关，面粉越细，蛋糕体积越大。蛋糕加工要求面粉面筋含量和面筋的筋力都比较低。一般湿面筋含量宜低于 24%，面团形成时间小于 2min。但是筋力过弱的面粉可能影响蛋糕的成形，不利于蛋糕加工。因为面粉是蛋糕重要的原料之一，其中的蛋白质吸水后会形成面筋，与蛋白质在蛋糕结构中形成骨架，如果筋力过弱将难以保证足够的筋力来承受蛋糕烘烤时的膨胀力，同时也不宜于蛋糕的运输。蛋糕专用粉，它是经氯气处理过的一种面粉，这种面粉色白、面筋含量低，吸水量很大，它做出来的产品保存率高，是专用于制作蛋糕的。

3. 糖

糖是制作蛋糕的主要原料之一，对蛋糕的口感和质量起着重要的作用：

① 增加制品甜味，减少蛋的腥味，使成品味道更好。

② 在烘烤过程中，蛋糕表面会变成褐色并散发出香味，使成品颜色更漂亮。

③ 填充作用：在搅打过程中，帮助全蛋或蛋白形成浓稠而持久的泡沫，也能帮助黄油打成膨松状的组织，使面糊光滑细腻，产品柔软，这是糖的主要作用。

④ 保持成品中的水分，延缓老化。

制作蛋糕的用糖，当使用白砂糖时，粒度以细为佳。制作海绵蛋糕或戚风蛋糕最好用细砂糖。糖粉味道与蔗糖相同，在重油蛋糕或蛋糕装饰上常用。转化糖浆可用于蛋糕装饰，国外也经常在制作蛋糕面糊时添加，起到改善蛋糕的风味和保鲜的作用。

4. 油脂

油脂在蛋糕中的作用主要包括：拌和空气，膨大蛋糕润滑面筋，柔软蛋糕改善组织与口感。人造奶油适宜制作蛋糕，融合性较好，制出的蛋糕组织细腻。在蛋糕的制作中用得最多的是色拉油和黄油。在高糖量的油脂蛋糕中，通常也采用高比例的起酥油，一般多用液体起酥油，这种起酥油具有良好的结合水功能，并且能改善所形成的乳状液的起酥性，增加单位体积，提高蛋糕质量，使新鲜蛋糕获得更均匀的组织结构。液体起酥油以植物油为主体，尤以添加微量水的豆油具有较好的稳定性。它的配料中有添加高熔点油脂、添加高熔点油脂和乳化剂或单加乳化剂三种，高熔点油脂有菜籽硬化油和大豆硬化油。

5. 牛奶

在奶油蛋糕类制品中，常用来代替加水量，它可提高制品的口感和香味，奶粉应先加水溶化，否则与面粉结合成块影响蛋糕的品质，炼乳含糖量高，很不经济，故很少使用。

6. 乳化剂

乳化剂是蛋糕生产中很重要的添加剂，它对蛋糕的质地结构、感官性能和食用质量分别起重要作用。近十年来，蛋糕的制作工艺发生了很大的变化，这种变化的取得是以乳化剂为基础的搅打起泡剂的发挥为基础的。搅打起泡剂通过形成膜使空气稳定，空气泡和配料分布均匀，从而制得蜂窝均匀和蜂窝壁薄的蛋糕。蛋糕常用的乳化剂有单硬脂酸甘油酯、脂肪酸丙二醇酯、脂肪酸山梨糖醇酐酯、卵磷脂、脂肪酸蔗糖酯、脂肪酸聚甘油酯等。海绵蛋糕制作时常用的乳化剂制品是泡打粉和蛋糕油，一般含有20%～40%的乳化剂。

(1) 乳化剂在蛋糕加工中的作用

① 增加蛋糕体积　使用乳化剂调制形成的面糊泡沫数量多，细小均匀，烘烤后蛋糕体积比不用乳化剂的增加20%～30%，内部组织疏松，孔洞多而细小，孔洞壁薄。

② 缩短打发时间　用传统方法调制海绵蛋糕，需要30min左右，使用乳化剂后调制面糊只需要几分钟。

③ 防止淀粉的老化，延长制品保鲜期　乳化剂可以和淀粉形成复合体，尤其是乳化剂和直链淀粉形成的复合体，可以防止直链淀粉在蛋糕储存过程中的重新取向，防止蛋糕的老化，使蛋糕在长时间内保持润湿、柔软状态，延长保鲜期。

④ 提高经济效益　使用乳化剂的配方可以比传统的配方添加更多的水，提高蛋糕的收得率，添加乳化剂既能保证产品质量，还能减少鸡蛋用量，降低成本。

(2) 常用乳化剂

① 泡打粉　泡打粉是一种粉状的搅打起泡剂，是以乳化剂作为主要作用的物质，以牛乳的一些成分（酪蛋白酸盐、脱脂奶粉）、麦芽糖糊精及降解淀粉的混合物为载体，经过复配而制成的。泡打粉使用方便，也可以直接掺入面粉中制成蛋糕专用粉。

② 蛋糕油　蛋糕油是一种膏状搅打起泡剂，具有发泡和乳化的双重功能，其中以发泡作用最为明显。蛋糕油在海绵蛋糕的制作中起着重要的作用。添加了蛋糕油，制作海绵蛋糕时打发的全过程只需8～10min，出品率也大大地提高，烤出的成品组织均匀细腻，口感松软。蛋糕油一定要在面糊的快速搅拌之前加入，这样才能充分搅拌溶解，达到最佳添加效果。同时蛋糕油要在面糊搅拌完成之前充分溶解，否则会出现沉淀结块；添加蛋糕油的面糊不能长时间地搅拌，否则会因过度的搅拌使空气拌入太多，气泡不稳定，导致破裂，最终造成成品体积下陷，组织变成棉花状。油脂蛋糕面糊搅打过程中加入蛋糕油，能使空气和油脂分布得更好、更细微和更稳定，形成更多、更稳定的空气泡。油脂蛋糕添加的乳化剂通常制

成发泡性乳化油。发泡性乳化油是在大致等量的糖液（糖含量为30%～60%）和液体油（常用精炼玉米油、菜籽油等植物油）中加入10%～25%的乳化剂而制成的胶状发泡剂。蛋糕油的添加量一般为4%～6%。

7. 塔塔粉

塔塔粉（酒石酸钾）是制作戚风蛋糕必不可少的原材料之一。戚风蛋糕是利用蛋清来起发的。蛋清偏碱性，pH约7.60，而蛋清需在偏酸的条件下（pH4.6～4.8）才能形成疏松稳定的泡沫，起发后才能添加大量的其他配料。戚风蛋糕的制作是将蛋清蛋黄分开搅拌，蛋清搅拌起发后需要拌入蛋黄部分的面糊。没有添加塔塔粉的蛋清虽然能打发，但是加入蛋黄面糊后会下陷，不能成形。塔塔粉添加量为全蛋的0.6%～1.5%，与蛋清部分的砂糖一起拌匀加入。

8. 巧克力（可可）

巧克力（可可）无论是用在蛋糕本体或是用在霜饰，巧克力味总是大受欢迎，一般都是使用人造巧克力。

此外，蛋糕加入一些香料如玫瑰、香兰等，为了增加制品的色彩也使用一些色素如叶绿素、胭脂红等。

四、蛋糕质量标准

1. 感官要求

感官要求应符合表2-1的规定。

表2-1　烘烤类糕点感官要求

项　目	要　求
形态	外形整齐，底部平整，无霉变，无变形，具有该品种应有的形态特征
色泽	表面色泽均匀，具有该品种应有的色泽特征
组织	无不规则大空洞。无糖粒，无粉块。带馅类饼皮厚薄均匀，皮馅比例适当，馅料分布均匀，馅料细腻，具有该品种应有的组织特征
滋味与口感	味纯正，无异味，具有该品种应有的风味和口感特征
杂质	无可见杂质

2. 理化指标

理化指标应符合表2-2的规定。

表2-2　烘烤类糕点理化指标

项　目		烘烤类糕点	
		蛋糕类	其他
干燥失重/%	≤	42.0	
蛋白质/%	≥	4.0	
粗脂肪/%	≤		34.0
总糖/%	≤	42.0	40.0

3. 微生物指标

微生物指标应符合表2-3的规定。

表 2-3 烘烤类糕点微生物指标

项目		指标
菌落总数/(CFU/g)	≤	1500
大肠菌群/(MPN/100g)	≤	30
霉菌计数/(CFU/g)	≤	100
致病菌(沙门菌、志贺菌、金黄色葡萄球菌)		不得检出

任务 2-1 乳沫蛋糕生产

学习目标

- 理解乳沫蛋糕加工的基础理论知识。
- 选择和处理制作乳沫蛋糕的原辅料。
- 掌握乳沫蛋糕打蛋效果判定并进行烘烤操作。
- 处理乳沫蛋糕加工中出现的问题并提出解决方案。
- 掌握乳沫蛋糕加工工艺流程和操作要点。

【知识前导】

乳沫蛋糕使用的原料主要有面粉、糖、盐和蛋四种，在低成分的蛋糕中可添加少量牛乳，甚至发粉。在乳沫蛋糕的配方中，一定范围内，蛋的比例越高，糕体越疏松，产品质量越好。蛋不仅起发泡疏松作用，而且鸡蛋蛋白质的凝固在制品的成形中也有显著作用。中高档海绵蛋糕几乎完全靠蛋的搅打起泡使制品膨松，产品气孔细密，口感与风味良好。低档海绵蛋糕由于用蛋量少，制品的膨松较多地依赖泡打粉及发泡剂，因而产品的气孔比较粗大，口感与风味较差。乳沫蛋糕与油脂蛋糕和其他西点相比，具有更突出的、致密的气泡结构，质地松软而富有弹性。

乳沫蛋糕根据使用蛋糕的成分不同可分为蛋白类和全蛋类。蛋白类乳沫蛋糕全部以蛋清作为蛋糕组织形成及膨大的原料，如天使蛋糕。全蛋类乳沫蛋糕是以全蛋或全蛋加蛋黄混合作为蛋糕的基本原料，又称为海绵蛋糕，因其组织结构类似多孔的海绵而得名，如瑞士蛋糕卷。

天使蛋糕配方：

低筋面粉 15%～18%，蛋白 40%～50%，细砂糖 30%～42%，塔塔粉 0.5%～0.625%，食盐 0.5%～1.375%。

海绵蛋糕配方：

面粉 100%，蛋 166%，糖 166%，食盐 3%。

蛋糕的生产工艺：

原料准备→调制面糊→装盘(模)→烘烤→冷却→包装→成品。

【生产工艺要点】

(1) 海绵蛋糕的生产

① 面糊调制　面糊调制的方法有以下三种。

第一种是将配方中全部的蛋和糖先加热至43℃，注意蛋和糖在加热过程中必须用打蛋器不断搅动，以使温度均匀而避免边缘部分受热烫熟。盛装蛋的容器和搅拌缸不能有任何油迹。将加热到温度的蛋和糖用钢丝球状搅拌器中速搅打2min，把蛋和糖搅打均匀后改用快速将蛋糖搅打至呈乳白色，用手指勾起时不会很快地从手指流下。此时再改用中速搅打数分钟，把上一步快速搅打打入的不均匀气泡搅碎，使所打入的空气均匀地分布在每一部分。继而把面粉筛匀，慢慢地倒入已打发的蛋糖中，慢速搅拌均匀，最后再把流质的色拉油和牛乳加入搅匀即可。油在加入面糊时，必须慢速和小心地搅拌，不可搅拌过久，否则会破坏面糊中的气泡，影响蛋糕的体积。油与面糊搅拌不匀，在烘烤后会沉淀在蛋糕底部形成一块厚的油皮，应加以注意。

第二种方法是把蛋黄和蛋白分开。先将蛋白放在干净的搅拌缸中，用中速打至湿性发泡后，加上蛋白量的2/3的糖继续打至干性发泡。把配方内剩余的糖和蛋黄一齐搅匀，继而用钢丝球状搅拌器快速搅打至乳黄色。把色拉油或熔化的奶油分数次倒入，改用中速搅打。每次加入时必须与蛋黄完全乳化，再继续添加。搅拌速度太快或添加太快都会破坏蛋黄的乳化作用。将1/3的已打发的蛋白混合物倒入打好的蛋黄混合物内，轻轻地用手拌匀，继而把剩余的蛋白混合物加入拌匀，然后把面粉筛匀倒入，牛乳或干果最后加入拌匀即可。用此方法所做的蛋糕失败的可能性较小，蛋糕体积较大，组织、弹性佳。但须将蛋白、蛋黄分开搅拌，增加了操作程序。

第三种方法是使用蛋糕油的搅拌方法。先把蛋、糖两种原料按传统搅拌法搅拌，至蛋液起发到一半体积时，加入蛋糕油，并高速搅拌，同时慢慢加入水，至打到蛋液呈公鸡尾巴状时，慢速搅匀即可。然后加入已过筛的面粉拌匀，最后加入液体油，搅匀即可。低成分的海绵蛋糕很多采用此法。

② 装模　蛋糕成形一般都要借助模具，一般常用模具的材料为不锈钢、马口铁、金属铝，其形状有圆形、长方形、桃心形、花边形等，还有高边和低边之分。

海绵蛋糕于装模前需先垫入烤模纸，或涂上薄油后再撒少许干粉，使其烘烤完成后易于脱模。装模操作应在15～20min内完成，以防蛋糕糊中的面粉下沉，使产品质地变硬。装模时还应掌握好灌注量，一般以填充模具的7～8成为宜，不能过满，以防烘烤后体积膨胀溢出模外，既影响了制品外形美观，又造成了蛋糕糊的浪费；反之，如果模具中蛋糕糊灌注量过少，制品在烘烤过程中，会由于水分挥发相对过多，而使蛋糕制品的松软度下降。

③ 烘烤　海绵蛋糕因所做成品的式样不同，所使用的烤盘大小、形式也就不一样，所以烘烤的温度、时间也不一样。

小椭圆形或橄榄形的小海绵蛋糕烘烤温度205℃，面火大、底火小，烘烤时间为12～15min。

实心直径30cm以内、高6.4cm的圆形或方形海绵蛋糕烘烤温度205℃，底火大、面火小，烘烤时间为25～35min；如直径增加或高度增加，则仍使用底火大、面火小，而炉温则降低为177℃，烘烤时间为35～45min。

使用空心烤盘的海绵蛋糕需要用底火大、面火小的火力，炉温在177℃左右，烘烤时间约为30min。

使用平烤盘做果酱卷与奶油花式小海绵蛋糕时，烤炉应采用面火大、底火小，炉温177℃，烘烤时间20～25min。

蜂蜜海绵蛋糕因较厚，需较长的烘烤时间。为避免蛋糕四周受热太快而焦煳，必须在平烤盘中围一木制框架。此类蛋糕应用面火烤，底火尽量减弱，面糊胀满烤盘表面产生颜色后，即需将炉火调整至最小段，直到完全熟透为止。烤炉温度在前 25min 面火大、底火小，炉温 177℃，烘烤时间 45min。

为防止夹生，可在糕坯表面上色之后，用细竹签插入蛋糕中心，拔出竹签，如有粘连物，说明未熟，可降低炉温，再适当延长烘烤时间。

（2）天使蛋糕的生产

① 面糊调制　天使蛋糕品质的好坏，受面糊搅拌的影响很大，所以在面糊搅拌过程中应特别小心。天使蛋糕面糊调制步骤如下：首先将配方中所有蛋白倒入不含油的搅拌缸中，用钢丝球搅拌器中速打至湿性发泡，然后将蛋白量 2/3 的糖、盐、塔塔粉等一起倒入第一步已打至湿性发泡的蛋白中，继续用中速打至湿性发泡，再将面粉与配方中剩余的糖一齐筛匀，倒入第二步打好的蛋白中，慢速搅拌至均匀即可。不可搅拌过久，以免面粉产生面筋，影响蛋糕的品质。

② 装模　天使蛋糕应使用空心烤盘来烤，但烤盘四周与底不可擦油，以免蛋遇油而收缩，将面糊依所需重量装入。

③ 烘烤及冷却　烤炉温度对蛋糕的品质极为重要，过低的温度会导致蛋糕内部组织粗糙，并有粘手的感觉。标准烘烤天使蛋糕的温度是 205～218℃，由此温度所烤出来的蛋糕体积大，组织细密而具有弹性，水分适宜，尤其切片后具有洁白的光泽，其唯一缺点为顶部会有龟裂现象。但天使蛋糕往往在出售时顶部都是翻转在下的，不致影响观瞻。

测试蛋糕是否烤熟，可用手指触摸蛋糕表面裂开处，如感到坚实干燥而不粘手即已烤熟，应立即从炉内取出。因天使蛋糕所含蛋白的数量很多，蛋白遇温度剧变时会很快地收缩，所以蛋糕出炉后应立即翻转过来，使正面向下，这样可以防止蛋糕的过度收缩。

蛋糕烤熟冷却后可用手指轻轻从烤盘边缘向内部拨开，随后用力向下摔落。

④ 装饰　天使蛋糕因属于松软度高的蛋糕，所以在装饰方面应用松软的奶油装饰，最好用鲜奶油，则色泽和味道都可高出一筹。切碎的蜜饯、葡萄干、菠萝、樱桃以及胡桃仁、腰果等，均可加在蛋糕中，作为蛋糕的装饰，也使蛋糕更为好吃。

【生产案例】

海绵蛋糕制作

一、海绵蛋糕的制作

1. 主要设备与用具

打蛋机、烤炉、蛋糕模具、台秤、面筛、面盆等。

2. 配方

配方见表 2-4。

表 2-4　海绵蛋糕配料表

原辅料名称	质量/g	烘焙百分比/%
低筋粉	1000	100
白砂糖	1000	100
鸡蛋	1500	150
液态油	150	15
泡打粉	20	2
蛋糕油	25	2.5

3. 工艺流程

原辅料预处理→鸡蛋、白砂糖→搅打→加入蛋糕油→搅打→加入面粉、泡打粉→搅打→加入液态油→装模→烘烤→冷却→包装→成品

海绵蛋糕见彩图 2-1。

4. 操作要点

① 原辅料预处理　按配方标准计量，将低筋粉、泡打粉过筛备用，鸡蛋清洗去壳后备用。

② 蛋糕糊调制　将鸡蛋、白砂糖加入打蛋机中搅打，使糖粒基本溶化，再用高速搅打至蛋液呈乳白色，加入蛋糕油继续搅打至原体积的 3 倍，然后调成低速加入面粉、泡打粉，搅打均匀后加入液态油搅匀即成蛋糕糊。

③ 装模　蛋糕模具刷油，将调好的面糊注入蛋糕模具中约七分满。

④ 烘烤　将注入蛋糕糊的蛋糕模具放入烤炉中烘烤，烘烤温度为面火 200℃/底火 180℃，烘烤时间 20min，烘烤至棕黄色即可。

⑤ 冷却、包装　烘烤结束后立即取出，出炉后稍冷却，然后脱模，冷却至室温包装。

二、香蕉蛋糕的制作

香蕉蛋糕制作

1. 主要设备与用具

打蛋机、烤炉、高温杯、烤盘、台秤、面筛、面盆等。

2. 配方

配方见表 2-5。

表 2-5　香蕉蛋糕配料表

原辅料名称	质量/g	烘焙百分比/%
低筋粉	450	100
香蕉	400	88.89
细砂糖	800	177.78
鸡蛋	750	166.67
牛奶	200	44.44
液态油	450	100
双效泡打粉	25	5.56

3. 工艺流程

原辅料预处理→鸡蛋、细砂糖→搅打→加入牛奶→搅打→加入香蕉→搅打→加入面粉、泡打粉→搅打→加入液态油→装入高温杯→烘烤→冷却→包装→成品

香蕉蛋糕见彩图 2-2。

4. 操作要点

① 原辅料预处理　按配方标准计量，将低筋粉、泡打粉过筛备用，鸡蛋清洗去壳后备用。

② 蛋糕糊调制　将鸡蛋、白砂糖加入打蛋机中以中速搅打，使糖粒基本溶化，然后倒入牛奶，搅匀后加入香蕉，略微搅拌，加入面粉、泡打粉，慢速搅匀，加入液态油搅匀即成蛋糕糊。

③ 装模　将调好的面糊倒入高温杯中约七分满。

④ 烘烤　将注入蛋糕糊的高温杯放入烤炉中烘烤，烘烤温度为面火 180℃/底火 200℃，烘烤时间 25min。

⑤ 冷却、包装　烘烤结束后立即脱模，冷却至室温方可进行包装。

黑珍珠蛋糕制作

三、黑珍珠蛋糕的制作

1. 主要设备与用具

打蛋机、烤炉、蛋糕模具、台秤、面筛、面盆等。

2. 配方

配方见表 2-6。

表 2-6　黑珍珠蛋糕配料表

原辅料名称	质量/g	烘焙百分比/%
低筋粉	350	46.67
高筋粉	150	20
黑米粉	250	33.33
鸡蛋	800	106.67
糖粉	750	100
牛奶	240	32
液态油	450	60
双效泡打粉	25	3.33

3. 工艺流程

原辅料预处理→鸡蛋、糖粉→搅打→加入牛奶→搅打→加入面粉、黑米粉、泡打粉→搅打→加入液态油→装模→烘烤→冷却→包装→成品

黑珍珠蛋糕见彩图 2-3。

4. 操作要点

① 原辅料预处理　按配方标准计量，将低筋粉、高筋粉、黑米粉、泡打粉过筛备用，鸡蛋清洗去壳后备用。

② 蛋糕糊调制　将鸡蛋、糖粉加入打蛋机中以中速搅打，使糖充分溶化，高速搅打到轻微起发，然后倒入牛奶，搅匀后加入低筋粉、高筋粉、黑米粉、泡打粉，慢速搅匀，加入液态油搅匀即成蛋糕糊。

③ 装模　蛋糕模具刷油，将调好的面糊注入蛋糕模具中约七分满。

④ 烘烤　将注入蛋糕糊的蛋糕模具放入烤炉中烘烤，烘烤温度为面火 180℃/底火 200℃，烘烤时间 20min。

⑤ 冷却、包装　烘烤结束后立即取出，出炉后稍冷却，然后脱模，冷却至室温包装。

四、无水脆皮蛋糕的制作

1. 主要设备与用具

打蛋机、烤炉、蛋糕模具、台秤、面筛、面盆等。

2. 配方

配方见表 2-7。

表 2-7　无水脆皮蛋糕配料表

原辅料名称	质量/g	烘焙百分比/%
高筋面粉	400	50
低筋面粉	400	50
细砂糖	900	112.5
鸡蛋	1000	125
香兰素	2	0.5

3. 工艺流程

原料预处理→鸡蛋、砂糖→搅打→加入面粉、香兰素→搅打→装模→烘烤→冷却→包装→成品

4. 操作要点

① 原料预处理　按配方标准计量，将高筋面粉低筋面粉过筛后和香兰素混匀备用，鸡蛋清洗去壳后备用。

② 蛋糕糊的调制　将鸡蛋、细砂糖放入打蛋缸内，快速打发，体积增大约 3 倍，蛋泡浓稠，加入面粉和香兰素慢速搅匀，即得到调好的蛋糕糊。

③ 装模　蛋糕模具刷油，将调好的面糊注入蛋糕模具中约七分满。

④ 烘烤　烘烤温度为面火 200℃/底火 210℃，烘烤时间 10min。

⑤ 冷却、包装　烘烤结束后立即脱模，冷却至室温包装。

五、天使蛋糕的制作

1. 主要设备与用具

打蛋机、烤炉、空心圆模、台秤、面筛、面盆等。

2. 配方

配方见表 2-8。

表 2-8　天使蛋糕配料表

原辅料名称	质量/g	烘焙百分比/%
蛋清	490	100
塔塔粉	6	1.22
白糖	300	61.22
食盐	10	2.04
低筋粉	170	34.69
牛奶香粉	7	1.43
葡萄干	40	8.16

3. 工艺流程

原料预处理→蛋清、塔塔粉、白糖、食盐→搅打→加入面粉、牛奶香粉→搅打→加入葡萄干→搅打→装模→烘烤→出炉→冷却→包装→成品

4. 操作要点

① 原料预处理 按配方标准计量，将低筋粉、塔塔粉、牛奶香粉过筛备用。

② 蛋糕糊的调制 将蛋清、塔塔粉、白糖和食盐一起用球状搅拌器慢速搅匀，然后快速打发至湿性发泡，再加入低筋粉、牛奶香粉慢速搅匀，最后加入洗干净的葡萄干轻轻拌匀，即得到调好的蛋糕糊。

③ 装模 将蛋糕糊装入空心圆模中，把面糊抖平整后入烤炉烘烤。

④ 烘烤 烘烤温度为面火140℃/底火170℃，烘烤时间25min。

⑤ 冷却、包装 产品出炉后倒扣晾冷，再去掉表皮，按要求分割后包装出售。

【生产训练】

见《学生实践技能训练工作手册》。

【常见质量问题及解决方法】

1. 蛋糕体积膨胀不够

原因：鸡蛋不新鲜；配方中柔性原料太多；油脂可塑性、融合性不佳；面糊搅拌不当；油脂添加时机与方法不当，造成蛋泡面糊消泡；面糊搅拌后停放时间过长；面糊装盘数量太少；烘烤炉温过高，面火过大，使表面定型太早。

解决方法：使用原料要新鲜与适当；注意配方平衡；注意面糊搅拌方法；面糊搅拌后应马上烘烤；面糊装盘数量不可太少；进炉炉温要避免太高。

2. 蛋糕表皮太厚

原因：配方内糖的用量过多或水分不足；烤炉温度太低，蛋糕烘烤时间过长；进炉时上火过大，表皮过早定型。

解决方法：调整配方中糖的用量和总水量；使用正确的烘烤炉温与时间。

3. 蛋糕表皮颜色太深

原因：配方内水分用量太少或糖的用量过多；烤炉温度过高，尤其是面火太强。

解决方法：调整配方中总水量和糖的用量；降低烤炉面火温度。

4. 蛋糕表面有斑点

原因：糖的颗粒太粗；泡打粉与面粉拌和不均匀；搅拌过程中部分原料未能完全搅拌均匀；面糊内水分不足。

解决方法：糖尽量不要用太粗的；泡打粉与面粉一起过筛；搅拌过程中随时注意缸底和缸壁未被搅拌到的原料，及时刮缸搅匀；注意加水量。

5. 蛋糕在烘烤过程中下陷

原因：面粉筋度不足；配方中水分太多；面糊中糖、油用量过多；泡打粉用量太多；面糊密度过低，拌入的空气过多；烘烤炉温太低；烘烤过程中还未成熟定型而受震动。

解决方法：注意配方平衡，选用性能适当的原料；搅拌时不要搅打过度；烘烤时炉温适当；蛋糕进炉或烘烤过程中的移动应小心。

6. 蛋糕风味及口感不良

原因：油脂品质不良，面粉、糖、牛奶、食盐储存不良，香料调配不当或使用超量，原材料内掺杂其他的不良物质；使用不良的装饰材料；烤盘或烤模不清洁；烤炉内部不清洁；蛋糕烘烤不足；蛋糕表皮烤焦；蛋糕未冷却到适当温度即包装；蛋糕冷却环境不卫生；展示储放产品的橱柜不清洁；冷藏设备污染了不良气味；包装设备不清洁。

解决方法：选择新鲜、品质优良的原料；冷却和包装方法要正确；注意烤盘或烤模、烤炉、冷却环境、包装设备、存放及冷藏设备器具卫生；注意蛋糕烘烤成熟判定。

7. 蛋糕内部组织粗糙，质地不均匀

原因：配方中糖、油量过多；配方中水分不足，面糊太干；泡打粉过多；糖的颗粒太粗；发粉与面粉拌和不均匀；搅拌不当，有部分原料未搅拌溶解；烘烤炉温太低。

解决方法：注意配方平衡与选用适当原料；泡打粉与面粉一起过筛；注意搅拌顺序和原则，原料要充分拌匀；调整好烤炉温度。

任务 2-2　重奶油蛋糕生产

学习目标

- 理解重奶油蛋糕加工的基础理论知识。
- 选择和处理重奶油蛋糕的原辅料。
- 能进行重奶油蛋糕面糊调制。
- 掌握重奶油蛋糕烘烤参数。
- 处理重奶油蛋糕加工中出现的问题并提出解决方案。

【知识前导】

重奶油蛋糕简称重油蛋糕，也有人称为牛油蛋糕，广东话称为牛油戟。重奶油蛋糕是利用配方中固体油脂在搅拌时拌入空气，面糊于烤炉内受热膨胀成蛋糕，主要原料是蛋、糖、面粉和黄油。其特点是面糊浓稠，膨松，产品油香浓郁、口感浓香有回味，结构相对紧密，有一定的弹性。

欧美人士最早烘焙蛋糕，定了一个原料用量的标准，即一份鸡蛋可以溶解与膨大一份糖和一份面粉。以现代的配方平衡看，这个配方为面粉 100、糖 100、蛋 100，是属于油脂成分很低的海绵蛋糕。配方中面粉和鸡蛋都属于韧性原料，而糖为柔性原料，以两份韧性原料、一份柔性原料所做出来的蛋糕韧性很大，为了解决这个缺点，在配方内加入一份奶油，因为奶油属于柔性原料。这样配方中韧性原料、柔性原料各占一半，做出来的蛋糕松软可口，解决了蛋糕韧性过大的缺点。

重奶油蛋糕所使用的油脂用量很大，成本较其他类蛋糕高，所以属于较高级的蛋糕。影响蛋糕品质好坏的是油脂的品质以及面糊调制得适当与否。

重奶油蛋糕配方：

面粉 100%，蛋 40%～110%，糖 85%～125%，油 40%～100%，发粉 0%～2.0%，盐 2.0%～3.0%。

【生产工艺要点】

(1) 面糊调制

① 粉油搅拌法　粉油搅拌法适用于油脂成分较高的面糊类蛋糕，尤其更适用于低熔点的油脂。制作前可先将面粉置于冷藏库，降低温度后以利打发的效果；使用此法时，需注意

配方中的油用量必须在60%以上，以防面粉出筋，造成产品收缩因而得到负效应。

此搅拌方法比糖油搅拌法简便而不易失败，蛋糕组织紧密而松软，质地也较为细致、湿润。

粉油搅拌法的制作程序为：将油脂放于搅拌缸内，用桨状搅拌器以中速将油脂搅拌至软，再加入过筛的面粉与发粉，改以低速搅拌数下（1～2min），再用高速搅拌至呈松发状，此阶段需8～10min（过程中应停机刮缸，使所有材料混合均匀）。将糖与盐加入已打发的粉油中，以中速搅拌3min，并于过程中停机刮缸，使缸内所有材料混合均匀。再将蛋分2～3次加入上述材料中，继续以中速拌匀（每次加蛋时应停机刮缸），此阶段需5min，最后再将配方中的奶水以低速拌匀，面糊取出缸后，需再用橡皮刮刀或手彻底搅拌均匀即成。

② 糖油搅拌法　糖油搅拌法又称传统乳化法，一直以来它是搅拌面糊类蛋糕的常用方法，此类搅拌法可加入更多的糖及水分，至今仍用于各式面糊类蛋糕，其常被使用的原因：主要是烤出来的蛋糕体积较大，其次则是习惯性。一般的点心制作，如凤梨酥、丹麦菊花酥、小西饼、菠萝皮等，都使用糖油搅拌法。

糖油搅拌法的制作程序为：将奶油或其他油脂（最佳温度为21℃）放于搅拌缸中，用桨状搅拌器以低速将油脂慢慢搅拌至呈柔软状态；加入糖、盐及调味料，并以中速搅拌至松软且呈绒毛状，需8～10min；将蛋液分次加入，并以中速搅拌；每次加入蛋时，需先将蛋液搅拌至完全被吸收才加入下一批蛋液，此阶段约需5min；刮下缸边的材料继续搅拌，以确保缸内及周围的材料均匀混合；过筛的面粉材料与液体材料交替加入（交替加入的原因是面糊不能吸收所有的液体）。

传统的重奶油蛋糕采用粉油搅拌法搅拌。该法是先将配方中所有的面粉和油脂放入搅拌缸内用中速搅拌，使面粉的每一细小颗粒均先吸取了油脂，在下一步骤中遇到液体原料不会产生面筋，这样所做出来的蛋糕组织较为松软，而且颗粒细小、韧性较低。

中成分重奶油蛋糕面糊调制可酌量采用粉油搅拌法，因为中成分重奶油蛋糕配方内所使用的使蛋糕体积膨大的原料较少。为了增加面糊内膨大的气体，采用糖油搅拌法则效果更佳。但糖油搅拌法因最后添加面粉时遇到面糊中的水分容易产生面筋，而且因糖油在每一步搅打时打入空气较多，使烤出的蛋糕组织气孔较多。

低成分重奶油蛋糕油脂的用量太少，采用粉油搅拌法时，因搅拌时所用的油脂量无法与全部面粉搅拌均匀，难以拌入足够的空气，且面粉无法融合足够的油脂，在添加蛋和牛乳时，容易产生面筋，使烤好后的蛋糕不但体积小，而且韧性很大。故低成分重奶油蛋糕不宜采用粉油搅拌法，应使用糖油搅拌法。

（2）装盘

蛋糕原料经搅拌均匀后，一般应立即灌模进入烤炉烘烤。多数重奶油蛋糕出炉后不作任何的奶油装饰，保持原来的本色出售。因为蛋糕出炉后不作进一步的装饰，所以其四边底部应保持平滑和光整，不可使面糊粘烤盘，使蛋糕从烤盘内取出时表皮破损。

防止表皮破损的方法有两种：一是在烤盘的四周和底部垫上一层干净的白纸，蛋糕烤熟后很容易就可以从烤盘中取出；二是在烤盘四周和底部涂上一层防粘油脂。防粘油脂调配的方法是使用100%的油脂，加入20%的高筋小麦粉，拌匀后使用，蛋糕注模时应掌握好灌注量，忌装太满。

（3）烘烤

重奶油蛋糕因为所含各种原料成分较高，而配方内总水量又较其他蛋糕少，因此面糊也较为干硬和坚韧，在烘烤时需要较长时间。为防止蛋糕内水分在烘烤过程中减少过多，避免烤焦，所以应使用中温 177～180℃，烘烤的时间应视蛋糕大小而定，一般在 45～60min。

【生产案例】

一、传统磅蛋糕的制作

1. 主要设备与用具

打蛋机、烤炉、蛋糕模具、台秤、面筛、面盆等。

2. 配方

配方见表 2-9。

表 2-9　传统磅蛋糕配料表

原辅料名称	质量/g	烘焙百分比/%
低筋面粉	500	100
黄油	500	100
香草粉	5	1
鸡蛋	500	100
糖粉	500	100
食盐	10	2

3. 工艺流程

原辅料预处理→黄油、食盐、糖粉→搅拌起发→加入鸡蛋→搅拌→加入低筋面粉、香草粉→拌粉→装模→烘烤

4. 操作要点

① 原辅料预处理　按配方标准计量，将低筋面粉、香草粉过筛拌匀备用，鸡蛋清洗去壳后备用。

② 蛋糕糊调制　将黄油、食盐、糖粉放入搅拌缸内，慢速混匀后快速搅拌至油脂呈羽毛状，分次加入蛋液，搅拌乳化均匀，将低筋面粉、香草粉缓慢加入慢速拌匀。

③ 装模　长条形蛋糕模涂油垫纸，将面糊装入蛋糕模内，约八分满。

④ 烘烤　烘烤炉温 170℃，烘烤时间 55～65min。

二、哈雷蛋糕的制作

1. 主要设备与用具

打蛋机、烤炉、蛋糕模具、台秤、面筛、面盆等。

2. 配方

配方见表 2-10。

表 2-10　哈雷蛋糕配料表

原辅料名称	质量/g	烘焙百分比/%
低筋面粉	300	100

续表

原辅料名称	质量/g	烘焙百分比/%
糖粉	300	100
鸡蛋	300	100
麦淇淋	120	40
酥油	180	60
香草粉	6	2
泡打粉	6	2
食盐	6	2

3. 工艺流程

原辅料预处理→麦淇淋、酥油、糖粉→搅拌起发→加入鸡蛋→搅拌→加入低筋面粉、泡打粉、香草粉、食盐→拌粉→装模→烘烤

4. 操作要点

① 原辅料预处理　按配方标准计量，将低筋面粉、泡打粉、香草粉、食盐过筛备用，鸡蛋清洗去壳后备用。

② 蛋糕糊调制　将麦淇淋、酥油、糖粉加入打蛋机中，先慢速后快速搅拌至呈乳白色，分几次加入鸡蛋，搅拌至完全混合，然后加入低筋面粉、泡打粉、香草粉、食盐搅拌均匀即可。

③ 装模　将面糊装入裱花袋内挤入哈雷杯模具内，约八分满。

④ 烘烤　烘烤温度为面火 180℃/底火 160℃，烘烤时间 20min 左右。

三、黄奶油蛋糕的制作

1. 主要设备与用具

打蛋机、烤炉、蛋糕模具、台秤、面筛、面盆等。

2. 配方

配方见表 2-11。

表 2-11　黄奶油蛋糕配料表

原辅料名称	质量/g	烘焙百分比/%
低筋面粉	500	100
黄油	300	60
牛奶	350	70
鸡蛋	225	45
糖粉	400	80
食盐	5	1
泡打粉	20	4
香草粉	5	1

3. 工艺流程

原辅料预处理→黄油、食盐、糖粉→搅拌起发→加入鸡蛋→搅拌→交替加入低筋面粉、泡打粉、香草粉与牛奶→拌粉→装模→烘烤

4. 操作要点

① 原辅料预处理　按配方标准计量，将低筋面粉、泡打粉、香草粉过筛拌匀备用，鸡蛋清洗去壳后备用。

② 蛋糕糊调制　将黄油、食盐、糖粉放入搅拌缸内，中速搅拌至油脂呈蓬松的绒毛状，分次加入蛋液，充分搅拌乳化均匀，将低筋面粉、泡打粉、香草粉与牛奶交替加入混合均匀。

③ 装模　圆形蛋糕模涂油垫纸，将面糊装入蛋糕模内，约八分满。

④ 烘烤　烘烤炉温 180℃，烘烤时间 35min。

四、布朗尼蛋糕的制作

1. 主要设备与用具

烤炉、烤盘、台秤、面筛、面盆等。

2. 配方

配方见表 2-12。

表 2-12　布朗尼蛋糕配料表

原辅料名称	质量/g	烘焙百分比/%
低筋面粉	115	100
黄油	290	250
鸡蛋	175	150
砂糖	260	225
食盐	2	1.5
半甜巧克力	145	125
不甜巧克力	85	75
香草粉	7	6
核桃碎	115	100

3. 工艺流程

原辅料预处理→鸡蛋、砂糖、食盐、香草粉→混合→加入巧克力、黄油→混匀→加入低筋面粉→混匀→加核桃碎→拌匀→装模→烘烤→脱模成形

4. 操作要点

① 原辅料预处理　按配方标准计量，将低筋面粉过筛备用，鸡蛋清洗去壳后备用。

② 蛋糕糊调制　将不甜巧克力、半甜巧克力和黄油水浴加热使其熔化，冷却至室温，将鸡蛋、砂糖、食盐和香草粉混合均匀，但不要搅打，加入两种巧克力和黄油混合均匀，然后加入低筋面粉混合均匀，最后加入核桃碎拌匀。

③ 装模　将蛋糕糊装入烤盘中，约八分满。

④ 烘烤　烘烤温度为面火 200℃/底火 200℃，烘烤时间 30～40min。

五、巧克力黄油蛋糕的制作

1. 主要设备与用具

打蛋机、烤炉、蛋糕模具、台秤、面筛、面盆等。

2. 配方

配方见表 2-13。

表 2-13 巧克力黄油蛋糕配料表

原辅料名称	质量/g	烘焙百分比/%
低筋面粉	400	100
麦淇淋	268	67
糖粉	460	115
鸡蛋	200	50
原味巧克力	132	33
牛奶	200	50
食盐	8	2
泡打粉	16	4
香草粉	4	1

3. 工艺流程

原辅料预处理→麦淇淋、食盐、糖粉→打发→加入巧克力→拌匀→分次加蛋液→拌匀→交替加入低筋面粉、泡打粉、香草粉与牛奶→拌粉→装模→烘烤→脱模冷却

4. 操作要点

① 原辅料预处理　按配方标准计量，将低筋面粉、泡打粉、香草粉过筛拌匀备用，鸡蛋清洗去壳后备用。

② 蛋糕糊调制　将麦淇淋、食盐、糖粉放入搅拌缸内，先慢速后快速搅拌至呈蓬松的绒毛状，然后加入隔水熔化的巧克力搅拌均匀，分次加入蛋液，每加一次待蛋液与油脂完全融合后再加下一次，最后将低筋面粉、泡打粉、香草粉与牛奶交替加入慢速混合均匀。

③ 装模　可以选取方形、圆形或条形模具，模具涂油垫纸，将面糊装入蛋糕模具内，约八分满。

④ 烘烤　方形或圆形模面火 180℃/底火 170℃，烘烤时间 35～40min；条形模面火 170℃/底火 160℃，烘烤时间 50～60min。

⑤ 装饰　产品出炉冷却后，表面涂抹熔化的巧克力装饰即可。

【生产训练】

见《学生实践技能训练工作手册》。

【常见质量问题及解决方法】

1. 蛋糕出炉后收缩

原因：配方内化学膨松剂用量过多；鸡蛋的用量不够；糖和油的用量过多；面粉筋度太

低；搅拌时间过久；在烘烤尚未定型时，烤盘变形或有其他的震动。

解决方法：减少配方内化学膨松剂用量；增加蛋的用量；减少糖和油的用量；使用面筋度合适的面粉；搅拌不宜过久；在烘烤尚未定型时，避免震动。

2. 蛋糕很硬

原因：配方内糖和油的用量太少；配方不平衡，鸡蛋的用量太多；面糊搅拌松发程度不够。

解决方法：增加配方内糖和油的用量；调整配方平衡，鸡蛋的用量不要超过油的10%；面糊搅拌松发。

3. 蛋糕表面中间隆起

原因：配方内柔性原料不够；所用面粉筋力太高；鸡蛋的用量太多；面糊太硬，总水量不足；搅拌过久，致使面粉出筋；面糊搅拌后温度过低；面糊拌得不够均匀；烘烤时炉温太高。

解决方法：增加配方内柔性原料用量；选用合适面筋含量的面粉；减少鸡蛋的用量；将总水量调整到合适比例；面糊搅拌时间不宜过久，要搅拌均匀；烘烤时降低炉温。

4. 蛋糕表面有白色斑点

原因：配方内糖的用量太多或颗粒太粗；碱性化学膨松剂用量太大；所用油脂的熔点太低；液体原料用量不够；搅拌不够充分；面糊搅拌不均匀；面糊搅拌后的温度过高；烘烤时炉温太低。

解决方法：减少配方内糖的用量或使用糖粉；减少碱性化学膨松剂用量；选用熔点适宜的油脂；增加液体原料用量；充分进行搅拌；面糊搅拌均匀；面糊搅拌时，缸壁外放冰块降温，防止面糊温度过高；烘烤时升高炉温。

任务 2-3 戚风蛋糕生产

学习目标

- 理解戚风蛋糕加工的基础理论知识。
- 进行戚风蛋糕原辅料的选择。
- 掌握戚风蛋糕生产的操作要点。
- 能调制戚风蛋糕面糊并进行烘烤操作。
- 处理戚风蛋糕加工中出现的问题并提出解决方案。

【知识前导】

戚风蛋糕又称为泡沫蛋白松糕，是与面糊蛋糕、乳沫蛋糕不同的另一类蛋糕。所谓戚风，是英文的译音，我国港澳地区译作雪芳，意思是像打发的蛋白那样柔软。戚风蛋糕的面糊调制是把蛋黄和蛋白分开搅拌，把蛋白搅拌得很蓬松、柔软，将这样调制面糊制作的蛋糕称为戚风蛋糕。

从蛋糕的性质与口感来讲，面糊蛋糕组织细腻，但使用固体油脂过多，口感较重，尤其重油蛋糕更甚。而传统的乳沫蛋糕组织较软、粗糙，不够细密，但只使用少量液体油。戚风蛋糕则综合了上述两类蛋糕的优点，把蛋白部分与糖一起按乳沫蛋糕的搅拌方法打发，把蛋黄部分与其他原料按面糊蛋糕的搅拌方法来搅拌，最后再混合起来。其质地非常松软，柔韧性好。此外，戚风蛋糕水分含量高，口感滋润嫩爽，存放时不易发干，而且不含乳化剂，蛋糕风味突出，因而特别适合高档卷筒蛋糕及鲜奶装饰的蛋糕坯。

虽然戚风蛋糕及天使蛋糕都是以“蛋白乳沫”为基本材料，但基本原料和搅拌的最后步骤则有所不同。另外，戚风蛋糕所使用的蛋白打发程度，应较天使蛋糕所打发的蛋白要硬，但切勿打过头使质地变得干燥。制作天使蛋糕时是将干性物料拌入蛋白中，而制作戚风蛋糕时，则是将面粉、蛋黄、油与水先调制成面糊再拌入蛋白中。

戚风蛋糕配方如下。

蛋黄部分：低筋面粉 100%，液体油 35%～70%，蛋黄 45%～55%，牛乳或果汁 65%～75%，糖 70%～100%，发粉 2.5%～5.0%。

蛋白部分：

蛋白 100%～200%，白砂糖 65%～75%，食盐 0.5%～1.0%，塔塔粉 0.5%～1.0%。

【生产工艺要点】

(1) 面糊调制

① 蛋黄糊调制　将蛋黄和砂糖放入搅拌机内中速搅匀，加入液体油、牛乳等搅拌均匀，加入过筛的面粉和化学疏松剂，搅拌均匀。若无搅拌机，也可用手动打蛋器来搅拌均匀。

② 蛋白糊调制　蛋白糊部分的搅拌，是戚风类蛋糕制作的最关键步骤。

首先要求把搅拌缸、搅拌器清洁干净，无油迹。然后加入蛋白、塔塔粉，以中速打至湿性发泡，再加入细砂糖，打至干性发泡即可。

③ 蛋白糊与蛋黄糊的混合　先取 1/3 打好的蛋白糊加入到蛋黄糊中，用手轻轻搅匀，搅拌时手掌向上，动作要轻，由上向下拌和，拌匀即可。切忌左右旋转，或用力过猛，更不可拌和时间过长，避免蛋白部分受油脂影响而消泡，导致制作失败。拌好后，再将这部分蛋黄糊加到剩余 2/3 的蛋白糊里面，也是用手轻轻搅匀，要求手掌向上。

两部分面糊混合好后，其性质应与高成分海绵蛋糕相似，呈浓稠状。如果混合后的面糊显得很稀、很薄，且表面有很多小气泡，则表明蛋白打发不够；或是蛋白糊与蛋黄糊两部分混合时拌得过久，使蛋白部分的气泡受到蛋黄部分油脂的破坏而导致消泡。此时蛋糕的机体组织会受到影响。

如果蛋白糊部分打得太发，则混合时蛋白呈一团团棉花状，此时蛋白已失去原有的强韧伸展性，既无法保存打入的空气，也失去了膨胀的功能。混合时不拌散，会有一团团的蛋白夹在面糊中间，使烤好后的蛋糕中存在块块的蛋白，而周围则形成空间，影响蛋糕品质。同时，也会因这些棉花状蛋白难以拌匀，往往需要较长时间拌和，而使面糊越拌越稀，使制作失败。

(2) 装盘

戚风蛋糕可用各种烤盘盛装，但最好是使用空心烤盘，这样容易烘烤、容易脱模。如果用平底烤盘烤制蛋糕或烤制杯子蛋糕时，为了使烘焙后容易取出，需要垫纸。不论是何种烤盘，都不能涂油。

装盘时的面糊量只需为烤盘容量的一半或六分满即可，不可太多。因为戚风类蛋糕的面糊内液体用量较多，有较多量的蛋白起发，又有发粉或小苏打等化学疏松剂，故戚风类蛋糕的面糊在炉内的烘烤膨胀性较大。如果装得太满，多余的面糊会溢出烤盘，或在蛋糕上形成一层厚实的组织，与整个蛋糕的松软性质不相符合。

(3) 烘烤与冷却

烘烤戚风蛋糕坯时，一定要掌握好炉温，戚风蛋糕的焙烤温度较其他蛋糕低，其原则是面火大、底火低。蛋糕坯的厚薄大小也会对烘烤温度和时间有要求。蛋糕坯厚且大者，烘烤温度应当相应降低，时间相应延长；蛋糕坯薄且小者，烘烤温度则需相应升高，时间相对缩短。一般来说，厚坯的炉温为面火 180℃、底火 150℃；薄坯的炉温应为面火 200℃、底火 170℃，烘烤时间以 35～45min 为宜。

蛋糕出炉后应马上翻转倒置，使表面向下，完全冷却后，再从烤盘中取出。

【生产案例】

一、戚风蛋糕的制作

1. 主要设备与用具

打蛋机、烤炉、烤盘、台秤、面筛、面盆、分蛋器、打蛋器、刮板、凉网、橡皮刮刀等。

戚风蛋糕制作

2. 配方

配方见表 2-14。

表 2-14　戚风蛋糕配料表

原辅料名称		质量/g	烘焙百分比/%
鸡蛋		3000	300
蛋黄部分	低筋面粉	1000	100
	砂糖	300	30
	色拉油	500	50
	水	500	50
	食盐	10	1
蛋白部分	塔塔粉	15	1.5
	砂糖	700	70

3. 工艺流程

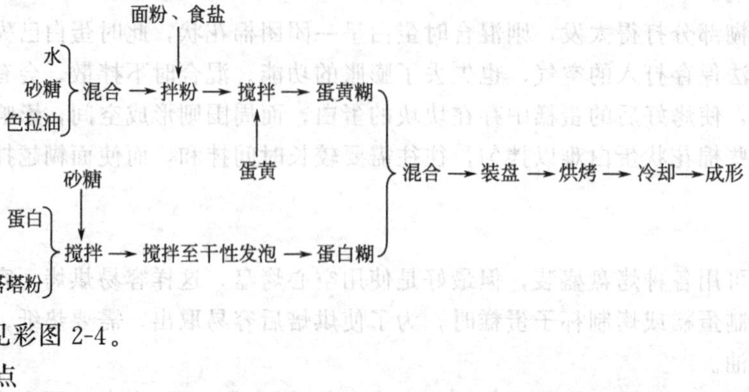

戚风蛋糕见彩图 2-4。

4. 操作要点

① 原辅料预处理　按配方标准计量，将低筋面粉过筛备用，鸡蛋清洗去壳后将蛋白、

蛋黄分开。

② 蛋黄糊调制　将砂糖、水、色拉油放入容器搅拌均匀至糖溶化，加入面粉、食盐搅拌至无颗粒状，然后再加入蛋黄搅拌匀滑。

③ 蛋白糊调制　将蛋白、塔塔粉放入搅拌缸内搅匀后，再加入砂糖高速搅打至蛋白干性发泡。

④ 蛋黄糊与蛋白糊混合　取1/3蛋白糊与蛋黄糊混合，再将其倒入剩余2/3蛋白糊中混合均匀。

⑤ 装模　将蛋糕面糊倒入圆形蛋糕模具中，或烤盘垫纸倒入烤盘中。

⑥ 烘烤　烘烤温度为面火170℃/底火150℃，烘烤时间约45min。

⑦ 冷却、成形　蛋糕出炉后倒置在凉网上冷却，撕去蛋糕底部垫纸，冷却后根据要求刀切成形。

二、巧克力戚风蛋糕的制作

巧克力戚风蛋糕制作

1. 主要设备与用具

打蛋机、烤炉、烤盘、台秤、面筛、面盆、分蛋器、打蛋器、刮板、凉网、橡皮刮刀等。

2. 配方

配方见表2-15。

表2-15　巧克力戚风蛋糕配料表

原辅料名称		质量/g	烘焙百分比/%
蛋黄部分	低筋面粉	260	81.25
	可可粉	60	18.75
	砂糖	85	26.56
	色拉油	200	62.5
	水	185	57.81
	蛋黄	330	103.13
蛋白部分	蛋白	550	171.88
	塔塔粉	10	3.13
	砂糖	300	93.75

3. 工艺流程

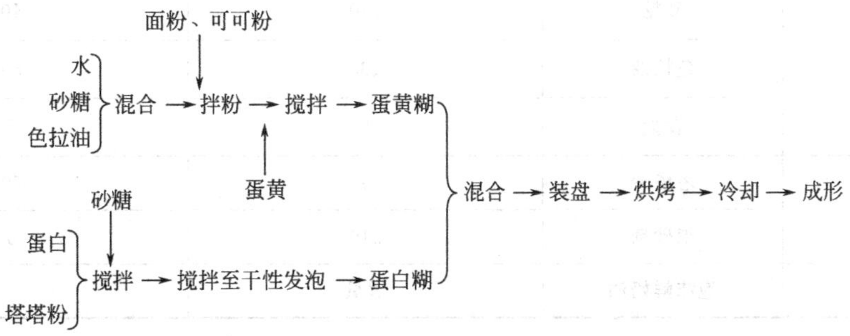

巧克力戚风蛋糕见彩图 2-5。

4. 操作要点

① 原辅料预处理　按配方标准计量，将低筋面粉、可可粉过筛混匀备用，鸡蛋清洗去壳后蛋白、蛋黄分开。

② 蛋黄糊调制　将水、砂糖、色拉油放入容器搅拌均匀至糖溶化，加入面粉、可可粉搅拌至无颗粒状态，加入蛋黄搅拌匀滑。

③ 蛋白糊调制　将蛋白、塔塔粉放入搅拌缸内搅匀后，再加入砂糖高速搅打至蛋白干性发泡。

④ 蛋黄糊与蛋白糊混合　取 1/3 蛋白糊与蛋黄糊混合，再将其倒入剩余 2/3 蛋白糊中混合均匀。

⑤ 装模　烤盘刷油垫纸，将蛋糕面糊倒入烤盘中迅速刮平。

⑥ 烘烤　烘烤温度为面火 170℃/底火 150℃，烘烤时间约 45min。

⑦ 冷却、成形　蛋糕出炉后倒置在凉网上冷却，撕去蛋糕底部垫纸，冷却后根据要求刀切成形。

三、香草戚风蛋糕卷的制作

1. 主要设备与用具

打蛋机、烤炉、烤盘、台秤、面筛、面盆、分蛋器、打蛋器、刮板、凉网、橡皮刮刀等。

2. 配方

配方见表 2-16。

表 2-16　香草戚风蛋糕卷配料表

原辅料名称		质量/g	烘焙百分比/%
鸡蛋		750	250
蛋黄部分	低筋面粉	300	100
	淀粉	30	10
	泡打粉	6	2
	吉士粉	15	5
	香草粉	3	1
	奶水	165	55
	砂糖	120	40
	色拉油	165	55
	食盐	6	2
蛋白部分	塔塔粉	9	70
	细砂糖	210	3
夹馅	泡沫鲜奶油	适量	

3. 工艺流程

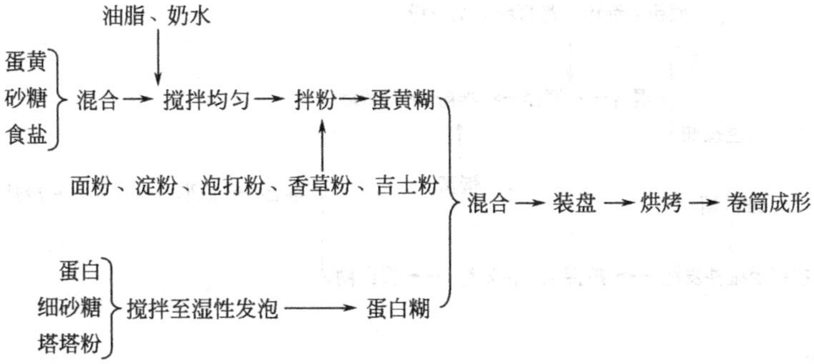

4. 操作要点

① 原辅料预处理　按配方标准计量，将低筋面粉、淀粉、泡打粉、香草粉、吉士粉过筛混匀备用，鸡蛋清洗去壳后蛋白、蛋黄分开。

② 蛋黄糊调制　蛋黄、砂糖、食盐放入容器搅拌均匀，加入色拉油、奶水搅匀至砂糖完全溶化，加入低筋面粉、淀粉、泡打粉、香草粉、吉士粉拌匀。

③ 蛋白糊调制　蛋白、塔塔粉、砂糖放入搅拌缸内快速搅拌至蛋白湿性发泡阶段。

④ 蛋黄糊与蛋白糊混合　取 1/3 蛋白糊与蛋黄糊混合，再与剩余蛋白糊混合均匀。

⑤ 装盘　烤盘直接垫纸，将蛋糕面糊倒入烤盘迅速刮平。

⑥ 烘烤　烘烤温度为面火 230℃/底火 170℃，烘烤时间约 15min。

⑦ 冷却、成形　蛋糕出炉后倒置在凉网上冷却，撕去蛋糕底部垫纸，抹鲜奶油膏卷筒，定型 20～30min 后切块即成。

四、元宝蛋糕的制作

1. 主要设备与用具

打蛋机、烤炉、烤盘、台秤、面筛、面盆、分蛋器、打蛋器、刮板、裱花袋、裱花嘴、高温布、凉网、橡皮刮刀等。

2. 配方

配方见表 2-17。

表 2-17　元宝蛋糕配料表

原辅料名称		质量/g	烘焙百分比/%
鸡蛋		1200	300
蛋黄部分	低筋面粉	400	100
	淀粉	80	20
	泡打粉	10	2.5
	水	240	60
	奶香粉	4	1
	色拉油	120	30
蛋白部分	塔塔粉	10	2.5
	细砂糖	340	85
夹馅	果酱	适量	

3. 工艺流程

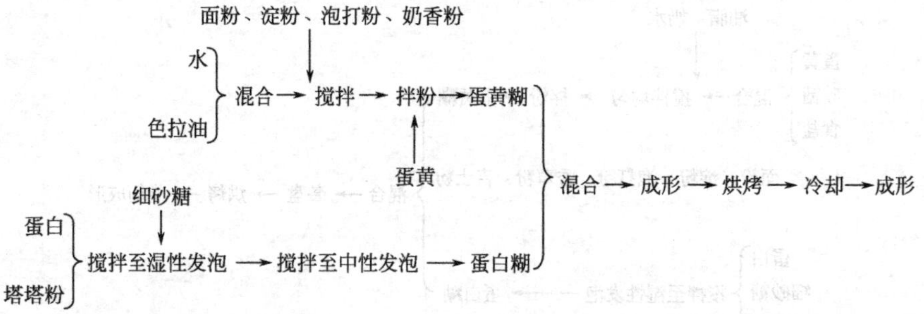

4. 操作要点

① 原辅料预处理　按配方标准计量，将低筋面粉、淀粉、泡打粉、奶香粉过筛混匀备用，鸡蛋清洗去壳后蛋白、蛋黄分开。

② 蛋黄糊调制　将水、色拉油放入容器搅拌均匀，加入低筋面粉、淀粉、泡打粉、奶香粉搅拌至无颗粒状态，加入蛋黄搅拌匀滑。

③ 蛋白糊调制　蛋白、塔塔粉放入搅拌缸内搅拌至蛋白湿性发泡阶段，再将细砂糖分两次加入，然后再充分搅拌至中性发泡即可。

④ 蛋黄糊与蛋白糊混合　取 1/3 蛋白糊与蛋黄糊混合，将剩余 2/3 蛋白糊倒入其中混合均匀即可。

⑤ 成形　将蛋糕面糊装在有平口裱花嘴的裱花袋中，在垫有高温布的烤盘上挤注成圆形待烤。

⑥ 烘烤　烘烤温度为面火 200℃/底火 150℃，烘烤时间约 10min。

⑦ 冷却、成形　蛋糕出炉后倒置在凉网上冷却，撕去蛋糕底部高温布，然后表面挤上果酱对折卷起，用透明纸包裹定型，定型后去掉纸装盘即可。

五、海苔蛋糕的制作

1. 主要设备与用具

打蛋机、烤炉、烤盘、台秤、面筛、面盆、分蛋器、打蛋器、刮板、橡皮刮刀等。

2. 配方

配方见表 2-18。

表 2-18　海苔蛋糕配料表

原辅料名称		质量/g	烘焙百分比/%
蛋黄部分	低筋面粉	400	100
	蛋黄	320	80
	细砂糖	100	25
	蜂蜜	30	7.5
	泡打粉	10	2.5
	牛奶	210	52
	色拉油	210	52
	海苔粉	40	10

续表

原辅料名称		质量/g	烘焙百分比/%
蛋白部分	蛋白	700	175
	细砂糖	400	100
	塔塔粉	10	2.5

3. 工艺流程

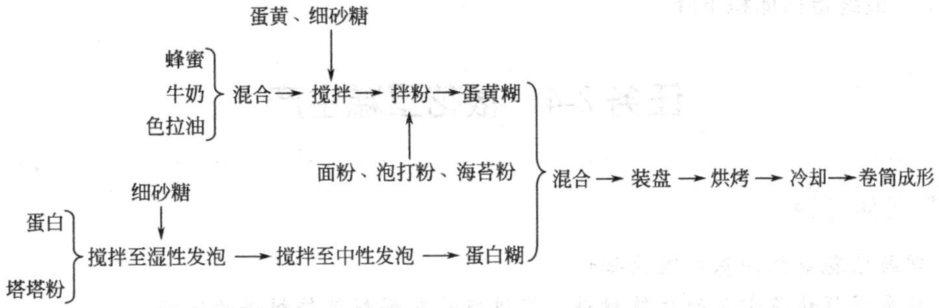

4. 操作要点

① 原辅料预处理　按配方标准计量，将低筋面粉、泡打粉、海苔粉过筛混匀备用，鸡蛋清洗去壳后蛋白、蛋黄分开。

② 蛋黄糊调制　将蜂蜜、牛奶、色拉油放入容器搅拌均匀，加入蛋黄、细砂糖搅拌至细砂糖溶化，加入低筋面粉、泡打粉、海苔粉搅拌均匀。

③ 蛋白糊调制　蛋白、塔塔粉放入搅拌缸内搅拌至蛋白湿性发泡阶段，再将细砂糖分两次加入，然后再充分搅拌至中性发泡即可。

④ 蛋黄糊与蛋白糊混合　取1/3蛋白糊与蛋黄糊混合，将剩余2/3蛋白糊倒入其中混合均匀即可。

⑤ 装盘　烤盘直接垫纸，将蛋糕面糊倒入烤盘迅速刮平。

⑥ 烘烤　烘烤温度为面火220℃/底火160℃，烘烤时间约12min。

⑦ 冷却、成形　蛋糕出炉后倒置在凉网上冷却，撕去蛋糕底部垫纸，烘烤面抹上果酱，然后卷筒，定型20～30min后切块即成。

【生产训练】

见《学生实践技能训练工作手册》。

【常见质量问题及解决方法】

戚风蛋糕加工中常见的质量问题基本上与海绵蛋糕相似，但由于原料和加工工艺的不同，还要注意以下问题。

① 戚风蛋糕制作要把蛋白、蛋黄分开，在分蛋的时候要特别注意，不要使蛋白沾到一丝水、油或蛋黄，打蛋器和打蛋盆也要清洗干净并完全擦干水，否则蛋白无法打发。

② 在打蛋白时，一定要把蛋白打至硬干性发泡。

③ 蛋黄与糖、油、牛奶等要搅拌均匀。

④ 化学疏松剂要和面粉过筛并混合均匀方可加入面糊。

⑤ 戚风蛋糕的模具不可抹油，因为戚风蛋糕的面糊必须借助黏附模具壁的力量往上膨

胀，有油就会失去附着力。

⑥ 将打好的蛋白糊与蛋黄糊混合时，要上下切拌，动作一定要轻且快，如果拌得太久或太用力，打好的蛋白就会消泡，面糊会变稀，烤好的蛋糕会塌陷。

⑦ 糖对蛋白泡沫有稳定作用，但会阻碍起泡，打蛋白时要掌握好加糖的时机，如过早加入糖，起泡较慢，泡沫体积不足，一般在泡沫起发 1/3～1/2 时加入糖。

⑧ 戚风蛋糕蛋白打发终点的判断：打发蛋白至蛋白膏密度为 15～17g/100mL 为最佳。密度高于 17g/100mL，打进的空气量太少，蛋糕体积不够；密度低于 15g/100mL，蛋白泡沫不稳定，最终蛋糕体积下降。

任务 2-4　裱花蛋糕生产

学习目标

- 理解裱花蛋糕的基础理论知识。
- 熟悉蛋糕裱花常用的装饰材料，能进行裱花蛋糕装饰材料的选择。
- 掌握蛋糕裱花的装饰手法。
- 进行蛋糕裱花操作。
- 处理蛋糕裱花过程中出现的问题并提出解决方案。
- 掌握裱花蛋糕质量标准。

【知识前导】

裱花蛋糕由蛋糕坯和装饰料组成，装饰料多采用蛋白、奶油、果酱、水果等，制品装饰精巧、图案美观。

(1) 蛋糕裱花常用的装饰材料

① 蛋白装饰料　以鸡蛋白、白糖和水为原料，增稠剂为辅料，经搅打、糖水熬制、冲浆等工艺制成的白色膏状物。

② 奶油装饰料　以奶油、白糖和水（蛋）等为原料，经搅打、糖水熬制、冲浆等工艺制成的乳黄色膏状物。

③ 人造奶油装饰料　以人造奶油、白砂糖（绵白糖）和水等为原料，经搅打、糖水熬制、冲浆等工艺制成的乳白色膏状物。

④ 植脂奶油装饰料　以植物脂肪为原料，糖、玉米糖浆、水和盐为辅料，添加乳化剂、增稠剂、品质改良剂、酪蛋白酸钠、香精等经搅打制成的乳白色膏状物。

⑤ 白马糖　又称风糖、方橙、翻糖、封糖，大多用于蛋糕、面包、大干点的浇注（涂衣、挂霜），也可作为小干点的夹心等。其用途很广，可作中点和西点的表面装饰。

⑥ 巧克力　巧克力融化以后覆盖在蛋糕表面进行装饰，也可以用来写字和做饰物。在市面上有售的装饰用巧克力，有多种口味及颜色，用来装饰蛋糕方便省时。

⑦ 新鲜水果、水果罐头　如猕猴桃、草莓、柠檬、橘子罐头、桃子罐头、樱桃罐头等。

⑧ 其他　如果占、镜面果胶、可可粉、糖粉、银糖珠、生日卡等。

（2）裱花蛋糕的工艺美术基础

缤纷色彩的千变万化，来源于红、黄、蓝三种原色。三种原色按比例混合就能产生光谱中的任何颜色。颜色是不能随便相配的，色彩的组合是有一定规律的。符合规律能给人以和谐之美，否则会产生不平衡，不能给人美的享受。

色彩在装饰蛋糕中的运用是烘焙师能力的体现。理想的色彩运用是最大限度地发挥装饰蛋糕原料所固有的色彩美，因为有的原料本身就很美，不需要进行人工着色处理，如樱桃、草莓的鲜红色；猕猴桃的翠绿色；鲜奶油膏与糖粉、白砂糖的白色；巧克力的咖啡色；紫葡萄的紫色等。在原料色彩不能满足烘焙师创作需要时也可借助于工艺手段或利用人工合成色素（如色香油）着色，但这类色素要严格控制使用量，否则适得其反，会给人以不卫生的感觉。

装饰蛋糕的艺术造型首先需构思，要通过其用途、表达的情感来确定主题。要选择相应的表达形式（即造型）、工艺手段、主导色调和色彩以及适宜的原材料，进行造型布局（即构图）。装饰蛋糕构图是在构思的基础上对蛋糕的整体进行设计。它包括对图案造型的用料、色彩、形状等内容进行安排与调整。构图形式有平面或立体的，图案有写实或抽象的。各种几何图形的边饰在蛋糕装饰中运用极广。构图的方法有平行、对称、不对称、螺旋等不同种形式。

（3）装饰蛋糕的构图应遵循形式美的基本原则

① 多样与统一　原料与造型的多样性，内容与形式的统一性，使装饰蛋糕的图形丰富，有规律，有组织，不是单调、杂乱无章的。从纹饰、排列、结构、色彩各个组成部分，从局部到整体均应呈现出多样、统一的效果。

② 对称与平衡　对称形式条理性强，有统一感，起到优美、活泼的效果，但容易造成杂乱。注重平衡，效果会更好。

③ 对比与调和　色彩之间的对比关系，可以增强色彩的鲜明度，产生活泼感，但不耐看。图案间大小、高低、长短、粗细、曲直等方面的对比会明显突出各自特点，获得完整、生动的效果；调和则相反，强调差距要小，具有共性，如颜色的调和给人一种宁静的感觉。

④ 节奏与韵律　装饰蛋糕边饰所运用的裱花手法，通过各种线条的长短、强弱的变化，有规律地交替组合，表现出一种节奏感，而韵律则是节奏中体现的情感，是节奏的和谐。装饰蛋糕图案中各种形象构成，形成各自的节奏，如不注意互相的搭配，会成为杂乱的画面，因此构图应首先着眼主要形式布局所形成的节奏，这是构图的主要环节，在此基础上，再考虑其他形式，如点、线、色块的节奏，使之成为富有韵律的作品。

裱花蛋糕的构图造型中各种花卉的装饰是重头戏，以不同的花卉造型表达不同的感情，使装饰蛋糕成为情感的载体。不同的花有不同的含义：玫瑰表示纯洁的爱；百合花表示百年好合，纯洁和庄重，事事如意；迎春花表示朝气蓬勃，喜气洋洋；向日葵表示崇拜、光辉和羡慕；康乃馨表示亲情与思念；牡丹表示荣华富贵等。

【生产工艺要点】

蛋糕坯的制作在前几个工作任务中已经叙述，这里主要探讨蛋糕的裱花装饰。裱花装饰的效果主要是由裱花人员的技艺来决定的，为了提高裱花的技艺，裱花人员必须具备相关的知识，同时需要不断地学习和练习，才能制作出深受消费者喜欢的裱花蛋糕。蛋糕的装饰手法主要有以下几点。

(1) 抹面

① 抹面的要求　抹面主要是借助抹刀与蛋糕装饰转台，将装饰料均匀地涂抹在蛋糕的表面，使蛋糕表面光滑均匀，达到端正、平整、圆整和不露糕坯的要求。

② 抹面的步骤　首先将烤好并已经冷却的蛋糕按照要求用锯齿刀剖成若干层，去掉蛋糕屑，将其中一层蛋糕坯放在蛋糕装饰转台上，表面涂抹装饰料，上面又放一层蛋糕，然后在第二次放的蛋糕表面涂抹装饰料，如此反复直到蛋糕“夹心”完成。再在蛋糕顶部涂抹装饰料，边转动蛋糕装饰转台边利用抹刀将装饰料均匀涂抹至表面各处；表面抹匀后，再将多余的装饰料涂抹至蛋糕侧边，边转动蛋糕装饰转台边涂抹，直到成品表面和侧面光滑均匀、没有多余装饰料的模样为止。

(2) 覆盖

覆盖就是将液体料直接挂淋在蛋糕表面，冷却后凝固、平坦、光滑、不粘手，常用于巧克力蛋糕、糖面蛋糕等。

覆盖所用的材料有巧克力、封糖、镜面果胶等。首先将涂好奶油等装饰料的蛋糕送进冰箱冷冻 20min 以上，等奶油等装饰料凝固以后，从冰箱取出蛋糕移至底下垫着烤盘的晾架上，将调制到最佳使用温度的巧克力或封糖或镜面果胶等淋在蛋糕中央表面上，并利用抹刀将分布不均的淋酱涂抹平整，将淋酱完成的蛋糕再放入冰箱冷藏，待表面的淋酱凝固后，即可将四周修边。

(3) 裱形

裱花袋裱形是先用一只手的虎口抵住裱花袋的中间，翻开内侧，另一只手将装饰料装入，不宜装满，装入量为裱花袋体积的 70%左右，待装好后，翻回裱花袋，同时用手捏紧袋口并卷紧，排除袋内的空气，使裱花袋结实硬挺。裱花时，一只手卡住袋子的 1/3 处，另一只手托住裱花袋下方，并以各种角度和速度对着蛋糕，在不遮住视力的条件下挤出袋内材料，以形成各种花样，要求线条和花纹流畅、均匀和光滑。

纸卷裱形是将装饰料装入用油纸或玻璃纸做好的纸卷内（约为纸卷体积的 60%），上口包紧，根据线条、花纹的大小剪去纸卷的尖部，用拇指、食指和中指捏住纸卷挤料和裱出细线条或细花纹，也可以“写”出各种祝福的文字。

塑捏是用手工将具有可塑性的材料捏制成形像逼真的动物和花卉等装饰物来装饰裱花蛋糕。

蛋糕基本成形后，把各种不同的可食用再制品（如巧克力饰品等）或干、鲜果品，按照不同造型的需要，摆放在蛋糕表面适当的位置，增加蛋糕的艺术性。

【质量标准】

(1) 外观、感官特性

蛋白裱花蛋糕外观、感官特性应符合表 2-19 的规定。

表 2-19　蛋白裱花蛋糕外观、感官特性

项　目	要　求
色泽	顶面色泽鲜明，裱酱洁白，细腻有光泽，无斑点；蛋糕侧壁具有装饰料色泽
形态	完整，不变形，不缺损，不塌陷；抹面平整，不露糕坯；饰料饱满、匀称，图案端庄，文字清晰，表面无结皮现象
组织	气孔分布均匀，无粉块，无糖粒

项　目	要　　求
口感及口味	糕坯松软，饰料微酸，爽口；无异味
杂质	无可见杂质

奶油裱花蛋糕外观、感官特性应符合表 2-20 的规定。

表 2-20　奶油裱花蛋糕外观、感官特性

项　目	要　　求
色泽	顶面色泽淡雅，裱酱乳黄，有奶油光泽，色泽均匀，无斑点；蛋糕侧壁具有装饰料色泽
形态	完整，不变形，不缺损，不收缩，不塌陷，不析水，抹面平整，细腻，不露糕坯，饰料饱满、匀称，图案美观，裱花造型逼真，文字清晰，表面无裂纹
组织	糕坯内气孔分布均匀；无粉块，无糖粒；夹层饰料厚薄基本均匀
口感及口味	糕坯绵而软，裱酱细腻，口感油润，有奶油香味及品种应有的风味，滋味纯正；无异味
杂质	无可见杂质

人造奶油裱花蛋糕外观、感官特性应符合表 2-21 的规定。

表 2-21　人造奶油裱花蛋糕外观、感官特性

项　目	要　　求
色泽	顶面色泽淡雅，裱酱浅黄色，色泽均匀，无斑点；蛋糕侧壁具有装饰料色泽
形态	完整，不变形，不缺损，不收缩，不塌陷，不析水，抹面平整，细腻，不露糕坯，饰料饱满、匀称，图案端庄，裱花造型逼真，文字清晰，表面无裂纹
组织	糕坯内气孔均匀，无粉块，无糖粒
口感及口味	糕坯松软，裱酱细腻，口感油润及有该品种应有的风味，无异味
杂质	无可见杂质

植脂奶油裱花蛋糕外观、感官特性应符合表 2-22 的规定。

表 2-22　植脂奶油裱花蛋糕外观、感官特性

项　目	要　　求
色泽	色泽淡雅；裱酱乳白或有产品原有色泽，微有光泽，色泽均匀，无色素斑点，无灰点；蛋糕侧壁呈装饰料色泽
形态	完整，不变形，不缺损，不收缩，不塌陷，不析水，抹面平整、细腻、无粗糙感，不露糕坯，饰料饱满、匀称；图案端庄，表面无裂纹
组织	夹层厚薄均匀，糕坯内气孔均匀，无粉块，无糖粒；夹层饰料厚薄均匀
口感及口味	糕坯滋润绵软爽滑；裱酱油润不腻，有该品种应有的风味，甜度适中；无异味
杂质	无可见杂质

其他类裱花蛋糕外观、感官特性应符合表 2-23 的规定。

表 2-23 其他类裱花蛋糕外观、感官特性

项 目	要 求
色泽	具有品种应有的色泽，无斑点；糕坯侧壁具有该品种应有的色泽
形态	形态完整，不变形，不缺损，不收缩，不塌陷，抹面平整，不露糕坯；图案端庄，文字清晰
组织	具有品种应有的特征；气孔分布均匀；无糖粒，无粉块；糕坯夹层饰料厚薄均匀
口感及口味	滋（气）味纯正，甜度适中；糕坯松软，具有品种应有的风味，无异味
杂质	无可见杂质

（2）理化指标

水分、脂肪、蛋白质、装饰料占蛋糕总质量的比率应符合表 2-24 的规定。

表 2-24 裱花蛋糕理化指标

项 目	指 标			
	蛋白裱花蛋糕	奶油裱花蛋糕	人造奶油裱花蛋糕	植脂奶油裱花蛋糕
水分/%	20～30			42～52
脂肪/% ≥	5	25		15
蛋白质/% ≥	6	5		4
装饰料占蛋糕总质量的比率/% ≥	30	40		45

注：装饰料不包括非可食部分。

（3）卫生指标

卫生指标应符合表 2-25 的规定。

表 2-25 裱花蛋糕卫生指标

项 目	指 标
酸价（以脂肪计）(KOH)/(mg/g) ≤	5
过氧化值（以脂肪计）/(g/100g) ≤	0.25
总砷（以 As 计）/(mg/kg) ≤	0.5
铅(Pb)/(mg/kg) ≤	0.5
黄曲霉毒素 B_1/(μg/kg) ≤	5
菌落总数/(CFU/g) ≤	1500
大肠菌群/(MPN/100g) ≤	30
霉菌计数/(CFU/g) ≤	100
致病菌（沙门菌、志贺菌、金黄色葡萄球菌）	不得检出

【生产案例】

一、童子献寿蛋糕的制作

1. 主要设备与用具

打蛋机、橡皮刮刀、锯齿刀、抹刀、擀面棍、硅胶揉面垫、软刮板、硅胶模、裱花嘴、裱花袋等。

2. 配方

配方见表 2-26。

表 2-26　童子献寿蛋糕配料表

原料名称	用量	原料名称	用量
戚风坯	1.5 个(直径 24cm)	寿桃	4 个(3cm)
朗姆提子	300g	巧克力小人	2 个
植脂甜奶油	适量	白巧克力淋酱	120g
寿桃	2 个(5cm)	装饰糖面	适量

3. 操作要点

① 配件制作　提前制作直径为 5cm 的寿桃 2 个、3cm 的寿桃 4 个；使用硅胶模制作成调温白巧克力孩童一对，用朱古力膏和红色果酱刻画孩童面目表情；采用调色为绿色的糖面制作大小两种桃枝备用。

② 蛋糕装饰制作　蛋糕坯子，三层朗姆提子夹心，修成圆弧形，以奶油抹制成弧形坯，表面淋上白巧克力酱；在坯体表面靠后 2/3 处正中间放两个大寿桃，再在两边放大桃枝，最后在两边各放上 2 个小寿桃，粘上小桃枝，在树枝末端点上绿色小点；在桃子前方左右各放上小人一个，在小人正前方写上寿字；最后在侧面底边用裱花嘴拉一圈，再在上方挤上粉色小点。

二、臻爱礼盒蛋糕的制作

1. 主要设备与用具

打蛋机、橡皮刮刀、锯齿刀、抹刀、擀面棍、硅胶揉面垫、软围边、硬围边、裱花嘴、裱花袋等。

2. 配方

配方见表 2-27。

表 2-27　臻爱礼盒蛋糕配料表

原料名称	数量	原料名称	数量
蛋糕坯	1.5 个(边长 14cm×14cm)	水滴形巧克力件	10 片
植脂甜奶油	适量	巧克力玻璃卷飘带	2 根
淡粉色装饰糖面	2 片	白巧克力屑	100g

3. 操作要点

① 配件制作　以淡粉色调温白巧克力为原料，用软围边制作飘带，自然弯曲，成品长 8cm；以淡粉色调温白巧克力为原料，用 15cm 的硬围边来制作淡粉色水滴形巧克力件，对折后长度 7cm、宽度 2cm，将融合处修平；糖面擀平至厚度为 0.2～0.3cm，切制成 36cm、宽 2cm，作为绑带。

② 蛋糕装饰制作　将三层蛋糕坯用奶油抹好后交叉放两根糖面丝带成十字形；在空白区域粘上白巧克力屑，有膨松感；在十字交叉处中间留出 2cm，挤上融化的巧克力，顺着绑带的方向对称式地粘上 9 根水滴形巧克力件；在丝带花造型的对角位置粘上巧克力飘带。

【生产训练】

见《学生实践技能训练工作手册》。

【蛋糕装饰的注意事项】

1. 主题要明确，构图要合理

一个作品只有一个主题，在突出主题的同时，要注意次要内容与主要内容的呼应，以保持造型图案的完整性。构图要清新自然、协调，图案要美观大方、具有时代气息；图案布局既要防止布局稀稀拉拉、零乱分散，又不能使布局拥挤闭塞、密不透风。只有主题明确、构图和布局合理，疏密互相对比、互相映衬，裱花蛋糕的图案才能达到既变化又统一的效果。

2. 蛋糕的装饰要与国家、地区和民族的习惯及消费者的需要相吻合

不同的国家和地区具有不同的风俗礼节和饮食习惯，对图案、花纹、颜色、装饰料等的使用均有偏好，蛋糕装饰要因地制宜、因人而异。

3. 掌握裱花的基本要领

要掌握好裱花的力度、速度和角度。力度指手握裱花袋的用力大小，速度指手握裱花袋向一定方向行走的速度快慢，角度指手握裱花袋与蛋糕表面所形成的角度，只有掌握好这三者并灵活配合使用，才能制作出精美的裱花蛋糕。

自 测 题

一、判断题（在题前括号中划“√”或“×”）

（　　）1. 黑、白、灰为无彩色。

（　　）2. 乳沫蛋糕面糊入模后应马上进行烘烤，而且要避免剧烈震动。

（　　）3. 乳沫蛋糕的烘烤温度和时间与制品的大小及厚薄有关。

（　　）4. 食品色彩就是指原料的固有色。

（　　）5. 制作蛋糕使用颗粒粗大的白糖可保证蛋糕的品质。

二、填空题

1. 蛋白搅拌分为（　　　　）、（　　　　）、（　　　　）和（　　　　）四个阶段。

2. 蛋糕体积较小采用的烘烤条件是（　　　　），蛋糕体积大时采用的烘烤条件是（　　　　）。

3. 蛋糕注模时间应控制在（　　　　），以防蛋糕糊中的面粉下沉，使产品质地变硬。

4. 重油蛋糕面糊调制方法有（　　　　）、（　　　　）和（　　　　）三种。

5. 制作蛋糕使用的柔性材料有（　　　　）、（　　　　）和（　　　　）等。

6. 塔塔粉的化学名称是（　　　　）。

7. 戚风蛋糕面糊调制过程包括（　　　　）、（　　　　）、（　　　　）三个步骤。

8. 蛋糕裱花常用的装饰材料有（　　　　）、（　　　　）、（　　　　）、（　　　　）和（　　　　）。

9. 色彩的三要素为（　　　　）、（　　　　）、（　　　　）。

10. 蛋糕的装饰手法主要包括（　　　　）、（　　　　）、（　　　　）、（　　　　）。

三、选择题

1. 如果使用（　　）制作蛋糕，使用前必须先过筛。

A. 绵白糖　　B. 细砂糖　　C. 粗砂糖　　D. 糖粉

2. 以下哪个不是蛋在蛋糕制作上的主要功能？（　　）

A. 构成蛋糕的主要结构　　B. 提供蛋糕色香味

C. 能拌入空气使蛋糕体积膨大　　D. 蛋黄和蛋白皆为柔性材料

3. 一般蛋糕使用的面粉为（　　）。

A. 特高筋粉　　B. 高筋粉　　C. 中筋粉　　D. 低筋粉

4. 制作重油蛋糕时其面粉宜使用（　　）。

A. 普通高筋粉　　B. 普通低筋粉

C. 氯气漂白之高筋面粉　　D. 氯气漂白之低筋面粉

5. 重油蛋糕装模时，模具需要做哪些处理？（　　）

A. 不需要处理　　B. 刷油　　C. 预热　　D. 擦拭

6. 塔塔粉是戚风蛋糕生产中的主要原料，塔塔粉的作用是（　　）。

A. 中和蛋白中的碱性　B. 增加甜味　　C. 增大体积　　D. 乳化

7. 用糖油拌和法制作油脂蛋糕时，鸡蛋要（　　），以防面糊搅澥。

A. 最后加入　　B. 最先加入　　C. 一次加入　　D. 逐渐加入

8. 戚风蛋糕装盘时面糊量是烤盘容量的（　　）。

A. 一半或六分满　　B. 三分之一　　C. 八分满　　D. 九分满

9. 下面哪个设备不是制作裱花蛋糕时使用的？（　　）

A. 打蛋机　　B. 冷藏柜　　C. 烤炉　　D. 醒箱

10. 下面哪个工具不是制作裱花蛋糕时使用的？（　　）

A. 刮刀　　B. 锯齿刀　　C. 蛋糕装饰转台　　D. 切刀

四、分析题

1. 如何进行天使蛋糕面糊调制？

2. 写出重油蛋糕制作的工艺过程。

3. 戚风蛋糕烘烤出炉后怎样才能保证其不凹陷或者不回缩？

4. 请依据所学知识设计一款八寸戚风蛋糕坯（包括配方、设备用具、工艺流程和操作要点）。

5. 一位老人要过八十大寿，需要定做一款生日蛋糕，请你为老人设计一款以祝寿为主题的生日蛋糕。

学习情境三

饼干生产

【知识储备】

饼干是以小麦粉（可添加糯米粉、淀粉等）为主要原料，加入（或不加入）糖、油脂及其他辅料，经调粉（或调浆）、成形、烘烤（或煎烤）制成口感酥松或松脆的食品。由于饼干具有营养丰富、口感酥松、风味多样、外形美观、便于携带且耐储存等特点，所以受到国内外人们的普遍喜爱，成为军需、旅行、野外作业、航海、登山、医疗保健等方面的重要主食品。

一、饼干的分类

饼干花色品种繁多，近年来，由于工艺技术及设备的发展，新型产品不断涌现，要将类别分得十分严格是比较困难的。常用的分类方法有两种，一种是按原料的配比分，另一种是按成形的方法来分。这两种方法应当结合起来，才能达到比较完善的程度。

1. 按原料的配比分类

按照原料的配比不同，饼干大体上可以分为五类，如表 3-1 所示。其中粗饼干除特殊需要外，产量极少，市售亦不常见。国外目前生产的供野餐用的无油、无糖，仅加少量食盐的清水饼干应属这个范围。其余的四种都是属于经常生产的品种。

表 3-1 饼干按原料的配比分类

种类	油糖比	油糖与面粉比	品种
粗饼干	0∶10	1∶5	硬饼干、发酵硬饼干
酥性饼干	1∶2	1∶2	一般甜饼干
韧性饼干	1∶2.5	1∶2.5	低档甜饼干
甜酥性饼干	1∶1.35	1∶1.35	高档酥饼干
发酵饼干	10∶(0～1.5)	1∶(4～6)	中、高档苏打饼干

由于原料不同，其生产工艺条件亦有较大的差别，因而，要求油糖比和对应的面粉比大体上要按照表 3-1 所选定的比例实施，不能相差过大，否则，会产生原料配比与工艺条件不相吻合的情况，会导致生产困难，使产品不符合要求，这一点是十分重要的。

这些不同类型的饼干在印模及花纹的选择方面有严格的区别。韧性饼干应使用有针孔凹花印模，主要原因是由于面团的弹性较大，防止出现花纹不清及起泡、凹底等缺陷。酥性饼干使用的是半软性面团，可采用无针孔凸花印模，若使用凹花印模，会因面团的黏性较大而造成粘模。甜酥饼干可使用浮雕式的凸花印模。粗饼干和苏打饼干一般用多针孔无花有字的印模，多针孔是防止饼干起泡。

发酵饼干可分为咸苏打饼干和甜苏打饼干两种。甜苏打饼干可采用韧性饼干的配比来生产，这类产品有过去常见的宝石、香烟、小动物、字母等品种。

近年来，国际上较受欢迎的品种已由甜酥性饼干逐渐转为韧性饼干，按其销售量统计，韧性饼干一般占总量的60%左右，这是因为高油脂的产品对生理上带来的影响已引起人们广泛的注意。

2. 按成形方法与油糖用量的范围来分类

这种分类方法的优点在于按不同成形方法规定油脂和白砂糖用量的范围，人们可以根据有关标准来选定配方，可在其范围内发展新型的花色品种，并且可以采用认为合适的成形方法来生产。这种方法是目前比较新颖的、合理的分类方法，该法一般把饼干分为苏打饼干、冲印硬饼干、辊印饼干、冲印软饼干和挤条饼干等五类。此外，还有一类以挤浆成形方法制造的小蛋黄饼干（或称杏元饼干），这是一种不用油脂、以鸡蛋和糖为主体的、体积较大且重量甚轻的小圆形膨松型饼干，适合儿童食用。

近年来，获得较大发展的丹麦曲奇饼干是使用挤花成形的方法生产的。这类面团由于含油糖比较高而显得较为柔软，用机械挤压的方法使面团在挤花的头子中压出，制成形似花瓣的产品，十分美观。该成形方法亦即是挤浆成形的发展和改良，以取代旧式的钢丝切割成形。

3. 我国饼干的分类

国家标准《饼干》(QB/T 20980—2007）按生产工艺将饼干分为13类。

(1) 酥性饼干（short biscuit)

以小麦粉、糖、油脂为主要原料，加入疏松剂和其他辅料，经冷粉工艺调粉、辊印或不辊印、成形、烘烤制成表面花纹多为凸花，断面结构呈多孔状组织，口感酥松或松脆的饼干。

(2) 韧性饼干（semi hard biscuit)

以小麦粉、糖（或无糖)、油脂为主要原料，加入疏松剂、改良剂及其他辅料，经热粉工艺调粉、辊印、成形、烘烤制成的表面花纹多为凹花，外观光滑，表面平整，一般有针眼，断面有层次，口感松脆的焙烤食品。

(3) 发酵饼干（fermented biscuit)

以小麦粉、油脂为主要原料，酵母为疏松剂，加入各种辅料，经调粉、发酵、辊压、叠层、成形、烘烤制成的酥松或松脆、具有发酵制品特有香味的饼干。

(4) 压缩饼干（compressed biscuit)

以小麦粉、糖、油脂、乳制品为主要原料，加入其他辅料，经冷粉工艺调粉、辊印、烘烤成饼坯后，再经粉碎，添加油脂、糖、营养强化剂或再加入其他干果、肉松、乳制品，拌和、压缩而成的饼干。

(5) 曲奇饼干（cookie)

以小麦粉、糖、糖浆、油脂、乳制品为主要原料，加入疏松剂及其他辅料，经冷粉工艺调粉、采用挤注或挤条、钢丝切割或辊印方法中的一种形式成形，烘烤制成的具有立体花纹或表面有规则波纹的饼干。

(6) 夹心（或注心）饼干 [sandwich (or filled) biscuit]

在饼干单片之间（或饼干空心部分）添加糖、油脂、乳制品、巧克力酱、各种复合调味酱或果酱等夹心料而制成的饼干。

(7) 威化饼干（wafer)

以小麦粉（或糯米粉）、淀粉为主要原料，加入乳化剂、疏松剂等辅料，经调浆、浇注、烘烤制成多孔状片子，通常在片子之间添加糖、油脂等夹心料的两层或多层的饼干。

(8) 蛋圆饼干（macaroon）

以小麦粉、糖、鸡蛋为主要原料，加入疏松剂、香精等辅料，经搅打、调浆、浇注、烘烤制成的饼干。

(9) 蛋卷（egg roll）

以小麦粉、糖、油（或无油）、鸡蛋为主要原料，加入疏松剂、改良剂及其他辅料，经调浆（发酵或不发酵）、浇注或挂浆、烘烤卷制而成的蛋卷。

(10) 煎饼（crisp film）

以小麦粉（可添加糯米粉、淀粉等）、糖、油（或无油）、鸡蛋为主要原料，加入疏松剂、改良剂及其他辅料，经调浆或调粉、浇注或挂浆、煎烤而成的煎饼。

(11) 装饰饼干（decoration biscuit）

在饼干表面涂布巧克力酱、果酱等辅料或喷撒调味料或裱粘糖花制成的表面有涂层、线条或图案的饼干。

(12) 水泡饼干

以小麦粉、糖、蛋为主要原料，加入疏松剂，经调粉、多次辊压、成形、热水烫漂、冷水浸泡、烘烤制成的具有浓郁蛋香味的疏松、轻质的饼干。

(13) 其他饼干。

二、饼干生产原辅料

1. 面粉

由于饼干生产的特性，对小麦粉的湿面筋数量和质量的要求很高，其必须与各类饼干相匹配。

制作韧性饼干的面粉，宜选用面筋弹性中等、延伸性好、面筋含量较低的面粉，含湿面筋以21%～28%为宜。

制作酥性饼干的面粉，应尽量选用延伸性大、弹性小、面筋含量较低的面粉。一般以湿面筋含量在21%～26%为宜。

制作发酵饼干的面粉，要求湿面筋含量高或中等面筋，弹性强或适中，一般以湿面筋含量在28%～35%为宜。

2. 糖

在饼干的配方中，除了面粉以外，糖是使用量最多的一种配料。

(1) 糖在饼干生产中的特殊作用

糖除了作为甜味剂外，在饼干生产中还有其特殊作用。

① 反水化作用　为了保证成形后的饼干坯具有最佳保持花纹清晰的能力，形态不收缩变形，就必须在面团调制过程中掌握好面团的胀润度，除了选用适合制作饼干要求的面粉外，还需在饼干配方中调整糖的配比量，来改善面粉的吸水率和工艺特性。

糖是一种吸水剂，它会使面筋和淀粉等胶体内水量降低。当增加糖量时，由于糖的反水化作用，会将胶体中的结合水降低，面团变软；双糖的反水化作用高于单糖。

② 焦糖化作用　糖的焦化包括最初水解的单糖和热影响下聚合的多糖，都会变成一种有色物质，称为“焦糖化作用”。饼干配方中的糖用量越多，越有利于饼干表面的上色。发酵饼干较难上色，原因就是配方中的糖用量很少。

③ 美拉德反应　美拉德反应又称棕黄色作用。糖在130℃以上时有少量转化为果糖和葡萄糖，当使用糖浆时，则转化糖的比例要高一些。面粉、奶粉及鸡蛋中亦有少量的还原糖及大量蛋白质，这些都是美拉德反应中形成黑色素的基本条件，在150℃时反应速率最快。

(2) 饼干配方中糖的常规用量

韧性饼干用糖量为24%～26%；酥性饼干用糖量为30%～38%；发酵苏打饼干用糖量约为2%。

(3) 饼干配方中常用的糖

在饼干生产中常用的糖有白砂糖、饴糖、淀粉糖浆等。

① 白砂糖　白砂糖是饼干生产中最为常用的。优质的白砂糖含蔗糖达99%以上。蔗糖易溶于水，其溶解度随温度上升而增大，因此，在饼干生产过程中，经常用温水或开水来溶化白砂糖。

在饼干生产中，白砂糖通常是先溶解于水，再与面粉、油脂等配料混合。但如果配方中水量较少，则白砂糖应先磨成细糖粉，再与面粉、油脂等混合。

对白砂糖的品质要求是：晶粒整齐、颜色洁白、干燥、无杂质、无异味、溶解后水溶液澄清。

② 饴糖　饴糖又称米稀或麦芽糖浆。饴糖用量一般为面粉量的1.5%～2%，用量过多，焙烤时还会使产品表面上色过度，影响外观品质。

饴糖在夏季容易发酵，使饴糖酸度增高，品质变劣，因此不宜久藏。一般来说，饴糖应储藏于凉爽通风之处或冷风仓库中，以防止败坏。对饴糖的质量要求是：淡黄、无杂质，固形物含量在70%以上。

③ 淀粉糖浆　淀粉糖浆又称葡萄糖浆。它是由淀粉加酸或加酶水解制成，其主要成分为葡萄糖、麦芽糖、高糖（三糖和四糖等）和糊精。它是一种黏稠的浆体，甜味温和，极易为人体直接吸收。在饼干生产中淀粉糖浆可代替饴糖。

对淀粉糖浆的质量要求是：微黄色、无杂质、透明、无异味，还原糖含量为35%～40%，固形物含量达80%。

3. 油脂

饼干用油应具有较好的风味及氧化稳定性。此外，不同的饼干对油脂还有不同的要求。

(1) 韧性饼干用油脂

韧性饼干的工艺特性，要求面筋在充分水化条件下形成面团。所以，一般不要求高油脂，以面粉总量的20%以下为宜。普通饼干只用油脂6%～8%，但因油脂对饼干口味影响很大，故要求选用品质纯净的油脂为宜。

(2) 酥性饼干用油脂

酥性饼干用油脂量较多，一般为面粉总量的14%～30%，甜酥性的曲奇饼干类则属高油脂，常用量40%～60%。由于酥性饼干调制面团时间很短，所以要求油脂乳化性优良，起酥性好。油脂用量大会造成“走油”现象，使饼干品质变劣，操作也困难，一般以选用优质人造奶油为最佳，猪板油次之。甜酥性的曲奇饼干应选用风味好的优质黄油。

(3) 发酵饼干用油脂

发酵饼干的酥松度和它的层次结构是衡量成品质量的重要指标，因此，要求使用起酥性与稳定性兼优的油脂，尤其是起酥性更重要。猪油的起酥性能使发酵饼干具有组织细密、层次分明、口感松脆的效果，植物性的起酥油对改善饼干层次有利，酥松度较差，因此，植物油与猪板油混合使用，两种油脂互补，可制成品质优良的发酵饼干。

蔗糖、油脂是制作饼干的主要原料，对于形成饼干特有的组织结构、口感和风味具有相当重要的作用，是生产高品质饼干制品所不可缺少的原料。特别是糖在饼干的生产中，除了能增加甜味、上色、提高保藏性以外，对面团的流变学性质、工艺及产品品质也会带来很大的影响，糖的适量添加是保证正常生产工艺及良好产品品质的一个重要的条件。在不添加糖的饼干的生产过程中，由于失去了糖的反水化作用，面粉的吸水率大幅度增加，面粉中的面筋性蛋白质的胀润度大幅度提高，面团的弹性增加，从而使得面团的调制时间延长，同时使辊压成形的饼坯回缩严重，烘烤后的产品表面起泡严重，口感僵硬。有这种感官品质的产品很难被消费者接受。

但是随着现代消费者消费水平的提高，对健康意识的增强，这种“高糖高油脂高热量”的产品已不能符合消费者的需求。饼干产业也向着营养、健康、功能性、低热量等方面发展，低能量、无糖饼干就在这种趋势下应运而生。

目前有些厂家生产的低能量或无糖饼干只是部分地减少油脂和糖的使用量，但实际上仅仅是减少油脂和糖的使用量是不够的，还应采用膳食纤维、低聚糖、糖醇、类脂肪等替代物，在减少产品能量、满足部分消费者消费需求的同时，尽可能地模拟出油脂和蔗糖的功能，提高产品的可接受性。

蔗糖的替代，目前主要是采取强力甜味剂与低甜度填充型甜味剂或填充剂相结合的方法，比如功能性低聚糖、糖醇等。

功能性低聚糖是一种优良的功能性食品配料，具有低热量、增殖双歧杆菌、改善肠道微生态平衡、预防便秘和腹泻、保护肝功能、促进矿物质吸收、降低血脂等功能，高纯度的产品同时可以应用于糖尿病人食品，应用于焙烤食品具有保湿性好、抑制微生物的生长、延长产品货架期的作用。赤藓糖醇是一种新型天然零热量甜味剂，溶解热很高，入口清凉，耐受性较一般的糖醇要高，抗龋齿，适合糖尿病人并能改善高血糖症状。

脂肪的替代，则主要是通过碳水化合物型模拟脂肪来实现。目前来说类脂肪是一个不错的选择，它具有奶油的外观和口感，但是热量和价格相对于油脂来说却低得多。这些原料都要求热稳定性高，不至于在高温下分解或与其他成分发生反应。

4. 乳品和蛋品

(1) 蛋与蛋制品

常用的有鲜蛋、冰蛋、蛋粉三种，在饼干生产中能提高饼干的营养价值、增加饼干的酥松度以及改善饼干的色、香、味。使用鲜蛋时，最好经过照检、清洗、消毒、干燥。打蛋时要注意清除坏蛋与蛋壳。使用冰蛋时，要将冰蛋箱放在水池边，使冰蛋融化后再使用。

(2) 乳与乳制品

饼干中使用牛乳制品，能赋予饼干优良的风味、提高饼干的营养价值、改进面团的性能、改善饼干的色泽。牛奶要经过滤。奶粉最好放在油或水中搅拌均匀后使用。但是配方中使用乳制品要有适当的限度，过多添加奶粉或甜炼乳以后，会造成面团的黏性过大，生产时会造成粘辊筒、粘印模等弊病。尤其是甜炼乳更会给操作工艺带来困难。

5. 改善饼干风味的其他辅料

饼干中的辅料除糖、蛋、乳制品外，还有食盐、香料与香精、各种天然的果料等。

(1) 食盐

食盐既是调味料，又是面团改良剂。咸饼干中添加食盐，是咸味的主要来源；甜饼干中添加食盐，克服了单纯的甜味，可使饼干的风味更佳。椒盐饼干则是在饼干的表面撒上精制盐，形成口味独特的品种，发酵饼干中除了在发酵面团中添加少量食盐外，将油脂和盐拌和在面粉中形成油酥，在面团辊轧时夹入面皮中，形成风味特脆的夹油发酵饼干。

(2) 香精与香料

目前的饼干配方中，一般都添加香精和香料作增香剂。根据不同的饼干品种选择不同的香精或香料，使饼干具有不同的香味。

高级饼干中一般都添加香料，例如香兰素（俗称香草粉）。此外，饼干中还添加天然的助香剂作香味料，例如洋葱汁、蘑菇汁、腐乳、番茄汁等，使饼干具有天然的香味。

(3) 其他风味物质

饼干中的其他风味料很多，例如可可粉、椰子丝、芝麻、花生、胡桃、葡萄干以及五香粉、味精等调味品，均可使饼干形成独特的风味与滋味。

6. 疏松剂

饼干中常用的疏松剂，分为化学疏松剂与生物疏松剂两种类型。化学疏松剂主要适用于韧性饼干、酥性饼干；生物疏松剂则仅用于发酵饼干。

疏松剂的种类、疏松剂的膨胀力对饼干胀发质量的影响很大。常用的化学疏松剂有碱性疏松剂、酸性疏松剂和复合型疏松剂。但酸性疏松剂不能单独起作用。

(1) 碱性疏松剂

碱性疏松剂又称“膨松盐”，主要是碳酸盐和碳酸氢盐，如碳酸铵、碳酸氢钠（重碱、小苏打）、碳酸氢铵。碱性疏松剂在烘烤过程中受热分解可产生大量的CO_2，从而使饼胚体积膨胀增大。

在饼干生产中，习惯上将碳酸氢铵与碳酸氢钠配合使用，既有利于控制气体不要释放得过快，以获得饼干必要的松软度，也可使饼干内不会有过多的碱性残留物。

使用时，如果碱性疏松剂结块，要先经粉碎，然后用冷水溶解（溶解用水量应计入总加水量），以防止大颗粒直接混入面团而造成胀发不均匀，或者使得烘烤时局部CO_2集中，形成饼干起泡，造成内部“空洞”和表面“黑斑”，影响产品质量。也不得使用热水溶解，防止$NaHCO_3$和NH_4HCO_3受热分解出一部分或大部分CO_2，降低烘烤时的胀发力，影响胀发效果。

(2) 酸性疏松剂

酸性疏松剂也称为“膨松酸”，一般常用的有酒石酸氢钾、硫酸铝钾。酸性疏松剂本身不会产生CO_2，它是与碱性疏松剂反应而生成CO_2气体的。

酸性疏松剂与碱性疏松剂混合使用可使气体缓慢释放，增加产气的长效性，亦能使小苏打全部分解利用，降低碱度，所以，使用时两者的配合要合理，否则，碱性疏松剂过多，会有碱味；酸性疏松剂过多，则会带来酸味，甚至还有苦味。

(3) 复合型疏松剂

复合型疏松剂又称“发酵粉”、“焙粉”，是为了适应各种烘烤的需要而配制的，种类很多。一般由碳酸盐类（钠盐或铵盐）、酸类（酒石酸、柠檬酸、乳酸等）、酸性盐类（酒石酸氢钾、磷酸二氢钙、磷酸氢钙、磷酸铝钠等）、明矾，以及起阻隔酸、碱作用和防潮作用的淀粉等配制而成。

由于复合型疏松剂含有酸、碱两类物质，在水溶液中易发生化学反应而产气，所以使用时应迅速加水搅拌均匀，并立即加入面粉中调制。如果面团放置时间太长，也会因发生了化学反应而达不到预期的起发效果。

7. 面团改良剂

从广义上说，凡是添加数量不多，但能显著改良面团性能，使之更适合工艺需要，达到提高产品质量的一类添加物，都可称为面团改良剂。

(1) 韧性面团改良剂

韧性饼干的面团改良剂主要是酸式焦亚硫酸钠。本品为白色结晶或粉末，有二氧化硫臭气。受潮后易分解释放出二氧化硫，具有强烈的还原性。焦亚硫酸钠与亚硫酸氢钠在一般条件下呈可逆反应，故市售的产品实际上是二者的混合物。

酸式焦亚硫酸钠主要应用于韧性饼干面团中，可降低面筋弹性，增加面团的可塑性，从而达到缩短调粉时间和改良面团的工艺性。我国 GB 2760《食品添加剂使用标准》规定：在饼干内以二氧化硫残留量计算，不得超过 0.05g/kg（焦亚硫酸钠<0.45g/kg）。

(2) 酥性面团改良剂

酥性饼干的配方中糖、油、乳制品、鸡蛋等辅料较多，这些辅料是天然面团改良剂，一般不加化学改良剂。当面团生产时黏性过大可添加大豆磷脂或卵磷脂等天然乳化剂，以降低面团黏性，增加饼干的疏松度，并能改善饼干色泽。

一般大豆磷脂的添加量为面粉量的 0.5%～1%，卵磷脂的添加量为面粉的 1%左右为宜，过多会影响口味。

(3) 发酵饼干面团改良剂

发酵饼干面团具有面包面团的工艺特性，因此，要求有良好的面筋网络结构。如果使用质量好的面粉，在调制面团时需要加发酵面团改良剂，其主要作用是抑制蛋白酶活动和强化面筋。

传统的发酵面团改良剂包括溴酸钾、碘酸钾、过硫酸铵等无机盐。如今，可选用面包发酵添加剂或乳化剂，既方便又效果好。酵母也应改用活性快速干酵母为宜，这种酵母含有面团改良剂与发酵催化剂。

如今的饼干制作工艺上，除了采用上述面团改良剂外，还添加乳化剂作面团改良剂，普遍采用蔗糖酯和分子蒸馏单甘油酯，以提高饼干的酥松度，增加口感，改善面团物理性状，使饼干操作进行顺利。蔗糖酯用量为 0.08%～0.10%，分子蒸馏单甘油酯用量为 0.04%～0.05%。

三、饼干的特性

饼干的外形、尺寸、味道以及质地品种繁多。某些种类的特性往往不适于其他种类的饼干，如某些饼干酥脆、某些比较松软；烘焙时我们想要某些饼干保持原形，而想要另外一些烘焙后自然散开。为了制作出正确特性的饼干，纠正制作过程中的错误，有必要了解饼干的特性及其原理。

1. 脆度

如果饼干的水分含量低，脆度就会提高。影响脆度的主要因素如下。

① 饼干面团中的水分含量低，多数脆度较高的饼干是用浓稠的面糊制成。

② 糖与油脂含量高：糖和油脂的比例高，会使水分含量低的面团易于操作。

③ 烘焙时间足够长，可以蒸发掉大部分水分。

④ 饼干尺寸较小，且厚度较薄，烘焙时易于干燥。

⑤ 注意正确储存，质地酥脆的饼干会因吸收水分而变软。

2. 柔软度

柔软度与脆度导致的原因正好相反。影响柔软度的主要因素如下。

① 面团中水分含量高。

② 低糖和低油脂。

③ 配方中含有蜂蜜、糖浆或玉米糖浆。这些材料均具有吸湿性，也就是说，它们能够从空气或周围环境中吸收水分。

④ 烘焙时间短。

⑤ 饼干尺寸较大或是较厚，这样会保持更多的水分。

⑥ 注意正确储存，如果没有将质地较软的饼干予以密封或包装，饼干则会变干甚至变味。

3. 嚼劲

对于嚼劲来说，水分是必需的，但其他因素也不可缺少。换句话说，所有具嚼劲的饼干都较柔软，但质地柔软的饼干并不都具有嚼劲。影响嚼劲的主要因素如下。

① 糖分、液体含量高，油脂含量低。

② 鸡蛋含量高。

③ 使用强性面粉，搅拌时形成面筋。

4. 延展

某些饼干需要在烘焙过程中自然延展，而另一些则需要保持其形状。导致延展或延展不足的因素如下。

① 糖　糖含量高有利于增强其延展能力。粗粒砂糖能促进延展，而精致砂糖则相反。

② 膨胀　小苏打或大起子含量高会增加延展效果。

③ 乳化　乳化油脂和糖的过程中所混入的空气具有膨胀作用。乳化程度高有助于延展。相反，只将油脂和糖和成一个面团（没有乳化进大量空气）会降低延展程度。

④ 温度　烘焙时，温度较低会增加延展能力；反之，温度较高则会降低其延展能力。因为饼干在完全延展前已经定型。

⑤ 液体　稀面糊，也就是含有大量水分的面糊，要比稠面糊的延展能力强。

⑥ 面粉　强性面粉或面筋会降低其延展能力。

⑦ 烤盘涂油　饼干置于涂了较厚重油的烤盘上烘焙时，其延展效果会更好。

四、饼干生产的现状及发展趋势

饼干是除面包外生产规模最大的焙烤食品之一，有人把它列为面包的一个分支，因为饼干一词来源于法国，称为 Biscuit。法语中 Biscuit 的意思是再次烘烤的面包的意思，所以至今还有的国家把发酵饼干称为干面包。由于饼干在食品中不是主食，于是一些国家把饼干列为嗜好食品，属于嗜好食品的糕点类，与点心、蛋糕、糖及巧克力等并列，这是商业上的分类。从生产工艺来看，饼干应与面包并列属焙烤食品。饼干这一名称在国外有种种叫法，例如法国、英国、德国等称为 Biscuit，美国称为 Cookie，日本将辅料少的饼干称 Biscuit，而把脂肪、奶油、蛋和糖等辅料多的饼干称为 Cookie。饼干的其他称呼还有 Cracker、Puff Pastry（千层酥）、Pie（派）等。

饼干在国内、国外都很受人们的喜爱，因此，各国都很重视饼干的生产。近年来，饼干的配方和生产工艺都有了很大改进，特别是在制作工艺上，由于采用了大容量自动式调粉机、摆动式和辊印式以及二者相结合的辊切式成型机，再加上各种挤条、挤花、挤浆成形机的大量出现，远红外电烤炉和超导节能炉的普遍应用，使饼干的生产在质量、花色品种和产量上都有了大幅度地改进和提高。在遍布全国的食品市场中，丰富多彩的饼干十分抢眼。饼干市场的繁荣，反映出我国饼干行业稳步而快速发展的现实。饼干业已成为我国食品行业中的一个亮点。

1. 饼干的国际发展动态

今天，随着基础科学的飞速发展，新技术不断涌现，具有100多年起落兴衰历史的国际饼干工业，在饼干的花色品种、饼干生产机械化与联动化上都有高度发展，有的国家已经使用计算机管理饼干工业生产。

（1）花色品种多样化

国际饼干工业比较发达的国家有英国、美国、原西德和日本等国。驰名于世的饼干工厂有英国的夹可白饼干公司、日本的明治制果企业、丹麦的凯德逊饼干公司等。饼干的花色品种至今已发展到上千种之多，主要品种有硬性饼干、软性饼干、苏打饼干、起酥饼干、华夫饼干、夹心饼干、巧克力涂挂饼干等。近年来，由于欧美人顾忌胆固醇与肥胖病，重油重糖的曲奇饼干的销售呈下降趋势，低油低糖的高蛋白粗饼干受到人们的欢迎，特别是天然蔬菜或果汁制成的饼干更为走俏，开发天然营养植物性的饼干新品种成了各国研究的新课题。

（2）原料供应专业化

制作饼干的三大要素原料是小麦面粉、油脂与疏松剂。

① 小麦面粉　当今国外对制作饼干用的小麦面粉已不再添加面团改良剂来改善其特性，而是以自然面筋调剂为主。这主要考虑到使用面团改良剂会对食品产生污染。国外使用小麦面粉气流分级机械设备，它能将小麦面粉分离出不同蛋白质含量和细度的面粉，然后根据焙烤制品对小麦粉的品质要求，配制出饼干专用粉、面包专用粉、馅饼专用粉、面条专用粉等，从而保证了饼干品质的稳定。

② 油脂　人造奶油是在1870～1871年普法战争时期发明的。植物性起酥油一直被饼干生产所采用，对饼干的疏松性与稳定性都有很大的好处。目前，国际上用于制作饼干用的起酥油种类规格很多，除了常规使用的塑性块状起酥油、粉状起酥油外，为了适应饼干生产的工业自动化、管道化大型生产的需要，科研人员发明了适合现代饼干业要求的液态饼干专用的起酥油。

③ 疏松剂　除了低档饼干仍采用传统的饼干疏松剂碳酸氢钠与碳酸氢铵外，大部分饼干的品种都采用复合化学疏松剂，例如碳酸氢钠与酸式盐混合成的疏松剂。美国在20世纪70年代就已研究成功一种反应缓慢而发气量很大的疏松剂，其中有一种疏松剂是用2份磷酸铝钠与23份碳酸氢钠混合配制成的，可以在饼干面团中产生23份二氧化碳，使制成的饼干疏松而特脆，而且食品中残留物无毒。

（3）机械设备联动化

随着工业与科学技术水平的发展，国际饼干工业已经形成了现代化工业生产体系，然而，韧性饼干与酥性饼干的加工工艺，自20世纪30年代定型以来，基本上没有什么重大的变化。到了20世纪60年代以后，英国的饼干科研人员对甜酥性饼干制作工艺突破了湿面团加工的传统工艺，提出了曲奇饼干的干面团连续加工法新工艺。丹麦的饼干科研人员对高油脂的曲奇饼干制作发明了冷冻调粉新工艺，取得了良好的效果，是饼干史上的重大进展。

饼干的焙烤工艺对分段理论有了新的认识。以往各国都认为：饼干的焙烤阶段是经过起发、成熟、上色，分为三个阶段。现今，提出了起发、定型、脱水成熟、上色，分为四个阶段的新观点，使饼干的焙烤更为合理，产品的质量也更为稳定。

饼干焙烤成熟以后，以往各国都采取先冷却后整理、包装的工艺流程。如今，国外先进的饼干公司为了防止饼干的冷却后整理会增加饼干破碎率的弊病，改变成先整理后冷却的新工艺，这是一个可以提高经济效益的重大改进。

由于工艺发展上的要求，对生产饼干的机械设备也提出了新的要求，为此，国外又出现了饼干设备的改革。

① 调粉机　为了适应连续化大型生产的要求，饼干面团的软硬度必须符合标准的要求，保证饼干批量生产均能符合质量标准。因此调粉机的容量加大，目前，最大容量的调粉机一次可调制小麦粉量850kg，并在调粉机的搅拌桨上安置了热敏传感器，当面团搅拌到达预定要求的温度时，可以自动切断调粉机的电源开关。将调制好的面团自动倾倒出料。有的还要安装定时控制仪，按工艺设计的要求，调粉机能自动按预定的要求控制转速，分为高速、中速、低速。调粉机的面缸内一般均装有金属自动检测仪，发现有金属杂质混入原料中，就会立即自动停止喂料，机械发出警报信号和停机。

② 成形机　国外普遍向多用成形机发展，一般都采用辊印、滚切、层叠、挤射、钢丝切割等用途组合成一体的新型饼干机械，面片厚度的控制采用电子报警仪，使操作者能及时纠偏，减少次品，保证生产的顺利进行。

③ 烤炉　国外焙烤饼干的烤炉炉体一般为120m长，因此，焙烤成熟的饼干品质优良。这种电烤炉的最大优点是在烤炉的前区和后区各安置一个热敏元件，达到控制炉膛内温度的目的，温差则通过电子装置自动进行控制与调节，从而保证了整批饼干焙烤的色泽均匀一致性。

④ 包装　国外饼干规格一般采用体积计量，严格控制饼干的扩散度，使饼干的厚薄、重量规格一致，包装材料采用聚乙烯、铝箔、纸复合包装与吸塑包装，称重、装袋、封合全部联动化，熟制品不经人手防止了二次污染，生产既卫生又高效率。

(4) 经营管理科学化

国外已经把电子计算机应用于饼干工业中，生产原辅料多数采用散装运送储存系统，原料从产地或货船用散装集运车运入工厂，采用正压风送系统送入储罐，以布袋过滤器排风，旋风分离器收集原料。各种原辅料通过打孔纸带或打孔卡片输入储器与译码自动配料、调制面团，电子计算机同时应用到饼干工厂仓库进出仓管理。饼干生产已达到自动配料、调制面团、机械成形、焙烤、包装入库、储藏、出库，全部采用机械联动化。

2. 我国饼干市场发展动态

机制饼干生产在20世纪30年代初引进我国，过去只在上海、沈阳等地的外商企业生产机制饼干，我国人民自己办的饼干工厂都是手工作坊，经历半个世纪的建设与改造，我国各省市都有了机制饼干厂。进入20世纪80年代中期以来，饼干生产规模、设备和工艺技术进入蓬勃发展的时代。

近几年来，我国饼干业除了引进一批国外饼干生产线，国内也仿造了一批生产线，为饼干质量的提高打下了基础。特别是在工艺技术方面有了一个崭新的发展，已创造出一种半发酵的混合工艺。这种工艺的出现不能不说是跨时代的创新，也可以说是工艺上经历了一场革新。这种工艺是自然选择和优胜劣汰的结果，使东南亚的工艺技术突破了欧洲相传的老框架，从工艺上开始领先于欧洲，成为独树一帜的新格局。与此同时，新颖的食品添加剂也广泛应用于工业生产中。

由于工艺技术上的突破，各种花色品种也有了长足的发展，例如表面处理产品、新型夹心产品和饼坯中果料的混合产品等，使产品的档次逐渐升格，顺应了消费结构变化的需要，成为食品结构普遍老化的特定阶段中呈现出来的一枝独秀的产品，包装方面也有较大的变化，产品从散装发展成多种规格的小包装，材料从单一的聚乙烯或聚丙烯改为多种薄膜，使产品的保存性能、卫生条件大为改观，破碎减少，图案色彩琳琅满目，大大提高了商品的宣传效果，产品也从自我消费走向礼品化。

今后的发展趋势如下所述。

(1) 薄、脆，异型和不同口味品种

轻薄、酥脆、造型诱人的饼干受消费者偏爱。要求入口不腻，咀嚼不黏，食用方便，容易消化。异型饼干如粒形、几何形、圈形、字体形等受到儿童的欢迎。不同口味品种也有潜力，除了咸、甜、淡味饼干外，各种椒盐、麻辣、卤味、腊味、怪味的饼干，也能够迎合不同消费者的需要，因而也能占有一席之地。

(2) 营养保健型饼干

随着人民生活水平的提高，人们越来越注意食品的营养与保健成分。加锌、钙、铁等强化饼干，低糖低盐低脂肪饼干，含滋补成分的药食同源的功能性饼干，高纤维、花粉、蜂乳等保健饼干，以及糙米、杂粮、豆类、胚芽等新型饼干均有待开发。

(3) 包装的改进

纸盒、铁盒已不再满足需要，目前流行的单层软袋和双层外软里硬塑料袋也将为新的锡纸、铝箔、纸塑复合包装替代，规格也不限于500g，更小型的包装由于方便携带，随用随拆，将会更加受到欢迎。

任务3-1 韧性饼干生产

学习目标

- 掌握韧性饼干加工工艺流程和操作要点。
- 能进行韧性面团调制。
- 掌握影响面团调制的因素。
- 处理韧性饼干加工中出现的问题并提出解决方案。
- 掌握韧性饼干质量标准。

【知识前导】

韧性饼干在国际上被称为硬质饼干，一般采用中筋面粉制作，而面团中油脂与白砂糖的比率较低，为使面筋充分形成，需要较长时间调粉，以形成韧性极强的面团。这种饼干表面较光洁，花纹呈平面凹纹型，通常还带有针孔。其香味淡雅，质地较硬且松脆，饼干的横断面层次比较清晰。

国家统计局对规模以上企业的统计数据为：2015年我国饼干产量达到903万吨，主营业务收入1806.53亿元，利润总额132.11亿元，出口交货值21.46亿元。通过以上数据显示：近年来，我国饼干行业规模不断扩大，行业发展快速，市场潜力巨大。在我国，饼干原来似乎只是一种儿童食品，但如今这一情况正在发生变化，据有关机构实际调查，目前在饼干消费中70%左右的为成年人购买，而对韧性饼干的消费则比这个比例更高。与其他休闲食品相比饼干具有更强的冲击功能：既可当早点，又可充当两餐之间的休闲小食品。韧性饼干作为饼干中的一大类，品类众多，如牛奶饼干、香草饼干、蛋味饼干、玛利饼干、波士顿饼干等，其未来的发展前景十分乐观。当今，人们越来越重视休闲食品的营养及健康，所以低脂健康产品将成为饼干市场的主流，具有很大的市场潜力，将会带动地方的经济发展和社会发展。

(1) 韧性饼干配方

韧性饼干的典型配方见表 3-2。

表 3-2　各种韧性饼干配方实例　　单位：kg

原料	蛋奶饼干	玛利饼干	波士顿饼干	白脱饼干	字母饼干	动物、玩具饼干
小麦粉	100	100	100	100	100	100
白砂糖	30	28	24	22	26	18
饴糖	2	3	5	4	2	6
精炼油	18	7				
磷脂	2				2	2
猪板油		7	14	5		2
人造奶油				10		
植物油					10	8
鸡蛋	6	8	4	2		
奶粉	3	2				
香蕉香油					100mL	
香兰素	0.025	0.002	0.002			
柠檬香油						80mL
鸡蛋香油		100mL				
香草香油			80mL			
白脱香油				100mL		
食盐	0.5	0.3	0.3	0.4	0.25	0.25
碳酸氢钠	0.8	0.8	0.8	1	1	1
碳酸氢铵	0.4	0.4	0.4	0.4	0.6	0.8
抗氧化剂 BHT①	0.002	0.002	0.001	0.002	0.002	0.002
柠檬酸	0.004	0.004	0.002	0.004	0.004	0.002
酸式焦亚硫酸钠			0.003	0.004	0.003	0.003

①BHT，即 2,6-二叔丁基-4-甲基苯酚。

(2) 韧性饼干生产工艺流程

韧性饼干生产工艺流程如图 3-1 所示。

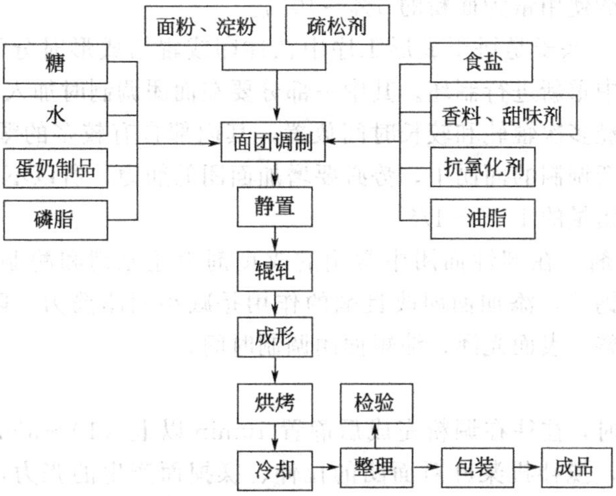

图 3-1　韧性饼干生产工艺流程

学习情境三　饼干生产

【生产工艺要点】

(1) 韧性面团的调制

韧性面团俗称“热粉”，这种面团要求具有较强的延伸性、适度的弹性，柔软、光润，并要有一定程度的可塑性。

韧性面团调制时要控制好以下两个阶段：第一阶段，是使面粉在适宜的条件下充分胀润；第二阶段，是要使已形成的面筋在机桨不断撕裂、切割和翻动下，逐渐超越其弹性限度而使弹性降低，面筋吸收的水分部分析出，面团变得较为柔软，具有一定的可塑性。

① 投料顺序　各生产厂调制方法各有不同，一般是将油、磷脂、糖、乳等辅料加热水或热糖浆在搅拌机中搅拌均匀，再加面粉进行面团的调制。如使用改良剂应在面团初步形成时加入，然后在调制过程最后加入疏松剂和香料，40min 左右即可调制成韧性面团。最后加入疏松剂和香精是为了减少挥发损失。

② 韧性面团调制时的影响因素

a. 加水量的掌握　韧性面团通常要求面团比较柔软，加水量要根据辅料及面粉的量和性质来适当调整，一般加水量为面粉的 18%～24%。

b. 面团温度的控制　由于韧性面团的调粉，搅拌强度大、搅拌时间长，搅拌过程中机械与面团及面团内部之间的摩擦，将产生较多的热量，而使面团温度升高，如不注意预防，则有可能超过 40℃，因此韧性面团俗称热粉。较高的温度虽然有利于面筋的形成，缩短搅拌时间，但也容易使疏松剂在温度高的情况下提前分解，影响焙烤时的胀发率。温度过低，则面筋的形成、扩展不易进行，使搅拌时间增长。所以一般要控制温度在 38～40℃。

要达到适宜的面团温度，在夏天需用温水调面，冬天一般是使用热水（85～95℃的糖水）直接冲入面粉中，这样不仅可增加面团温度，而且能使面粉中的一部分蛋白质变性，以此来降低湿面筋的形成量，促进弹性的降低，同时也使面团温度保持在适当范围。

c. 淀粉的添加　调制韧性面团，通常需添加一定量的淀粉。其目的除了淀粉是一种有效的面筋浓度稀释剂，有助于缩短调粉时间，增加可塑性外，在韧性面团中使用，还有一个目的就是使面团光滑，降低黏性。这是因为调粉时面团由于面筋结构被破坏，一部分水会从面筋分子间漏出附在面团表面，使得面团再次发黏。而淀粉的存在，则可以吸收这些游离水，避免表面发黏。但使用量过大，则会使面筋过于软弱，包容气体的能力下降，胀发率减弱，破碎率增加。一般使用量为面粉的 5%～10%。

d. 头子的添加量　头子是饼干成形工序中在冲印或辊切成形时分下来的面带部分。头子应返回到前道工序中重新进行制坯。其中一部分要在面团调制时加入，另一部分要在辊轧面带时加入。头子因经多次辊轧和较长时间放置，其内部含有较多的湿面筋，弹性也较大。如果把头子大量加入新调制的面团中，势必要增加面团的筋力，所以不可过多使用。头子的加入量必须控制在面团量的 1/10～1/8。

e. 添加面团改良剂　在韧性面团中常用的改良剂为还原剂和酶制剂，如亚硫酸氢钠、焦亚硫酸钠、亚硫酸钙等，添加面团改良剂的作用是减小面团筋力，降低弹性，增强可塑性，使产品的形态完整、表面光泽，缩短面团调制时间。

(2) 面团的静置

当面团强度过大时，往往在调粉完成后静置 10min 以上（10～30min），其作用主要是消除面团调制过程中，搅拌机桨叶对面团的拉伸、揉捏而产生的张力，还可降低面团的黏性。这种张力如果不消除，易使成品变形或破裂。因此，只要将面团放置一段时间，其张力就自然降低。

(3) 面团的辊轧

辊轧就是将调粉后面团的杂乱无序的面筋组织，经过反复辊轧，变为层状的均整化的组织，并使面团在接近饼干坯薄厚的辊轧过程中消除内应力。它不仅是冲印成形的准备工序，而且是防止成形后饼干收缩变形的必要措施。

韧性面团的操作方法极不统一，有经辊轧，亦有不经辊轧直接压片者，但按照质量要求来看，应以前者为佳。韧性面团辊轧次数，一般需要 9～13 次，辊轧时多次折叠并旋转 90°角，通过辊轧工序以后，面团被压制成一定厚薄的面片。在辊轧过程中假定不进行折叠与 90°角的旋转，则面片的纵向张力超过横向张力，成形后的饼干坯会发生纵向收缩变形。因此，当面片经数次辊轧，可将面片转 90°角，进行横向辊轧，使纵横两向的张力尽可能地趋于一致，以便使成形后的饼干坯能维持不收缩、不变形的状态（图 3-2）。在辊轧时为了防止粘辊，往往撒上些面粉，要注意不能使面粉撒得过多或不均匀，否则，由于面粉夹在辊轧后的层次中降低了面带上下层之间的结合力，在炉内烘烤时会形成起泡现象。

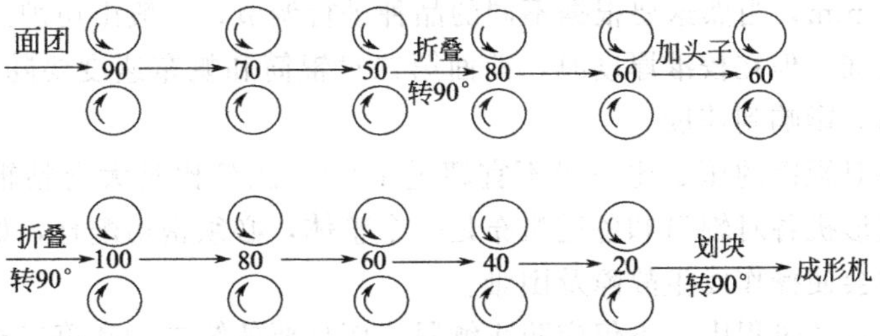

图 3-2　韧性饼干的辊轧过程

图中数据为面团厚度，单位为 mm

(4) 韧性饼干的成形

韧性饼干采用冲印机冲印成形。冲印成形是一种将面团辊轧成连续的面带后，用印模将面带冲切成饼干坯的成形方法。目前仍是我国各饼干厂使用最为广泛的一种成形方法。这种成形方法能够适应多种大众产品的生产，如韧性饼干、酥性饼干、苏打饼干等。

冲印成形的基本过程（图 3-3）是，将已经配料调制好的面团，先经过辊轧机初步轧辊，使其成为 60～100mm 厚的扁面块（也有些食品厂不经辊轧，而直接将大面团撕成小面块），然后，由冲印饼干机第一对轧辊前的帆布输送带把面块送入机器的压片部分，经过一对、两对或三对旋向相同轧辊的连续辊轧，形成厚薄均匀一致的面带，随后再经帆布输送带送入机器的冲压成形部分，通过冲模冲印，产生带有花纹的饼干生坯和余料（俗称头子）。冲印成形后的面带继续前进，经过拣分部分（也称提头、分头子），将饼干生坯与余料分离。饼坯由输送带排列整齐地送到钢带、网带或烤盘上，而烤盘由链条输送到烤炉内，进行烘烤。余料则经专门的输送带（也称回头机）送回辊轧机，再进行辊轧。

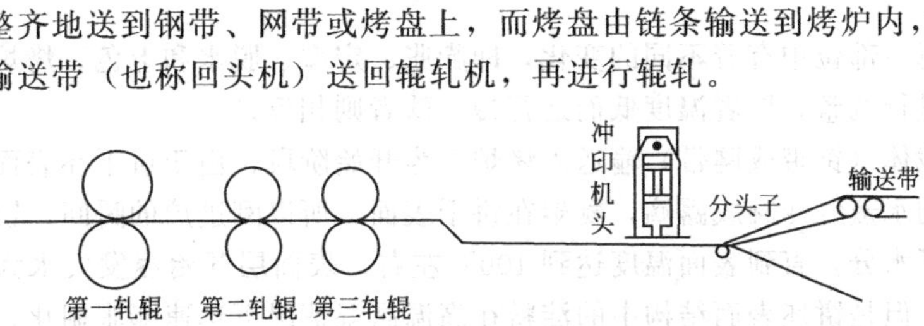

图 3-3　冲印成形机工作示意图

冲印成形操作要求十分高，必须使皮子不粘辊筒、不粘帆布，冲印清晰，头子分离顺利，落饼时无卷曲现象等。

成形机的第一对辊筒直径必须大于第二、三对辊筒，其直径一般为200～300mm，这样能使辊筒的剪压力增大，即使是比较硬的面团亦能轧成比较致密的面带，由成形机返回的头子应均匀地平铺在底部，因为头子多次受辊筒辊压，结构比较紧密，且因面团轧成薄片后，表层水分蒸发，使它比新鲜面团干硬，摊在底部会使面带不易粘帆布。在发现粘辊时，表面可撒少许面粉或加些液体油。如发现冲印后粘帆布时，可在第一对辊筒前的帆布上刷上薄薄一层面粉。辊筒必须有刮刀，使其在旋转中自行刮清表面的粉层，防止越积越多造成面带不光和粘辊。同样，辊筒本身的加工要求有较高的光洁度和硬度，即使遇到较硬的金属，也不至于轧坏辊筒，这也是使面团表面光润的条件之一。辊筒运转速度与面团堆积厚度及面团硬度有关，并且与第二道帆布及第二对辊筒的运转速度有关，要随时加以调节，保证面带不被拉断或拉长，亦不致重叠涌塞，破坏皮子的合理压延比和结构。辊轧韧性面团时，如果几道辊筒间的面带绷得太紧，将会使其纵向张力增强，造成冲印后的饼坯在纵方向收缩变形。

面带通过第二对辊筒后厚度为10～12mm，此时面带已比较薄，在运转中要防止其断裂。在面团软硬有变时特别要注意，如果需要，此时尚可适量使用撒粉。第三对辊筒轧成的面带厚度为2.5～3mm，当然这要根据不同的品种进行调节，一般由司炉人员根据饼干规格的检测随时加以校准。但在校准厚度时，前面第二对辊筒和帆布速度要随时做相应的调节，否则由于厚薄不匀会影响到速度。

韧性面团在各对辊筒的压延比一般不宜超过1∶4。压延比过大会粘辊筒，面带表面粗糙，易粘模型。成形机各对辊筒和各道帆布是一个整体，必须密切配合，如果其中有一个环节协调得不好，便会使操作发生故障及困难。

在面带压延和运送过程中，不仅应防止绷紧，而且要使第二对和第三对辊筒轧出的面带保持一定的下垂度，以使压延后产生的张力消除，否则，就易变形。在第三对辊筒后的小帆布与长帆布交替处，要使之形成波浪形折皱状，使经过三对辊筒压延后的面带消除纵向张力，防止其收缩变形。让折皱的面带在长帆布输送过程中自行摊平，再进行冲印成形。

面带经毛刷扫清面屑和不均匀的撒粉后即可冲印。韧性饼干面团弹性大，烘烤时易产生表面起泡，底部凹底，即便采用网带或镂空铁板，亦只能解决饼坯凹底而不能杜绝起泡，所以，印模上必须设有针柱，以使饼干上产生针孔，从而改善生坯的透气性，减少气泡的形成。

(5) 韧性饼干的烘烤

成形机制出饼坯后，要进入烘烤炉烘烤成饼干。小规模工厂多采用固定式烤炉，而大型食品工厂则采用传动式平炉。平炉采用钢带、网带为载体。传动式平炉一般长40～60m。根据烘烤工艺要求，分为几个温区，前部位为180～200℃，中间部位为220～250℃，后部位为120～150℃。

饼干坯在每一部位中有着不同的变化，即膨胀、定型、脱水和上色。烤炉的运行速度要根据饼坯厚薄进行调整，厚者温度低而运行慢，薄者则相反。

饼干坯由载体（钢带或网带）输送入烤炉后为开始阶段，由于饼干坯表面温度低，使炉内最前面部分的水蒸气冷凝成露滴，凝聚在饼干表面，所以刚进炉的瞬间，饼干坯表面不是失水而是增加了水分，直到表面温度达到100℃左右，表面层开始蒸发失水为止。虽然吸湿作用是短暂的，但是饼坯表面结构中的淀粉在高温高湿情况下迅速膨胀糊化，使烘烤后的饼干表面产生光泽。

冷凝阶段过后，饼干坯很快进入膨胀、定型、脱水和上色阶段。

在烘烤过程中，饼坯的水分变化可以分为3个阶段。

第一阶段为变速阶段，时间约为 1.5min，水分蒸发在饼坯表面进行，高温蒸发层的蒸汽压力大于饼坯内部低温处的蒸汽压力，一部分水分又被迫从外层移向饼坯中心。这一阶段，饼坯中心的水分可增加 1%～1.5%，所排除的主要是游离水。

第二阶段为快速烘烤阶段，约需时间 2min。水分蒸发面向饼干内部推进，饼干坯内部的水分层逐层向外扩散。这个阶段水分的蒸发速度基本不变，这一阶段水分下降的速率很快，饼坯中大部分水分在此阶段散逸，主要是游离水，还有部分结合水。

第三阶段饼坯的温度达到 100℃以上。这个阶段属于恒速干燥阶段，水分排出的速度比较慢，排除的是结合水。饼干烘烤的最后阶段，水分的蒸发已经极其微弱，此时的作用是使饼干上色，使制品获得美观的棕黄色。

在烘烤过程中，影响水分排出的因素有：炉内相对湿度、温度、空气流速及饼干厚度等。炉内相对湿度低有利于水分蒸发，但在烘烤初期相对湿度过低会使饼干表面脱水太快，使表面很快地形成一层外壳，造成内部水分向外扩散的困难，影响饼干的成熟和质量。因此，增加炉内的相对湿度有利于饼干的烘烤。

炉内空气流速大，方向与饼干垂直有利于水分蒸发。

饼干的水分含量高，干燥过程较慢，烘烤时间相对比较长。糖油辅料少、结构坚实的面团比糖、油等辅料多的疏松面团难以烘烤。

饼干厚，内部水分向外扩散慢，需要长时间烘烤，表面易焦煳。因此，厚饼干需要进行低温长时间烘烤。

饼坯的形状和大小也影响着烘烤速度。在其他条件相同的情况下，饼坯比表面积的值越大，烘烤的速度越快，最理想的形状是长方形。

饼坯在网带上或烤盘上排列越稀疏，接收热量越多，水分蒸发越快，反之则接受热量越少，水分蒸发越缓慢。为了提高烘烤速度和保证成品质量，饼坯应排列均匀，满带或满盘烘烤。

固定式烤炉的烘烤温度一般选择在 220～240℃，烘烤时间 3.5～5min，饼坯厚度在 2～3mm。

(6) 冷却

饼干冷却也是饼干生产的重要工艺操作过程。饼干的冷却方式、冷却时间及冷却带长度对饼干质量的影响很大。饼干刚出炉时的表面温度可达 180℃，中心层温度约 110℃，必须冷却到 38～40℃才能包装。如果趁热包装，不仅饼干易变形，而且会加速饼干中油脂的氧化，使饼干迅速酸败变味，缩短饼干的保藏期。

在冷却过程中，饼干水分发生剧烈的变化。饼干经高温烘烤，水分是不均匀的，中心层水分含量高，为 8%～10%，外部的水分含量低。冷却时内部水分向外转移，随着饼干热量的散失，转移到饼干表面的水分继续向空气中扩散，5～6min 后，水分挥发到最低限度；之后的 6～10min 属于水分平衡阶段；再后饼干进入吸收空气中水分的阶段。但上述数据并不是固定的，它随着空气的相对湿度、温度以及饼干的配料等发生变化，因此，应该按照上述不同因素来确定冷却时间。根据经验，当采用自然冷却时，冷却传送带的长度为炉长的 1.5 倍时才能使饼干的温度和水分达到规定的要求。

饼干不宜用强烈的冷风冷却，否则容易发生破碎。因为如果降温迅速，热量交换过快，水分急剧蒸发，饼干内部就会产生较大内应力，在内应力的作用下，饼干出现变形，甚至出现裂缝。所以，饼干出炉后不能骤然冷却，同时也要避免以强烈通风的方法使饼干快速冷却。

(7) 包装

饼干冷却到一定程度以后，就要及时包装入箱，一般温度控制在40℃以下为宜。饼干从工厂出厂后，转入流通领域，历经各种流通环节的考验，主要包括运输、搬运、储存和销售等环节。在流通过程中，饼干受到人为的和大气环境因素的影响，促使其质量恶化，因此，对饼干进行妥善的包装，将会给生产者、储运者、销售经营者和消费者带来很大的方便和利益。

所有类型的饼干的共性是相对湿度很低，必须防止它们从大气中吸收水分，需要选用高度防潮性能的包装材料。同时，多数的饼干含有脂肪，因此，包装材料的耐油脂性能要好，而且应该遮光，以防光线照射，引起饼干褪色和促进油脂的氧化。此外，饼干的包装材料应能适应自动包装机操作性能的要求，并能保护酥脆的饼干不至于压碎。包含果浆的饼干容易长霉，包含果仁的饼干容易产生酸败，都应分别加以防护。

【质量标准】

(1) 感官指标

韧性饼干的形态、色泽、组织、滋味与口感等感官指标见表3-3。

表3-3 韧性饼干的感官指标

项目	要求
形态	外形完整，花纹清晰或无花纹，一般有针孔，厚薄基本均匀，不收缩，不变形，无裂痕，可以有均匀泡点，不应有较大或较多的凹底。特殊加工品种表面或中间允许有可食颗粒存在(如椰蓉、芝麻、砂糖、巧克力、燕麦等)
色泽	呈棕黄色、金黄色或品种应有的色泽，色泽基本均匀，表面有光泽，无白粉，不应有过焦、过白的现象
组织	断面结构有层次或呈多孔状
滋味与口感	具有品种应有的香味，无异味，口感松脆细腻，不粘牙
冲调性	10g冲泡型韧性饼干在50mL 70℃温开水中应充分吸水，用小勺搅匀后应呈糊状

(2) 理化指标

韧性饼干的理化指标见表3-4。

表3-4 韧性饼干的理化指标

项目		韧性饼干		
		普通型	冲泡型	可可型
水分/%	≤	4.0	6.5	4.0
碱度(以碳酸钠计)/%	≤	0.4	0.4	
pH				8.8

(3) 微生物指标

韧性饼干的微生物指标见表3-5。

表3-5 韧性饼干的微生物指标

项目		非夹心饼干	夹心饼干
菌落总数/(CFU/g)	≤	750	2000
大肠菌群/(MPN/100g)	≤	30	
霉菌计数/(CFU/g)	≤	50	
致病菌(沙门菌、志贺菌、金黄色葡萄球菌)		不得检出	

【生产案例】

一、韧性饼干的制作

1. 主要设备与用具

和面机、压片机、成形机、烤炉、面筛、台秤、烤盘等。

2. 配方

配方见表3-6。

表3-6 韧性饼干配料表

原辅料名称	质量/g	烘焙百分比/%
低筋面粉	700	100
鸡蛋	1000	143
植物油	70	10
糖粉	700	100
食盐	10	1.4
疏松剂	7	1
芝麻	适量	
香草香精	少量	

3. 工艺流程

原辅料处理→面团调制→静置→辊轧→成形→烘烤→冷却→分级→成品

4. 操作要点

① 面团调制　先将油脂、糖、蛋等辅料与热水在和面机中搅拌均匀，再加小麦粉进行面团的调制，然后在调制过程中分别加入疏松剂与香精，继续调制。前后25min以上，即可调制成韧性面团。

② 静置　韧性面团调制成熟后，必须静置10min以上，以保持面团性能稳定，才能进行辊轧操作。

③ 辊轧　韧性面团辊轧次数一般需要9～13次，辊轧时多次折叠并旋转90°。通过辊轧工序以后，面团被压制成厚薄均匀、形态平整、表面光滑、质地细腻的面带。

④ 成形　经辊轧工序轧成的面带，经冲印或辊切成形机制成各种形状的饼坯。

⑤ 烘烤　韧性饼坯在炉温240～260℃，烘烤3～5min，达到成品含水量为2%～4%。

⑥ 冷却　烘烤完毕的饼干，其表面层与中心部位的温度差很大，外表温度高，内部温度低，热量散发迟缓。为了防止饼干出现裂缝与外形收缩，必须冷却后再包装。

二、南瓜饼干的制作

1. 主要设备与用具

打浆机、和面机、压面机、烤炉、面筛、台秤、烤盘等。

2. 配方

配方见表3-7。

表 3-7 南瓜饼干配料表

原辅料名称	质量/g	烘焙百分比/%
低筋面粉	10000	100
白砂糖	1500	15
黄油	1000	10
南瓜	3500	35
食盐	100	1
玉米淀粉	500	5
小苏打	7	0.07

3. 工艺流程

① 南瓜浆的制作工艺流程

选料→清洗→去皮、籽、瓤→切块→蒸煮→搅拌、打浆→备用

② 南瓜饼干制作工艺流程

南瓜浆

↓

原辅料处理→面团调制→静置→辊轧→成形→烘烤→冷却→分级→成品

↑

黄油、白砂糖、食盐、玉米淀粉、小苏打

4. 操作要点

① 原辅料处理　南瓜洗净去皮切块，去籽、瓤，蒸煮 12～15min 后转移至打浆机进行破碎处理，使南瓜组织呈均匀糊状，盛好备用。

② 面团调制　先将小麦粉、白砂糖、食盐、小苏打、玉米淀粉等原料置于和面机混合均匀；然后加入黄油及水调成面团，调至面团状态为具有适度的弹性和塑性，撕开面团，其结构如牛肉丝状。最后控制面团温度为 20℃ 静置 20min 以消除面团内应力，改善并提高面片工艺性能和饼干质量。

③ 辊轧、成形　用压面机辊轧调制已揉好的面团来回 8～9 次，然后按合适的厚度辊轧成形，最后用刀切片，装入准备好的烤盘中。

④ 烘烤　将烤箱面火温度控制为 180～200℃、底火温度控制在 130～150℃，放入烤盘后，使饼干烤至表面呈均匀的金黄色为止。将烘烤成形的饼干冷却至室温，剔除不合格的饼干，即可得成品。

三、松脆饼干的制作

1. 主要设备与用具

和面机、压片机、成形机、烤炉、面筛、台秤、烤盘等。

2. 配方

配方见表 3-8。

表 3-8 松脆饼干配料表

原辅料名称	质量/g	烘焙百分比/%
标粉	100000	100
转化糖	4000	4

续表

原辅料名称	质量/g	烘焙百分比/%
酒石酸氢钾	1400	1.4
砂糖	18000	18
小苏打	700	0.7
猪油	5000	5
木瓜蛋白酶	60	0.06
棕榈油	10000	10
淀粉	8000	8
盐	200	0.2
蛋白糖	250	0.25
磷脂	1000	1
奶油	50	0.05
柠檬酸	10	0.01

3. 工艺流程

原辅料选择→预处理→配料→搅拌→加面粉→调粉→静置→辊轧→成形→烘烤→冷却→整理→成品

4. 操作要点

① 选料　注意选择优质、无杂质、无虫、不结块的原料。辅料应符合食用级标准。防止失效和假冒伪劣产品混入。

② 预处理　按前述原辅材料准备的要求操作。面粉在使用前最好过筛，剔除线头、麸皮及其他异物。

③ 加水量　一般要求为18%～20%，但实际操作中油和转化糖用量经常改变，应随时调整加水量。

④ 调粉　将各种原辅材料按照配方和操作要求配合好，然后放在和面机中搅打成合适软硬度的面团。该面团是在面筋蛋白质充分吸水胀润的条件下进行调制的，油和糖的用量一般较少，形成的面筋量较大，烘烤时易于收缩变形。为了防止出现这种情况，将油脂和水加热到一定温度来提高面团的温度，促使面团充分胀润，加快蛋白酶与面筋蛋白的反应速度。同时，采取多桨式和面机长时间搅打，使已经形成的面筋在机桨的不断撕裂下逐渐超越其弹性限度而使其弹性降低，待搅拌到面团柔软、弹性明显减弱时为止。

⑤ 静置　调粉成熟后的面团，应放置10～20min后，才适宜辊轧成形。这样可以消除由于长时间搅打和拉伸而产生的内部张力，可以降低其弹性，恢复其松弛状态，防止成品变形而影响质量。

⑥ 面团辊轧　面团需要经过三次辊轧方可达到所要求的面带厚度。压延的比例要合适，喂料要均匀。

⑦ 辊切成形　兼有辊印成形和冲印成形的优点。模辊的选型要合适，辊轮松紧要适当，面带薄厚要均匀一致，模具内部要保持清洁、图案要新颖，花纹应清晰。

⑧ 饼干的烘烤　隧道式、网带式的电烤炉较为常用，也便于操作和控制。炉温要根据饼干的档次和在炉膛的位置分段控制在230～280℃，网带的速度随烤炉的长度和温度的变化灵活调节，可根据出炉饼干的软硬度和色泽来控制。

四、薄脆饼干的制作

1. 主要设备与用具

和面机、压片机、成形机、烤炉、面筛、台秤、烤盘等。

2. 配方

配方见表 3-9。

表 3-9　薄脆饼干配料表

原辅料名称	质量/g	烘焙百分比/%
低筋面粉	5000	100
植物油	500	10
白砂糖	1000	20
奶粉	130	2.6
香兰素	7	0.14
泡打粉	17	0.34
碳酸氢铵	80	1.6
碳酸氢钠	40	0.8
焦亚磷酸钠	7	0.14
单甘酯	5	0.1
水	1150	23
柠檬酸	10	0.2
香精	适量	

3. 工艺流程

原辅料处理→面团调制→辊轧→成形→烘烤→冷却→包装→成品

4. 操作要点

① 熬制糖浆　将一部分水烧开加入白砂糖，待糖完全溶解烧开后，加入柠檬酸，小火加热 5min 后冷却备用。

② 面团的调制　先将面粉、奶粉、泡打粉称好倒入和面机内搅匀，加入油、糖搅拌，再将香兰素、碳酸氢铵、碳酸氢钠和单甘酯用水溶解后加入，然后加入香精，面筋初步形成时加入焦亚磷酸钠溶液，继续搅拌，搅拌至使已形成的面筋在搅拌桨作用下逐渐超越其弹性限度而使弹性降低时为止。

③ 辊轧　面团经过辊轧工序以后，可使制品的横切面有明晰的层次结构。

④ 成形　采用冲印成形。

⑤ 烘烤　炉温 185～220℃。

⑥ 冷却、包装　饼干刚出炉时，由于表面层与中心部位的温度差很大，为了防止饼干破裂、收缩和便于储存，必须将其冷却到 30～40℃后，才能进行包装。

五、魔芋饼干的制作

1. 主要设备与用具

和面机、压片机、成形机、烤炉、面筛、台秤、烤盘等。

2. 配方

配方见表 3-10。

表 3-10 魔芋饼干配料表

原辅料名称	质量/g	烘焙百分比/%
低筋面粉	1000	100
魔芋	5	0.5
麸皮	40	4
白砂糖	300	30
油脂	200	20
奶粉	40	4
鸡蛋	60	6
可可粉	50	5
小苏打	40	4
碳酸氢铵	20	2

3. 工艺流程

原辅料预处理→面团调制→静置→辊轧→成形→烘烤→冷却→包装→成品

4. 操作要点

① 原辅料预处理　将称好的魔芋精粉加入水中，边加边搅拌，使之吸水膨胀呈凝胶状；将过筛、除杂、称重的麸皮放入预先煮沸的水中，煮 10～20min，然后加冷水冷却至 75℃，加 0.5%（质量分数）的 α-淀粉酶恒温水解 20min，再加热至沸，用 0.5%（质量分数）的 NaOH 处理 30min，再用清水冲洗至中性，干燥，粉碎后即为小麦膳食纤维；将小苏打、碳酸氢铵各自配成水溶液，使其完全溶解于水中；将全脂奶粉调制成乳状液备用。

② 面团的调制　先将糖粉、部分油脂、可可粉混合均匀，再将碳酸氢铵溶液、剩余的油脂和水投入搅拌均匀，最后再将剩余的原辅料加入调制，调制时间 10～15min。

③ 静置　时间 15～20min。

④ 辊轧　用履带压片机压延成面片。

⑤ 成形　辊切成形。

⑥ 烘烤　温度 180℃，时间 10min。

⑦ 冷却、包装　冷却到 38℃包装。

【生产训练】

见《学生实践技能训练工作手册》。

【常见质量问题及解决方法】

1. 调制面团所需时间太长

原因：调制面团温度太低；配方中油糖配比不合理；配方中面团改良剂，如亚硫酸氢钠、焦亚硫酸钠、木瓜蛋白酶等没有添加或用量太少。

解决方法：提高饼干生产车间温度，在冬季可用热水或热糖汁配料，使面团控制在 30～40℃，有助于加速面筋形成；调整油糖的配比，控制在规定的范围内；配方中适当增加面团改良剂或加入适量淀粉。

2. 面团粘辊、粘帆布、粘模

原因：调粉时间不足，面团黏性太大；面团的调制温度太低；所用面粉是新磨制的，未放置一段时间再用；也可能是轧辊上的铲刀没有贴紧辊筒表面，使轧辊表面粘有附着物；粘模也可能是由于印模刀口弯曲、模心花纹损坏等。

解决方法：针对上述情况可以分别调整和维修。

3. 辊轧时面带断裂

原因及解决方法：轧辊之间的输送带速度不协调，需要调整；加面团时不均匀，时多时少，应尽可能保持均匀一致；轧辊速度有快有慢或压延比不适当，应调整轧辊速度，压延时其压延比应不超过1∶3；面粉颗粒太粗，使面团在加工过程中产生“后胀”现象，应注意采用颗粒细的面粉来调制面团；面团静置时间太长，表面干燥，或面团温度太低，应调整面团静置时间，同时在面团静置时，用布盖在面团上，以便面团的保温、保湿；面团油糖含量太高，应调整油糖含量。

4. “头子”断裂

原因及解决方法：调粉时间不足或调粉过度，应注意控制；使用新磨制的面粉，可将新磨制的面粉存放一段时间再用；印模与橡胶辊挤得太紧，需要适当调松，其松紧以能将饼坯刚好切下为宜；长帆布与头子帆布间的距离太远，应尽可能拉近距离，使冲断的头子上翘，便于头子分离。

5. 饼干坯到网带或钢带上时不成形

原因及解决方法：饼干坯粘帆布带，此时应清除帆布带上的黏附面屑，然后涂上少许油脂或者撒上少许面粉；帆布刀太厚，此时，在刀口不损伤帆布的情况下，尽量选用薄帆布刀；面团太软，应注意调制面团软硬适中；帆布带与网带或钢带间的距离太远，此时应尽量靠近；运送饼干坯的帆布带速度太快，此时应调节帆布带速度与网带或钢带速度匹配。

6. 饼干粘底

原因及解决方法：饼干过于疏松，内部结合力差，此时应减少疏松剂用量；饼干在烤炉后区降温时间太长，饼干坯变硬，此时应注意烤炉后区与中区温差不应太大。

7. 饼干凹底

原因及解决方法：饼干胀发程度不够，此时可增加疏松剂尤其是小苏打用量；饼干上针孔太少，应在饼干模具上有较多的针；面团弹性太大，此时可适当增加面团改良剂用量或增加调粉时间，并添加适量淀粉（面粉的5%～10%）来降低面筋含量。

8. 饼干收缩变形

原因及解决方法：在面带压延和运送过程中面带绷得太紧，此时，应调整面带，在经第二对和第三对轧辊时要有一定的下垂度，帆布带在运送面带时应保持面带呈松弛状态；面团弹性过大；面带始终沿同一方向压延，引起面带张力不匀，此时应将面带在辊轧折叠时不断转换方向。

9. 饼干起泡

原因及解决方法：烤炉前区温度太高，尤其是面火温度太高，此时应控制烤炉温度不可以一开始就很高，面火温度应逐渐升高；面团弹性太大，烘烤时面筋阻住气体通道，使其不易散出，导致表面起泡，此时应降低面团弹性，并用有较多针的模具；疏松剂结块未被打开，此时应注意对结块的疏松剂进行粉碎后再用；辊轧时面带上撒面粉太多，应尽量避免撒粉或少撒粉。

10. 饼干上色困难

原因及解决方法：配方中含糖量太少，此时需增加转化糖或饴糖使用量。

11. 饼干冷却后仍发软、不松脆

原因及解决方法：炉温太高，烘烤时间短，造成皮焦里生，内部残留水分太多，此时应控制饼干厚度，适当调低炉温，增加烘烤时间，使成品饼干含水量小于等于6%；烤炉中后段排烟管堵塞，排气不畅，造成炉内温度太高，此时应保持排气畅通，排烟管保温，使出口温度不低于100℃，以免冷凝水倒流入炉内。

12. 饼干易碎

原因及解决方法：饼干胀发过度，过于疏松，此时应减少疏松剂用量；配料中淀粉和饼干屑用量太多，此时应适当减少其用量。

13. 饼干产生裂缝

原因及解决方法：饼干出炉后由于冷却过快，强烈的热交换和水分挥发，使饼干内部产生附加应力而发生裂缝，一般情况下，冬天温度低，且干燥，饼干易发生裂缝，尤其是含糖量低的饼干更为多见，此时应避免冷却过快，必要时在冷却输送带上加罩，有条件可采用调温调湿设备；也与面筋形成量、加水量、配方中某些原辅料的比例、烘烤温度以及饼干造型、花纹走向、粗细、曲线的交叉和图案的布局等有关。这时针对发生裂缝的具体原因，采取改进配方、调整炉温、设计饼干模具等措施。

14. 饼干无光泽、表面粗糙

原因及解决方法：饼干喷油量太小，或喷油温度太低，以致产生油雾困难，喷不匀，油不易进入饼干表面，影响饼干光泽，此时可增大喷油量，油温控制在85～90℃，并在油中加入适量增光剂和辣椒红；配方中没有淀粉或淀粉量太少，此时可加入适量淀粉，必要时在炉内前部增设蒸汽设备，加大炉内湿度，使饼干坯表面能吸收更多的水分来促进淀粉糊化，以增加表面光泽；调粉时间不足或过头，应注意掌握好调粉时间；面带表面撒粉过多，应尽量不撒或少撒面粉。

15. 饼干口感粗糙

原因及解决方法：调粉时间不足或过头，此时应正确及时判断调粉成熟度；配方中疏松剂用量太少或太多，应调整加入疏松剂的量；配方中油、糖用量较少，应适当增加油、糖用量，并加入适量磷脂。

16. 饼干油脂败坏

原因及解决方法：所用油脂本身稳定性差，应选用稳定性较高的油脂，并在油脂中加入抗氧化剂，如丁基羟基茴香醚（BHA）、二丁基羟基甲苯（BHT）、没食子酸丙酯（PG）等；喷油温度太高或饼干保存环境温度太高，此时应适当降低温度；饼干放置的环境光线太强或与氧气接触太多，此时应尽可能避光存放和改进包装。

任务3-2　酥性饼干生产

学习目标

- 理解酥性饼干加工原理。
- 掌握酥性饼干加工工艺流程和操作要点。
- 熟练使用与维护酥性饼干生产机械设备。
- 处理酥性饼干加工中出现的问题并提出解决方案。
- 掌握酥性饼干的质量标准。

【知识前导】

酥性饼干外观花纹明显，结构细密，孔洞较为显著，呈多孔性组织，口感酥松，属于中档配料的甜饼干。糖与油脂的用量要比韧性饼干多一些，一般要添加适量的辅料，如乳制品、蛋品、蜂蜜或椰蓉等营养物质或赋香剂。生产这种饼干的面团是半软性面团，面团弹性小，可塑性较大，饼干块形厚实而表面无针孔，口味比韧性饼干酥松香甜，主要作点心食用。

（1）酥性饼干配方

见表 3-11。

表 3-11　酥性饼干各种配方实例　　单位：kg

原料	奶油饼干	葱香饼干	蛋酥饼干	蜂蜜饼干	芝麻饼干	早茶饼干
低筋面粉	96	95	95	96	96	96
淀　粉	4	5	5	4	4	4
糖　粉	34	30	33	30	35	28
饴　糖	4	6	3	2	3	4
猪板油		6		4	10	8
精炼油	8	12	10	12	6	8
人造奶油	18		8	4	4	
磷脂油		1	0.5	0.5		0.5
奶　粉	5	1	1.5	2	1	1.5
鸡　蛋	3	2	4	2	2	2.5
香兰素	0.035	0.02	0.004	0.03	0.025	0.05
食　盐	0.5	0.8	0.4	0.5	0.6	0.7
香精油			适量(带鸡蛋味)			适量(带香草味)
蜂　蜜				8		
葱　汁		3				
白芝麻					4	
碳酸氢钠	0.3	0.4	0.4	0.4	0.4	0.5
碳酸氢铵	0.2	0.2	0.2	0.3	0.3	0.3
抗氧化剂	0.002	0.002	0.0025	0.002	0.002	0.002
柠檬酸	0.003	0.003	0.003	0.003	0.003	0.003

（2）生产工艺流程

酥性饼干生产工艺流程如图 3-4 所示。

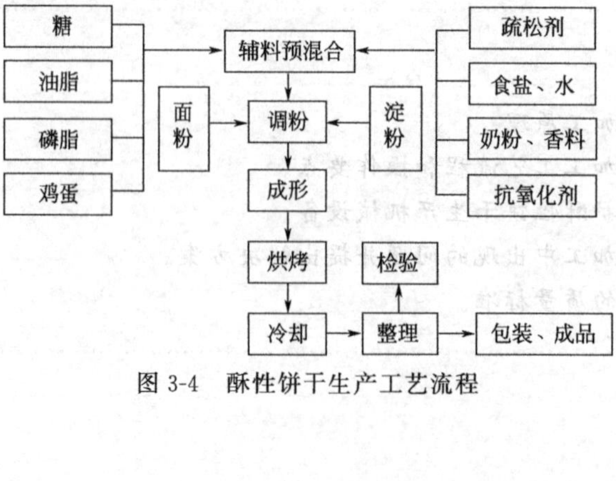

图 3-4　酥性饼干生产工艺流程

【生产工艺要点】

(1) 酥性面团的调制

酥性饼干的面团调粉温度低，俗称冷粉。酥性面团糖、油用量大，面筋形成量少，吸水量少，面团疏松，不具延伸性；靠糖、油调节润胀度，胀发率较小，密度较大，宜做中、高档产品。这种面团要求具有较大程度的可塑性和有限的弹性，在操作中还要求面团有结合力，不粘辊筒和印模，成形后的饼干坯应具有保持花纹的能力，形态不收缩变形，烘烤后具有一定的膨胀率，使饼干内部孔洞性好，从而口感酥松。

① 投料顺序　调制酥性面团首先应将油脂、糖、水（或糖浆）、乳、蛋、疏松剂等辅料投入调粉机中充分混合、乳化成均匀的乳浊液。在乳浊液形成后加入香精、香料，以防止香味大量挥发。最后加入面粉进行面团调制操作。面粉在一定浓度的糖浆及油脂存在的状况下吸水胀润受到限制，不仅限制了面筋蛋白的吸水，控制面团的起筋，而且可以缩短面团的调制时间。

② 酥性面团调制时的影响因素

a. 加水量和面团的软硬度　由于面筋的形成是水化作用的结果，所以控制加水量也是控制面筋形成的重要措施之一。在通常情况下，加水量的多少与湿面筋的形成量有密切关系。根据实践经验，较软的面团易起筋，所以，调粉的时间宜短些。较硬的面团则要稍增加搅拌时间，否则会形成散沙状。一般来说，油脂和糖添加量较少的面团加水量宜少些，使面团略硬些。在糖、油较多的面团调制时，即使多加水，面筋的形成也不易过度。加水量一般控制在3%～5%，使面团的最终含水量在16%～20%。需要注意调粉中既不能随便加水，更不能一边搅拌一边加水。

加工机械的特性对面团的物性要求不同。冲印成形加工中，由于面团要多次经过辊轧，为了防止断裂和粘辊，要求面团有一定的强度和黏弹性，一般要求面团软一些，并有一定面筋形成。辊印成形的面团，由于不形成面皮，无头子分离阶段，它是将面团直接压入印模成形，过软的面团反而会造成充填不足、脱模困难等问题，一般要求面团稍硬些。可以通过控制加水量来控制面团的软硬度。

b. 面团的温度　面团的温度过低会造成黏性增大，结合力较差而无法操作。反之，如果酥性面团温度过高，又会使面团起筋，面团弹性增大，造成收缩变形。甜酥性面团对温度要求尤其严格，温度过高会造成面团走油，面团松散，表面不光，饼干结构遭到破坏。一般酥性面团的温度应控制在26～30℃为宜。

c. 淀粉的添加　加淀粉是为了抑制面筋形成，降低面团的强度和弹性，增加可塑性。在调制酥性面团时如果使用面筋含量较高的面粉时需添加淀粉，但淀粉的添加量不宜过多，一般只能使用面粉量的5%～8%。

d. 头子量　在冲印和辊切成形操作时，切下饼坯必然要余下一部分头子，另外生产线上也会出现一些无法加工成成品的面团也称作头子。为了将这些头子充分利用，常常需要把它再掺到下次制作的面团中去。头子由于已经过辊轧和长时间的胀润，所以面筋形成程度比新调粉的面团要高得多。为了不使面团面筋形成过度，头子掺入面团中的量要严格控制，一般加入量为新鲜面团的1/10～1/8。

e. 调粉时间　调粉时间的长短是影响面筋形成的最直接因素之一。调粉时间过短，则面筋形成不足，面团发黏，拉伸强度低，甚至无法压成面皮，不仅操作困难而且严重影响产品质量（胀发力低，结构不酥松，易摊开）。相反，调粉过度，会使面团在加工成形时，发生韧缩、花纹模糊、表面粗糙、起泡、凹底、胀发不良、产品不酥松等问题。一般调粉时间为5～18min。但实际生产中，由于原料的性质，尤其是面粉的性质变动较大，还有一些变动因素如室内温度等，使得调粉时间要看捏合时具体情况，由操作人员判断。在调粉缸中取出一小块面团，观察有无水分及油脂外露。如果用手搓捏面团不粘手，软硬适度，面团上有清晰的手纹痕迹，当用手拉断面团时感觉稍有联结力和延伸力，不应有缩短的弹性现象，这证明面团的可塑性良好，已达到最佳程度。

(2) 酥性饼干的辊印成形

高油脂饼干一般都采用辊印机成形。辊印成形的饼干花纹图案十分清晰、口感好、香甜酥脆。尤其生产在配方中加入椰丝、小颗粒果仁（如芝麻、花生、杏仁等）的品种更为适宜。

辊印成形就是把调制好的面团置于成形机的加料斗中，在喂料槽辊及花纹辊相向运转中，槽辊将面团压入花纹辊的凹模中，花纹辊中的饼坯受到包着帆布的橡胶辊的吸力而脱模。饼坯便由帆布输送带送入烤炉网带或钢带上。如图3-5所示。

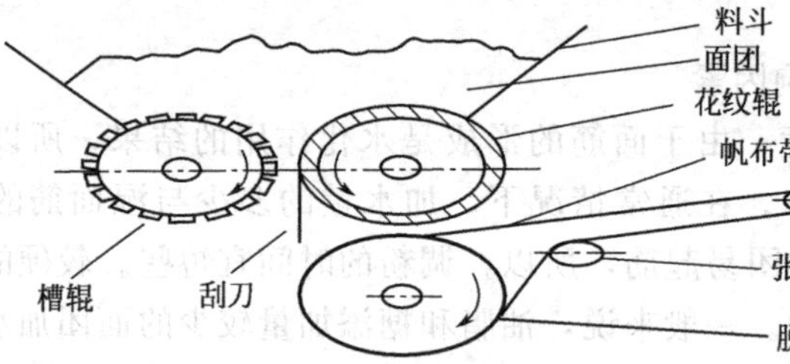

图3-5　辊印成形机工作示意图

辊印成形要求面团较硬和弹性小，过软或弹性大便会出现韧性面团所碰到的喂料不足、脱模困难、饼坯底面铲刮不平整等问题。但是面团过硬和弹性过小，由于流动性差，也会使饼坯不易充填完整，会造成脱模时的残缺、断裂和裂纹。

(3) 酥性饼干的烘烤及冷却

一般来说，酥性饼干应采用高温短时间的烘烤方法，温度为300℃，时间3.5～4.5min。但由于酥性饼干的配料使用范围甚广，块形各异，厚薄相差悬殊，所以烘烤条件亦有较大的差异（图3-6）。对于一般配料的酥性饼干，它主要依靠烘烤来胀发体积，因此，一入炉就需要较高的底火，面火温度则需要逐渐上升的梯度，使其能在保证体积膨大的同时，不致在表面迅速形成坚实的硬壳。对于配料较好的甜酥性饼干，饼坯一进入炉口，就应有较高的温度。这是因为这种饼干由于含油大，面筋形成极差，若不尽快地使其定型凝固，有可能由于油脂的流动性加大，加之发粉所形成气体的压力，使饼坯发生“油滩”现象，造成饼干形态不好和易于破碎。所以一入炉就要加大底火和面火，使表面和其他部分凝固。这种饼干并不要求膨发过大，由于多量的油脂保证了饼干的酥脆，膨发过大反而会引起破碎的增加。炉的后半部，当饼坯进入脱水上色阶段后，应用较弱的温度，由于这种面团在调制时加水量极少，烘烤失水不多，所以，烤炉后半部分宜采用低温。此外，烘烤后期采用较低的温度，也有利于色泽的稳定。

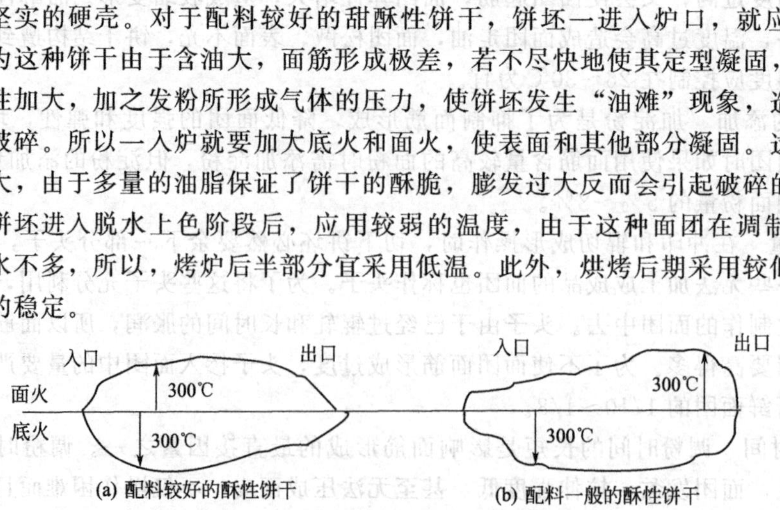

图3-6　不同配料酥性饼干烘烤热曲线

饼干烘烤完毕，必须进行冷却。可自然冷却也可以使用吹风，但空气流速不宜超过2.5m/s，如果冷却过快易产生破裂现象。冷却适宜的条件是温度为30～40℃，室内相对湿度为70%～80%。

【质量标准】

(1) 感官指标

酥性饼干的形态、色泽、组织、滋味与口感的感官指标见表3-12。

表3-12 酥性饼干的感官指标

项目	指标
形态	外形完整，花纹清晰，厚薄基本均匀，不收缩，不变形，不起泡，无裂痕，不应有较大或较多的凹底。特殊加工品种表面或中间允许有可食颗粒存在（如椰蓉、芝麻、砂糖、巧克力、燕麦等）
色泽	呈棕黄色或金黄色或品种应有的色泽，色泽基本均匀，表面略带光泽，无白粉，不应有过焦、过白的现象
组织	断面结构呈多孔状，细密，无大孔洞
滋味与口感	具有品种应有的香味，无异味，口感酥松或松脆，不粘牙

(2) 理化指标

酥性饼干的理化指标见表3-13。

表3-13 酥性饼干的理化指标

项目		要求
水分/%	≤	4.0
碱度（以碳酸钠计）/%	≤	0.4

(3) 微生物指标

酥性饼干的微生物指标见表3-14。

表3-14 酥性饼干的微生物指标

项目		非夹心饼干	夹心饼干
菌落总数/(CFU/g)	≤	750	2000
大肠菌群/(MPN/100g)	≤	30	
霉菌计数/(CFU/g)	≤	50	
致病菌（沙门菌、志贺菌、金黄色葡萄球菌）		不得检出	

【生产案例】

一、一般酥性饼干的制作

1. 主要设备与用具

调粉机、辊轧机、成形机、烤炉、面筛、台秤、烤盘等。

2. 配方

配方见表3-15。

表 3-15　一般酥性饼干配料表

原辅料名称	质量/g	烘焙百分比/%
饼干专用粉	25000	100
淀粉	3000	12
磷脂	300	1.2
碳酸氢铵	100	0.4
砂糖	11000	44
精盐	70	0.28
起酥油	5000	20
香兰素	5	0.02
小苏打	170	0.68
水	适量	

3. 工艺流程

原辅料预处理→面团调制→辊轧成形→烘烤→冷却→包装→成品

4. 操作要点

① 面团的调制　先将糖、起酥油、磷脂和疏松剂等辅料与适量的水倒入调粉机内均匀搅拌形成乳浊液，然后将过筛后的面粉、淀粉倒入调粉机内，调制 8～15min，最后加入香精香料。

② 辊轧　面团调制后即可轧片，轧好的面片厚度为 2～4mm，较韧性面团的面片厚。

③ 成形　采用辊切成形方式进行。

④ 烘烤　酥性饼坯炉温控制在 240～260℃，烘烤 3.5～5min，成品含水量小于 4%。

⑤ 冷却　饼干出炉后及时冷却，使温度降到 25～35℃，可采用自然冷却法，也可强制通风冷却，但空气的流速不宜超过 2.5m/s。

二、酥性甜饼干的制作

1. 主要设备与用具

调粉机、辊轧机、成形机、烤炉、面筛、台秤、烤盘等。

2. 配方

配方见表 3-16。

表 3-16　酥性甜饼干配料表

原辅料名称	质量/g	烘焙百分比/%
面粉	100000	100
砂糖	33000	33
油脂	15000	15
饴糖	3500	3.5
奶粉	5000	5
碳酸氢钠	550	0.55
碳酸氢铵	200	0.2
卵磷脂	1000	1
香料	少量	
水	适量	

3. 工艺流程

原辅料预处理→调粉→静置→压面→成形→烘烤→冷却→包装→成品

4. 操作要点

①调粉　酥性面团的配料次序对调粉操作和产品质量有很大的影响，通常采用的程序如下。

卵磷脂　　　砂糖
↓　　　　　↓
油脂→饴糖→溶液←碳酸氢铵、碳酸氢钠
　　　　　　↓
　　　　　调粉←奶粉、面粉、香料

调粉操作要遵循造成面筋有限胀润的原则，因此面团加水量不能太多，亦不能在调粉开始以后再随便加水，否则易造成面筋过度胀润，影响质量。面团温度应在25～30℃之间，在调粉机中调5～10min。

② 静置　调酥性面团并不一定要采取静置措施，但当面团黏性过大，胀润度不足，影响操作时，需静置10～15min。

③ 压面　现今酥性面团已不采用辊轧工艺，但是，当面团结合力过小，不能顺利操作时，采用辊轧的办法，可以得到改善。

④ 成形　酥性面团可用冲印或辊切等成形方法，模型宜采用无针孔的阴文图案花纹。在成形前皮子的压延比不要超过4∶1。比例过大易造成皮子表面不光、粘辊筒、饼干僵硬等弊病。

⑤ 烘烤　酥性饼干易脱水、易着色，采用高温烘烤，在300℃条件下烘烤3.5～4.5min。

⑥ 冷却　在自然冷却的条件下，如室温为25℃左右，经过5min以上的冷却，饼干温度可下降到45℃以下，基本符合包装要求。

三、富锌饼干的制作

1. 主要设备与用具

和面机、小型酥性饼干成形机、烤炉、封口机、面筛、台秤、烤盘等。

2. 配方

配方见表3-17。

表3-17　富锌饼干配料表

原辅料名称	质量/g	烘焙百分比/%
饼干专用粉	100000	100
砂糖	30000	30
奶粉	3000	3
植物油	12000	12
卵磷脂	1000	1
起酥油	10000	10
鸡蛋	5000	5
小苏打	300	0.3
碳酸氢铵	300	0.3

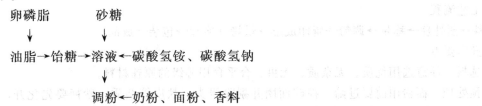

续表

原辅料名称	质量/g	烘焙百分比/%
葡萄糖酸锌	50	0.05
柠檬酸	6	0.006
香草香精	适量	

3. 工艺流程

选料→预处理→称量→调粉→辊印成形→烘烤→冷却→包装→成品

4. 操作要点

① 选料　注意选用优质、无杂质、无虫、合乎食用等级的原辅材料。

② 预处理　面粉用前要过筛，捏碎面团并剔除线头、麸皮等杂质。砂糖要先化开，奶粉应先溶解，小苏打和碳酸氢铵等应先溶化。

③ 原料　定量要细致，水分要考虑溶解原辅材料中的水。

④ 调粉　在调粉前先将糖、油、水等各种原辅料充分搅拌均匀，然后再投入面粉调制成面团。面团调制好坏，直接影响到成品的花纹、形态、酥松度、表面光洁度以及内部结构等。

⑤ 辊印成形　面团调制完后，逐渐置于加料斗中，在喂料槽辊及花纹辊相对运转中，面团首先在槽辊表面形成一层结实的薄层，然后将面团压入花纹辊的凹模中，花纹辊中的饼坯受到包着帆布橡胶辊的吸力而脱模。饼干坯由帆布带输送到烤炉网或烤盘上。

⑥ 烘烤　炉温一般在220℃左右。炉温高时烘烤时间短，烤到微红色为止，防止烤焦影响质量。

⑦ 冷却　刚出炉的饼干，表面温度在180～200℃，需要在冷却过程中挥发水分及降温来保持其外形。冷却应均匀，不宜过快，否则容易自动破裂。

⑧ 包装　待饼干冷却到38～40℃的温度后，方可包装。温度高时，饼干易出油，油脂易氧化酸败，保藏期会缩短，包装材料应符合食品标准。

四、儿童促消化饼干的制作

1. 主要设备与用具

粉碎机、和面机、酥皮机、烤炉、面筛、台秤、烤盘等。

2. 配方

配方见表3-18。

表3-18　儿童促消化饼干配料表

原辅料名称	质量/g	烘焙百分比/%
低筋面粉	1000	100
白砂糖	340	34
人造奶油	300	30
鸡蛋	170	17
食盐	10	1
泡打粉	30	3
香兰素	1	0.1
水	60	6

续表

原辅料名称	质量/g	烘焙百分比/%
鸡内金	5	0.5
陈皮	15	1.5
山楂	100	10

3. 工艺流程

原辅料预处理→面团调制→静置→辊压成形→烘烤→冷却→包装→成品

4. 操作要点

① 原辅料预处理　将鸡内金和陈皮分别清洗，干燥后进行粉碎，过100目筛；山楂洗净，去除核籽，磨碎成酱泥状备用。

② 面团调制　先将白砂糖、食盐、水混合搅拌溶解，再将融化的人造奶油、鸡蛋、山楂泥加入并搅拌均匀，最后加入调匀的粉料，搅拌和成面团。

③ 静置　置于冰箱冷藏室静置15min。

④ 辊压成形　辊压面团成2mm厚均匀的面片，用模具压型，放入烤盘。

⑤ 烘烤　炉温上火200℃、下火180℃，烘烤15min左右。

⑥ 冷却、包装　刚出炉的饼干，其表面与中心部的温度差很大，外温高、内温低，温度散发迟缓。为防止酥性饼干的破裂与外形收缩，冷却后再包装。

五、小米酥性饼干的制作

1. 主要设备与用具

和面机、压面机、烤炉、面筛、台秤、烤盘等。

2. 配方

配方见表3-19。

表3-19　小米酥性饼干配料表

原辅料名称	质量/g	烘焙百分比/%
低筋面粉	5000	100
小米粉	3000	60
黄油	3000	60
白砂糖	3000	60
小苏打	50	1
蛋黄	1000	20
奶粉	300	6
食盐	50	1
水	400	8

3. 工艺流程

原料预处理→面团调制→辊轧成形→烘烤→冷却→包装→成品

4. 操作要点

① 原料预处理　小米清洗后晾干粉碎，过80目筛；鸡蛋去蛋清留蛋黄备用；按配方称取各原料的所需用量。

② 面团调制　先将小米粉、面粉和奶粉混合均匀，再将蛋黄加入混匀；将水倒入白砂

糖中搅拌均匀，再把食盐和小苏打融入糖液中，最后加入黄油搅拌均匀；在室温条件下，将上述原料混合揉搓15min调制成面团。

③ 辊轧成形　将调制好的面团分成小块，通过压面机将其压成表面光洁、厚度为2.5～3mm的均匀面带，用冲模冲成一定形状的饼干坯。

④ 烘烤　炉温上火180℃、下火240℃，烘烤10min左右。

⑤ 冷却、包装　冷却后包装，即为成品。

【生产训练】

见《学生实践技能训练工作手册》。

【常见质量问题及解决方法】

酥性饼干加工中要注意以下问题。

① 香精要在调制成乳浊液的后期再加入，或在投入小麦粉时加入，以便防止香味过量地挥发。

② 面团调制时，夏季气温高，搅拌时间应缩短2～3min；面团温度要控制在22～28℃。油脂含量高的面团，温度控制在22～25℃。夏季气温高，可以用冰水调制面团，以降低面团温度。

③ 小麦粉中湿面筋含量高于40%时，可将油脂与小麦粉调成油酥式面团，然后再加入其他辅料，或者在配方中去掉部分小麦粉，加入同量的淀粉。

④ 酥性面团中油脂、糖含量多，轧成的面片质地较软，易于断裂，不应多次辊轧，更不要进行90°旋转。

⑤ 面团调制均匀即可，不可过度搅拌，防止面团起筋。

⑥ 面团调制操作完成后应立即轧片，以免起筋。

⑦ 调制面团时，应注意投料次序，面团的理想温度为25℃左右。在调粉机中调制10min左右，加水量不宜过多，也不能在调制时随便加水，否则会造成面筋过量胀润，影响质量。调好的面团应干散，手握成团，具有良好的可塑性，无弹性、韧性和延伸性。

⑧ 当面团黏度过大、胀润度不足影响操作时，可静置10～15min。

⑨ 当面团结合力过小，不能顺利操作时，可采用适当辊轧的方法，以改善面团性能。

⑩ 成形时，压延比不要太大（应不超过4：1），否则易造成表面不光洁、粘辊、饼干僵硬等现象。由于酥性饼干易脱水上色，所以先用高温220℃烘烤定型，再用低温180℃烤熟即可。

任务3-3　发酵饼干生产

学习目标

- 掌握发酵饼干加工工艺流程和操作要点。
- 掌握发酵饼干面团调制及发酵操作。
- 使用与维护发酵饼干生产机械设备。
- 处理发酵饼干加工中出现的问题并提出解决方案。
- 掌握发酵饼干的质量标准。

【知识前导】

发酵饼干是采用酵母发酵与化学疏松剂相结合的发酵性饼干，这种类型的饼干中糖、油用量一般是极少的，面筋的形成非常充分，生产中主要是通过微生物对面团的过度发酵、夹酥操作及提高制品的膨松度等作用，削弱面筋的结合强度，使成品具备良好的口感。

发酵饼干一般为长方形，也有圆形的，表面一般无花纹，但有大小不等的气泡并带有穿透性针孔，断面为清晰的层次结构，口感脆性突出，口味清淡，发酵香味明显。由于发酵作用，使面团中的蛋白质、糖类等部分降解，易于消化，特别适合于胃病及消化不良者食用，也是儿童或年老体衰者的营养佳品。

产品按其配方可分为咸发酵饼干和甜发酵饼干。

(1) 发酵饼干配方

见表 3-20。

表 3-20 发酵饼干各种配方实例 单位：kg

步骤	原料	咸奶发酵饼干	芝麻发酵饼干	葱油发酵饼干	蘑菇发酵饼干
第一次调粉	强筋小麦粉	40	35	40	50
	白砂糖	2.5	1.5	1.5	3.5
	鲜酵母	1.5	1.2	2	2.5
	食盐	0.75	0.5	0.75	0.8
第二次调粉	低筋小麦粉	50	55	50	40
	饴糖	3	2	1.5	2
	精炼油	8	8	10	
	猪板油	4	5	4	6
	人造奶油	6	5		10
	奶　粉	3	2	1	1.5
	鸡　蛋	2	2.5	2	3
	白芝麻		4		
	洋葱汁			5	
	鲜蘑菇原汁				3
	碳酸氢钠	0.4	0.3	0.25	0.4
	碳酸氢铵			0.2	0.2
	面团改良剂	0.002	0.0025	0.002	0.003
	抗氧化剂	0.003	0.0035	0.003	0.004
擦油酥	低筋小麦粉	10	10	10	10
	猪板油	1	5	5	2
	人造奶油	4			3
	食　盐	0.35	0.3	0.5	0.5

(2) 生产工艺流程

发酵饼干生产工艺流程如图 3-7 所示。

【生产工艺要点】

(1) 面团的调制和发酵

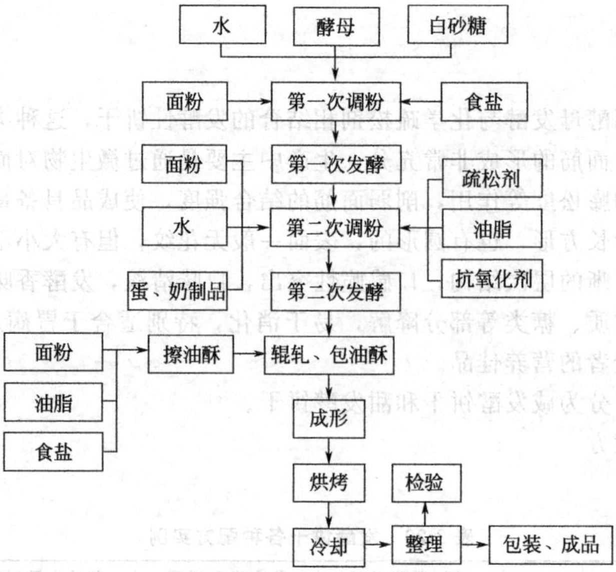

图 3-7　发酵饼干生产工艺流程

面团的调制和发酵一般采用二次发酵法。

① 第一次面团调制与发酵　第一次面团调制所使用的面粉量通常是总面粉量的 40%～50%，加入预先用温水溶化的鲜酵母液或用温水活化好的干酵母液，干酵母的用量为面粉量的1.0%～1.5%，鲜酵母用量为面粉量的 0.5%～0.7%。再加入用以调节面团温度的温水（加水量一般根据面粉品种定，标准粉为 40%～42%，精白粉为 42%～45%），在卧式和面机中调 4～6min 左右。冬天面团温度控制在 28～32℃，夏天则为 25～28℃。面团调制完毕即可进行第一次发酵。

第一次发酵的目的是通过较长时间的静置，使酵母在面团内得到充分繁殖，以增加面团的发酵潜力。

第一次发酵除酵母的繁殖外，面团本身亦经历了较大的变化。酵母呼吸和发酵作用时产生的二氧化碳使面团体积膨松，当二氧化碳逐渐达到饱和时，面筋的网络结构便处于紧张状态，继续产生的二氧化碳气体使面筋中的膨胀力超出其本身的抗胀限度而塌架。除了这种物理变化之外，再加上面筋的变性等一系列变化，使面团弹性降低到理想的程度，这样就达到了第一次发酵的两个重要目的。

发酵完毕时面团的 pH 为 4.5～5，第一次发酵过程需 4～6h 才能完成。

② 第二次面团调制与发酵　将第一次发酵好的面团中加入其余的 50%～60%的面粉、油脂、饴糖、奶粉、鸡蛋、温水等原辅料，在和面机中调制 5min 左右，冬天面团温度应保持在 30～33℃，夏天在 28～30℃。从前后两次调粉时间看，共同的特点是时间都很短。习惯上认为，长时间的调粉会使饼干质地僵硬。

第二次发酵的面粉应尽量选择筋力弱的面粉，可使饼干口感酥松，形态完美。面团加水量是无法规定的，这与第一次发酵的程度有关，第一次发得越老，第二次加水量就越少。小苏打应在调粉将要完毕时加入，这样有助于面团光润。

第二次发酵的配料中有大量的油脂、食盐以及碱性疏松剂等使酵母作用变得困难，但由于酵头中大量的酵母繁殖时使面团具有较强的发酵潜力，所以这个过程在 3～4h 即可发酵成熟。

③ 影响发酵的因素

a. 面团温度　酵母繁殖的适宜温度是25～28℃，发酵最佳温度（在面团中）应是28～32℃。第一次发酵的目的是既要使酵母大量繁殖又要保证面团能发酵产生足够的二氧化碳气体，所以，面团温度应掌握在28℃左右。然而，夏天如在无空调设备的发酵室进行，面团常易受气温的影响，由于在一般发酵过程中，酵母发酵和呼吸时产生的能量均使面团温度迅速升高，所以，这时的温度宜控制得低些。冬天则不然，调制完毕的面团在发酵初期温度会降低，到后期才回升，所以应当控制得高些。

b. 加水量　加水量取决于面粉的吸水率，面粉的吸水率小加水就少些；吸水率大，加水就适当多些。在进行第二次面团调制时，加水量不仅要视面粉的吸水率大小而定，还要看第一次发酵的程度。第一次面团发得越老，加水量就越小，第一次发酵不足，则在第二次面团调制时适当地多加一些水。较软的面团湿面筋形成程度虽高，但抗胀力弱，所以发得快，体积大，但必须注意发酵后的面团会变得更柔软，所以，调制面团时不能过软。另一种情况是，筋力过弱的面团亦不能采用软粉发酵，否则，发酵完毕后会使面团变得弹性过低，造成僵硬。

c. 用糖量　酵母发酵时的碳源主要是依靠其本身的淀粉酶水解面粉中的淀粉而获得，然而，在面粉本身酶活力较低的情况下，在第一次发酵时若补充1%～1.5%面粉量的饴糖或葡萄糖，将有助于加快发酵速度。这与加入淀粉酶的作用类似，但酶活力较高的面粉并不需要添加。应注意过量的糖对发酵是极为有害的，糖浓度较高的面团会产生较大的渗透压力，使酵母细胞萎缩，并会造成细胞原生质分离而大大降低酵母的活力。第二次面团调制时加糖的目的都不是为了给酵母提供营养，而是从成品的口味和工艺上考虑的。

d. 用油量　为了使饼干酥脆和美味，在饼干原料中往往加入大量油脂，但过多的油脂也会抑制发酵，这是因为油脂会在酵母细胞周围形成一层难以使酵母营养渗入酵母细胞膜的薄膜，阻碍了酵母正常的新陈代谢作用。流散度高的液体油对酵母发酵的抑制作用更为显著，所以发酵饼干都用起酥油、猪油等流散度小的固体油脂作为原料。另外，在解决既要多用油脂以提高酥松度，又要尽量减小对发酵影响的矛盾时，一般以部分油脂和面粉、食盐等拌成油酥在辊轧时加入的方法来解决。

e. 用盐量　发酵饼干用盐量一般是面粉量的1.8%～2%。盐能增强面筋的弹性和坚韧性，使面团抗胀力提高，从而提高面团的保气性。食盐同时又是面粉中淀粉酶的催化剂，会增加淀粉的转化率，供给酵母充分的糖分。盐最显著的特性就是抑制杂菌的作用，但同样会抑制酵母的发酵作用。通常以食盐总量的30%在第二次发酵时加入，其余70%在油酥中拌入，以防止加盐量过多而对酵母产生不良作用。

(2) 发酵饼干面团的辊轧

在发酵饼干生产过程中，面团辊轧是一道不可缺少的重要工序。发酵饼干面团通常采用立式层轧机进行辊轧，面团分别通过两对辊筒轧成面带后在中间夹入油酥，再重叠起来压延折叠、转向，轧薄后进入成形机，使其保持连续性（图3-8）。

发酵面团一般需要辊轧11～13次，折叠4次，并转向90°。一般夹酥两次，每次夹入油酥两层。

发酵面团是海绵状组织，在未加油酥前，压延比不宜超过1∶3，防止压延比过大，影响饼干膨松。然而，压延比亦不能太小，过小则新鲜面团与头子不能轧得均匀，会使烘烤后的饼干出现不均匀的膨松度和色泽的差异。这是因为头子是已经经过成形机辊筒压延的机械作用而产生机械硬化现象，若不能与新鲜面团轧压均匀，则又经第二次成形的机械作用，会使膨松的海绵状结构变得结实，表面坚硬，烘烤时影响热的传导，不易上色，饼干僵硬，并

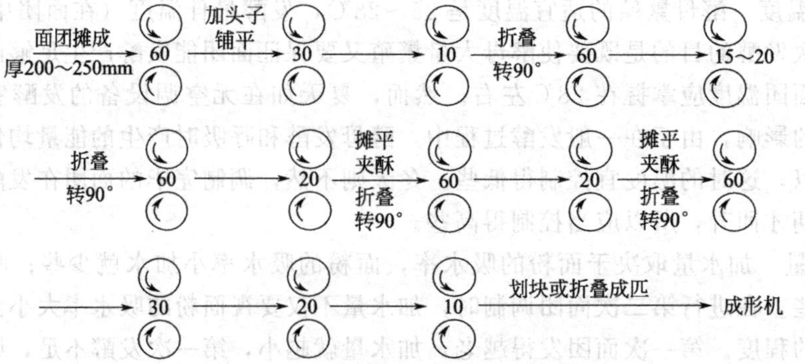

图 3-8　发酵饼干面团的辊轧示意图

在满板饼干中发现花斑。

发酵饼干面团夹入油酥后的辊轧，更应注意其压延比，一般要求在 1∶（2～2.5）之间，否则表面易轧破，油酥外露，影响饼干组织的层次，使胀发率变差，饼干颜色又深又焦，变成残次品。

（3）发酵饼干的成形

发酵面团经辊轧后，折叠成匹状或划成块状进入成形机。首先要注意面带的接缝不能太宽，由于接缝处是两片重叠通过辊轧，压延比陡增，易压坏面带上油酥层次，甚至使油酥裸露于表面成为焦片。面带要保持完整，否则会产生色泽不均匀的残次品。

对发酵饼干的压延比要求甚高，这是由于经过发酵的面团有着均匀细密的海绵状结构，经过夹油酥辊轧以后，使其成为带有油酥层的均匀的面带。压延比过大将会破坏这种良好的结构而使制品不酥松、不光滑。

成形时，面带在压延和运送过程中不仅应防止绷紧，而且要让第二对和第三对辊筒轧出的面带保持一定的下垂度，使压延后产生的张力立即消除，否则容易变形。

发酵饼干的印模与韧性饼干不同，韧性饼干采用凹花有针孔的印模，发酵饼干不使用有花纹的针孔印模。因为发酵饼干面团弹性较大，冲印后花纹保持力很差，所以一般只使用带针孔的印模就可以了。

（4）发酵饼干的烘烤与冷却

发酵饼干的饼坯在烘烤初期中心层温度逐渐上升。饼坯内的酵母作用也逐渐旺盛起来，呼吸作用十分剧烈，产生大量的 CO_2 使饼坯在炉内迅速胀发，形成海绵状结构。除酵母的发酵活动外，蛋白酶的作用亦因温度升高而较面团发酵时剧烈得多。中心层的温度达到45～60℃时，是蛋白酶水解蛋白质生成氨基酸的最适宜温度，但由于中心层温度的迅速增高，使得这种作用进行的时间很短暂，因此不可能生成大量氨基酸。

面粉本身的淀粉酶在烘烤初期亦由于温度升高而变得活跃起来，由于一部分淀粉受热而膨胀，使淀粉酶容易作用。当饼坯温度达到 50～60℃时，淀粉酶的作用加大，生成部分糊精和麦芽糖，当饼坯中心温度升到 80℃时，各种酶的活动因蛋白质变性而停止，酵母死亡。

发酵时面团中所产生的酒精、醋酸在烘烤过程中受热而挥发，但乳酸的挥发量极少。同时小苏打受热分解使饼干中带有碳酸钠。所以，通常饼干坯此时的 pH 经烘烤后会略有上升。pH 虽然稍有升高，但不能消除过度发酵面团所产生的酸味，这是由于烘烤时乳酸不能大量驱除。

在烘烤时，由于温度逐渐上升而使蛋白质脱水，其水分在饼坯内形成短暂的再分配，并被急剧膨胀的淀粉粒吸收。这种情况只存在于中心层，表面层由于温度迅速升高脱水剧烈而不明显。因此饼干表面所产生的光泽不完全是依赖其本身水分的再分配生成糊精，而必须依靠炉中的湿度来生成。当温度升到80℃时，在烤炉中饼坯的中心层只需经过1.5min左右就能达到蛋白质变性阶段。

烘烤的最后阶段是上色阶段。此时由于饼干坯已脱去了大量水分进入表面棕黄色反应和焦糖化反应的变化。

pH对发酵饼干的烘烤上色关系甚大。如果面团发酵过度，面团中糖类被酵母和产酸菌大量分解，致使参与美拉德反应的糖分减少，pH下降，在烘烤时不易上色，如甜饼干烘烤时，除了美拉德反应外，后期尚有糖类的焦糖化反应存在。在甜饼干配方中除砂糖外，乳制品和蛋制品也有上色作用，都属于美拉德反应类型。

发酵饼干的烘烤温度，入炉初期需要下火旺盛，上火可以低一些，使饼干处于柔软状态，有利于饼干坯体积的膨胀和CO_2气体的逸散。如果炉温过低，烘烤时间过长，饼干易成为僵片。进入烤炉中区，要求上火渐增而下火渐减，这样可以使饼干坯膨胀到最大限度把体积固定下来，以获得良好的产品。如果这个阶段上火不够，饼干坯不能凝固定型，可能出现塌顶，成品不疏松。最后阶段上色时的炉温通常低于前面各区域，以防色泽过深。

固定式烤炉一般选用250～270℃，烘焙时间为4～5min。发酵饼干烘烤完毕必须冷却到38～40℃才能包装，其他要求与前述饼干相同。

【质量标准】

(1) 感官指标

发酵饼干的形态、色泽、组织、滋味与口感的感官指标见表3-21。

表3-21 发酵饼干的感官指标

项目	要求
形态	外形完整，厚薄大致均匀，表面有较均匀的泡点，无裂缝，不收缩，不变形，不应有凹底。特殊加工品种表面允许有工艺要求添加的原料颗粒(如果仁、芝麻、砂糖、食盐、巧克力、椰丝、蔬菜等颗粒)存在
色泽	呈浅黄色、谷黄色或品种应有的色泽，饼边及泡点允许褐黄色，色泽基本均匀，表面略有光泽，无白粉，不应有过焦的现象
组织	断面结构层次分明或呈多孔状
滋味与口感	咸味或甜味适中，具有发酵制品应有的香味及品种特有的香味，无异味，口感酥松或松脆，不粘牙

(2) 理化指标

发酵饼干的理化指标见表3-22。

表3-22 发酵饼干的理化指标

项目		要求
水分/%	≤	5.0
酸度(以乳酸计)/%	≤	0.4

(3) 微生物指标

发酵饼干的微生物指标见表3-23。

表 3-23 发酵饼干的微生物指标

项目		要求
菌落总数/(CFU/g)	≤	750
大肠菌群/(MPN/100g)	≤	30
霉菌计数/(CFU/g)	≤	50
致病菌(沙门菌、志贺菌、金黄色葡萄球菌)		不得检出

【生产案例】

一、玉米苏打饼干的制作

1. 主要设备与用具

搅拌机、发酵箱、压面机、烤炉、面筛、台秤、烤盘等。

2. 配方

配方见表 3-24。

表 3-24 玉米苏打饼干配料表

原辅料名称	质量/g	烘焙百分比/%
面粉	60000	100
玉米粉	40000	66.7
植物油	14000	23.3
干酵母	2000	3.3
食盐	1500	2.5
小苏打	1000	1.7
水	适量	

3. 工艺流程

玉米粉、面粉、酵母、水→第一次调粉→第一次发酵→第二次调粉→第二次发酵→压面、包油酥→成形→烘烤→冷却→包装→成品

其中第二次调粉添加的原料为：玉米粉、面粉、水、小苏打、油脂和食盐。

4. 操作要点

① 第一次调粉与发酵　首先把玉米粉与面粉按 4∶6 的比例混合均匀，过筛备用。取总发酵量 50%的混合粉放入搅拌机中，加入酵母和水，搅拌 4min 左右，然后放置在温度为 28℃、湿度为 75%～80%的环境中发酵 6h。

② 第二次调粉与发酵　将第一次发酵好的面团中加入剩余的混合粉，再加入油脂、食盐和水等辅料，最后加入小苏打，在搅拌机中搅拌 4min 左右，置于温度为 28℃、湿度为 75%～80%的环境中发酵 3h。

③ 压面与包油酥　将油脂、玉米面粉和精盐混合均匀，制成油酥备用。把发酵好的面团放到压面机中先压 7 次，折叠 4 次，包入油酥，再压 6 次，折叠 4 次。面团压至纯滑，并使面团形成数层均匀的油酥层即可。

④ 成形与烘烤　把面团压成 2mm 厚的面块，然后切成大小均匀的长条状，放进烤盘中，再在面片上打上分布均匀的针孔，放到烤炉中进行烘烤。烘烤初期把底火调为 250℃、面火为 220℃，中期把面火逐渐升高至 250℃、底火逐渐降低至 220℃，最后阶段把底火和

面火都降至 200℃，烘烤大约 10min，至饼干呈金黄色。

⑤ 冷却与包装　烘烤好的饼干完全冷却后，再进行包装。

二、无糖苏打饼干的制作

1. 主要设备与用具

搅拌机、发酵箱、压面机、烤炉、面筛、台秤、烤盘等。

2. 配方

配方见表 3-25。

表 3-25　无糖苏打饼干配料表

原辅料名称	质量/g		烘焙百分比/%
	第一次调粉	第二次调粉	
饼干专用面粉	1000	1000	100
即发酵母	26		1.3
水(22℃)	400		20
豆渣纤维		160	8
高纤无糖糖浆		300	15
全脂奶粉		40	2
鸡蛋		80	4
花生油		50	2.5
食盐		20	1
小苏打		10	0.5
面团改良剂		20	1
水		适量	

3. 工艺流程

原辅料处理→第一次调粉→第一次发酵→第二次调粉→第二次发酵→辊压→冲印成形→烘烤→冷却→整理→包装→成品

4. 操作要点

采用中速和面，面团温度 28～29℃。发酵温度 28～30℃、湿度 70%～75%，第一次时间 5～6h，第二次时间 2～3h。发酵成熟面团放入辊压机辊压 20～30 次，每两次折叠一次，每 50 次转 90°。达到面团光滑细腻。采用冲印成形，多针孔印模，面带厚度为 1.5～2.0mm，制成饼干坯。送入烤箱烘烤，温度 260～280℃，时间 6～8min，出炉冷却 30min，整理、包装成为成品。

三、发酵饼干的制作

1. 主要设备与用具

搅拌机、发酵箱、压面机、烤炉、面筛、台秤、烤盘等。

2. 配方

配方见表 3-26。

表 3-26 发酵饼干配料表

原辅料名称	质量/g	烘焙百分比/%
面粉	25000	100
白砂糖	5600	22.4
起酥油	3700	14.8
即发干酵母	300	1.2
食盐	350	1.4
小苏打	130	0.52
面团改良剂	250	1
水	适量	
味精、香草粉	适量	

3. 工艺流程

原辅料处理→第一次调粉→第一次发酵→第二次调粉→第二次发酵→辊轧→冲印成形→烘烤→冷却→包装→成品

4. 操作要点

① 第一次调粉和发酵　取即发干酵母 0.3kg 加入适量温水和糖进行活化，然后投入过筛后的面粉 10kg 和 6kg 水进行第一次调粉，调制时间需 4～6min，调粉结束要求面团温度在 28～29℃；调好的面团在温度 28～30℃、相对湿度 70%～75%的条件下进行第一次发酵，时间为 5～6h。

② 第二次调粉和发酵　将其余的面粉过筛放入已发酵好的面团里，再把部分起酥油、精盐（30%）、面团改良剂、味精、小苏打、香草粉以及大约 6kg 的水都同时放入搅拌机中，进行第二次调粉，调制时间需 5～7min，面团温度为 28～33℃；然后进入第二次发酵，在温度 27℃、相对湿度 75%的条件下发酵 3～4h。

③ 辊轧、夹油酥　把剩余的精盐均匀拌和到油酥中。发酵成熟面团在辊轧机中辊轧多次，辊轧好后夹油酥，进行折叠并旋转 90°再辊轧，达到面带光滑细腻。

④ 成形　采用冲印成形，多针孔印模，面带厚度为 1.5～2.0mm，制成饼干坯。

⑤ 烘烤　在烤炉温度 260～280℃下，烘烤时间 6～8min 即可，成品含水量小于 5.5%。

⑥ 冷却　出炉冷却至室温包装即可。

四、燕麦发酵饼干的制作

1. 主要设备与用具

和面机、发酵箱、压面机、烤炉、面筛、台秤、烤盘等。

2. 配方

配方见表 3-27。

表 3-27 燕麦发酵饼干配料表

原辅料名称	质量/g	烘焙百分比/%
面粉	4500	100
即发干酵母	15	0.33
食盐	15	0.33
水	1500	33.3

续表

原辅料名称	质量/g	烘焙百分比/%
燕麦粉	675	15
麦芽糖醇	450	10
精炼油	500	11.1
猪板油	200	4.4

3. 工艺流程

原辅料处理→第一次调粉→第一次发酵→第二次调粉→第二次发酵→辊轧、夹酥→成形→烘烤→冷却→成品

4. 操作要点

① 第一次调粉　将燕麦粉、面粉、即发干酵母和食盐混匀，加 1kg 水低速搅拌 10～20min，面团温度保持在 28℃左右。

② 第一次发酵　将和好的面团放入发酵箱内，温度 28～30℃、湿度 70%～80%，时间为 2～6h。

③ 第二次调粉　将麦芽糖醇、精炼油、猪板油和剩余的水充分混匀，然后加入剩余的面粉和第一次和好的面团，直到调制成为弹性均匀细腻的面团为止。

④ 第二次发酵　将和好的面团放入发酵箱内，温度在 28～30℃，湿度 75%～80%，发酵时间 2～4h。

⑤ 辊轧、夹酥　用压面机将发酵面团压成光滑面片，将 1kg 燕麦粉、0.5kg 猪板油和 60g 食盐混合制成油酥，分次均匀加入两块面片间，再经折叠、划块、辊轧等工序。

⑥ 成形　采用辊切成形，多针孔印模，面带厚度为 1.5～2.0mm。

⑦ 烘烤　温度在 230～250℃下，烘烤时间 6～8min，前期面火低于底火，定形后调高面火。

⑧ 冷却　出炉冷却至室温包装即可。

五、苦荞苏打饼干的制作

1. 主要设备与用具

和面机、发酵箱、压面机、烤炉、面筛、台秤、烤盘等。

2. 配方

配方见表 3-28。

表 3-28　苦荞苏打饼干配料表

原辅料名称	质量/g	烘焙百分比/%
面粉	2000	100
酵母	26	1.3
苦荞麦粉	150	7.5
无糖糖浆	300	15
奶粉	40	2
鸡蛋	80	4
亚麻籽油	50	2.5

续表

原辅料名称	质量/g	烘焙百分比/%
食盐	20	1
小苏打	10	0.5
面团改良剂	20	1
水	适量	

3. 工艺流程

原辅料处理→第一次调粉→第一次发酵→第二次调粉→第二次发酵→辊轧→成形→烘烤→冷却→成品

4. 操作要点

① 第一次调粉　采用中速和面。将面粉和酵母混匀，加水搅拌 5min 左右，使面团温度保持在 28～29℃。

② 第一次发酵　温度 28～30℃，湿度 70%～75%，时间为 5～6h，至面团体积膨胀到最大，并稍有回落为止。

③ 第二次调粉　采用高速和面。按工艺流程处理，达到面团均匀细腻，面团温度保持在 28℃左右。

④ 第二次发酵　温度在 28～29℃，湿度 80%，发酵时间 2～3h，至面团完全起发为止。

⑤ 辊轧　将发酵好的面团辊压 20～30 次，每两次折叠一次，每五次转 90°，至面团光滑细腻。

⑥ 成形　冲印成形，多针孔印模，面带厚度为 1.5～2.0mm。

⑦ 烘烤　温度 230～270℃下，烘烤时间 6～8min。

⑧ 冷却、包装　出炉冷却 30min 后，整理、包装成为成品。

【生产训练】

见《学生实践技能训练工作手册》。

【常见质量问题及解决方法】

发酵饼干加工中要注意以下问题。

① 各种原辅料须经处理后才能用于生产。小麦粉需过筛，以增加膨松性，去除杂质；糖须化成一定浓度的糖液；即发干酵母应加入适量温水和糖进行活化；油脂熔化成液态；各种添加剂需溶于水过滤后使用，并注意加料顺序。

② 必须计算好总液体加入的量，一次性定量准确，杜绝中途加水，且各种辅料应加入糖浆中混合均匀方可投入小麦粉。

③ 严格控制调粉时间，防止过度起筋或筋力不足。

④ 面团调制后的温度冬季应高一些，在 28～33℃；夏季应低一些，在 25～29℃。

⑤ 在面团辊轧过程中，需要控制压延比：未夹油酥前不宜超过 3∶1；夹油酥后一般要求为（2∶1）～（2.5∶1）。

⑥ 辊轧后与成形前的面带要保持一定的下垂度，以消除面带压延后的内应力。

任务3-4 曲奇饼干生产

学习目标

- 掌握曲奇饼干加工工艺流程和操作要点。
- 熟练使用与维护曲奇饼干生产机械设备。
- 处理曲奇饼干加工中出现的问题并提出解决方案。
- 掌握曲奇饼干的质量标准。

【知识前导】

曲奇饼干是一种近似于点心类食品的饼干，亦称甜酥饼干。它是饼干中配料最好、最高档的产品，其标准配比是油：糖＝1：1.35，(油＋糖)：面粉＝1：1.35。面团弹性极小，光润而柔软，可塑性极好。饼干结构虽然比较紧密（膨松度小），但由于油脂用量高，使产品质地极为酥松，有入口即化的感觉。它的花纹深，立体感较强，图案似浮雕式，块形一般不是很大，但片较厚，以防止饼干破碎。

(1) 曲奇饼干分类

产品按其配方可分为曲奇饼干和花色曲奇饼干。在曲奇饼干面团中加入椰丝、果仁、巧克力碎粒或不同谷物、葡萄干等糖渍果脯构成花色曲奇饼干。

(2) 曲奇饼干配方

低筋面粉40kg，白砂糖12kg，奶油5kg，食用油3.5kg，水适量。

(3) 曲奇饼干生产工艺流程

原辅料→面团调制→成形→烘烤→冷却→包装→成品

曲奇饼干的评价主要是其尺寸的大小，项目包括饼干的宽度（W），即直径、饼干的厚度（T）和延展系数（W/T）。具体方法是将饼干冷却至室温后，将六块（或两块）饼干边靠边排好测量其直径，然后将饼干按不同方向转动90°再测量其直径，共测量4次求平均值。厚度的测量是将六块饼干叠起，测量它们的高度，按不同顺序重新排列曲奇，重复测4次求平均值。

对于曲奇饼干来说，常以饼干直径的大小表示饼干的好坏，直径越大，厚度越小，说明饼干质量越好。而最能直接且客观地显示出面粉品质的指标就是延展系数（宽度/厚度），延展系数越大，说明面粉品质越好。同时也可以用反映曲奇饼干酥脆性的表面纹理和硬度来进行评价，表面纹理浅和少表示面粉品质较差，不适合作为曲奇饼干生产的原料。

【生产工艺要点】

(1) 面团调制

甜酥性面团由于辅料量很大，调粉时加水量甚少，因此一般不使用或使用极少量的糖浆，而以糖粉为主。且因油脂量较多，不能使用液态油脂，以防止面团中油脂因流散度过大而造成“走油”，如发生这种现象，将会使面团在成形时变得完全无结合力，导致生产无法顺利进行。要避免“走油”情况出现，不仅要求使用固态油脂，还要求面团温度保持在19～24℃，以保证面团中油脂呈凝固状态。要达到这样低的面团温度，在夏天生产时对使用的原辅材料要采取降温措施。例如，面粉要进冷藏库，投料时温度不得超过18℃，油脂、糖粉亦应放置于冷风库中，调粉时所加的水可以采用部分冰水或轧碎的冰屑（块），以调节和控制面团温度。甜酥性产品在调粉时的配料次序同酥性饼干。调粉时间也大体相仿。虽然采用降温措施和大量使用油糖等辅料，但调粉操作中不会使面筋胀润度偏低。这是因为它不使用糖浆，所加的清水虽然在物料配齐后能溶化部分糖粉，但终究不如糖浆浓度高，仍可使面筋性蛋白质迅速吸水胀润，因而亦能保证面筋获得一定的胀润度。如面团温度掌握适当，甜酥性面团不大会形成面筋的过量胀润，因而这种面团的调粉操作仍然是遵循控制有限胀润为原则。

（2）曲奇饼干的成形

这种面团为了尽量避免它在夏季操作过程中温度升高，同时因面团黏性也不太大，一般不需静置和压面，调粉完毕后可直接进入成形。甜酥性面团可采用辊印成形、挤压成形、挤条成形及钢丝切割成形等多种机械生产，但一般不大使用冲印成形的方法。在成形方法选择方面不仅是为了不同品种的需要，同时是为了尽可能使用不产生头子的成形方法，以防止头子返回掺入新鲜面团中，造成面团温度的升高。辊切成形在生产过程中有头子产生，因而在不具备空调的车间中，对甜酥面团在夏季最好不使用这种成形法。

（3）曲奇饼干的烘烤

由于糖、油含量多，按理可以应用高温短时间的烘烤工艺。在通常情况下，其中心层在3min左右即能升到100～110℃。但这种饼干的块形要比酥性饼干厚50%～100%，这就使得它在同等表面积的情况下，饼坯水分含量较酥性饼干高，所以不能采用高速烘烤的办法。在250℃温度下烘烤时间为5～6min。

甜酥饼干烘熟后，常易产生表面积摊得过大的变形现象，除调粉时应适当提高面筋胀润度之外，还应注意在饼干定型阶段的烤炉中区的温度控制。这方面可供选择的办法是采取将中区湿热空气输送到烤炉前区的装置，如不具备条件，亦可将中区湿热空气直接排出。

（4）冷却

甜酥性饼干糖、油含量高，高温情况下即使水分很低也很软。刚出炉时，表面温度可达180℃左右，所以特别要防止弯曲变形。烘烤完毕时饼干水分尚有8%，在冷却过程中随着温度逐渐下降，水分继续挥发，在接近室温时，水分达到最低值，稳定一段时间后，又逐渐吸收空间的水分。当室温在25℃、相对湿度在85%时，从出炉到水分达到最低值的冷却时间大约为6min，水分相对稳定时间为6～10min，因此饼干的包装，最好选择在稳定阶段进行。

【质量标准】

（1）感官指标

曲奇饼干的形态、色泽、组织、滋味与口感的感官指标见表3-29。

表3-29 曲奇饼干的感官指标

项目	要求
形态	外形完整，花纹或波纹清晰，同一造型大小基本均匀，饼体摊散适度，无连边。花色曲奇饼干添加的辅料应颗粒大小基本均匀
色泽	表面呈金黄色、棕黄色或品种应有的色泽，色泽基本均匀，花纹与饼体边缘允许有较深的颜色，但不应有过焦、过白的现象。花色曲奇饼干允许有添加辅料的色泽
组织	断面结构呈细密的多孔状，无较大孔洞。花色曲奇饼干应具有品种所添加辅料的颗粒
滋味与口感	有明显的奶香味及品种特有的香味，无异味，口感酥松或松软

（2）理化指标

曲奇饼干的理化指标见表 3-30。

表 3-30　曲奇饼干的理化指标

项　目		曲　奇　饼　干		
		普通型和花色型	可可型	软型
水分/%	≤	4.0	4.0	9.0
碱度(以碳酸钠计)	≤	0.3%	—	—
pH		—	8.8	8.8
脂肪/%	≥	16.0	16.0	16.0

(3) 微生物指标

曲奇饼干的微生物指标见表 3-31。

表 3-31　曲奇饼干的微生物指标

项　目		要　求
菌落总数/(CFU/g)	≤	2000
大肠菌群/(MPN/100g)	≤	30
霉菌计数/(CFU/g)	≤	50
致病菌(沙门菌、志贺菌、金黄色葡萄球菌)		不得检出

【生产案例】

一、原味黄油曲奇的制作

原味黄油曲奇制作

1. 主要设备与用具

打蛋机、烤炉、电子秤、面筛、裱花袋、裱花嘴、烤盘等。

2. 配方

配方见表 3-32。

表 3-32　原味黄油曲奇配料表

原辅料名称	质量/g	烘焙百分比/%
低筋面粉	300	100
黄油	250	83.3
砂糖	125	41.7
奶粉	25	8.3
水	68	22.7

3. 工艺流程

原辅料预处理→面糊调制→成形→烘烤→冷却→成品

原味黄油曲奇见彩图 3-1。

4. 操作要点

① 原辅料预处理　按配方标准计量，将低筋面粉、奶粉过筛备用。

② 面糊调制　将黄油在水浴中软化，然后在打蛋机中与糖混合，搅打至松发；分两次加入奶粉，并且搅拌均匀；把水分 2～3 次加入黄油中，并且搅拌均匀；将过筛后的面粉一点点加入黄油中，搅拌成浓稠的面糊。

③ 成形　在准备好的裱花袋内套一个齿形花嘴，将调好的饼干面糊装入裱花袋，在铺好不粘纸的烤盘中将饼干面糊挤成圈状，每个饼干坯中间要留出适当的空隙。

④ 烘烤　温度为面火 210℃/底火 150℃，烘烤 10min 左右，烤至饼干表面上色，呈金黄色即可。

二、咖啡曲奇的制作

1. 主要设备与用具

打蛋机、烤炉、面筛、电子秤、裱花袋、裱花嘴、烤盘等。

2. 配方

配方见表 3-33。

表 3-33　咖啡曲奇配料表

原辅料名称	质量/g	烘焙百分比/%
低筋面粉	140	100
黄油	120	85.7
糖	55	39.3
蛋黄	10	7.1
咖啡粉	5	3.6
可可粉	5	3.6
柠檬汁	3	2.1
盐	1	0.71

3. 工艺流程

原辅料预处理→面糊调制→成形→烘烤→冷却→成品

4. 操作要点

① 面糊调制　将黄油切小块在室温下放软，然后与糖混合，搅打至松发状态。在黄油中加入蛋黄搅拌均匀，再加入柠檬汁拌匀。低筋面粉和可可粉过筛后加入黄油中，再加入盐和咖啡粉，翻拌均匀成浓稠的面糊。

② 成形　在准备好的裱花袋内套入一个大号的齿形花嘴，将调好的饼干面糊装入裱花袋，烤盘垫不粘布或不粘纸，在烤盘中将饼干面糊挤成圈状，每个饼干坯中间要留出适当的空隙，一定不要使饼干坯离得太近，因为经过烘焙后的饼干体积会变大，发生粘连现象。

③ 烘烤　烤炉温度为 180℃，烘烤 15min 左右，烤至饼干表面上色，呈金黄色即可。

三、葱油曲奇的制作

1. 主要设备与用具

搅拌机、烤炉、台秤、面筛、裱花袋、裱花嘴、烤盘等。

2. 配方

配方见表 3-34。

表 3-34　葱油曲奇配料表

原辅料名称	质量/g	烘焙百分比/%
低筋面粉	3000	100
酥油	1000	33.3

续表

原辅料名称	质量/g	烘焙百分比/%
植物油	900	30
糖粉	800	26.7
水	350	11.7
香葱	150	5
蜂蜜	50	1.7
食盐	50	1.7
味精	10	0.33

3. 工艺流程

原辅料预处理→面团调制→成形→烘烤→冷却→成品

4. 操作要点

① 面团调制　先将糖粉、酥油、植物油快速打发至发白，加入食盐、味精和蜂蜜搅拌均匀，然后分次加入水搅打均匀，再将切碎的香葱慢慢加入拌匀，最后慢慢加入面粉搅拌均匀。

② 成形　将调好的面团装入带有裱花嘴的裱花袋内，在烤盘内挤出“S”形、长条形或圆形。

③ 烘烤　面火190℃，底火170℃，烘烤17～20min。

④ 冷却　将烤好的葱油曲奇从炉中取出，让其自然冷却。

四、菊花曲奇的制作

1. 主要设备与用具

打蛋机、烤炉、面筛、电子秤、裱花袋、裱花嘴、烤盘等。

2. 配方

配方见表3-35。

表3-35　菊花曲奇配料表

原辅料名称	质量/g	烘焙百分比/%
低筋面粉	1000	100
糖粉	350	35
黄油	330	33
色拉油	330	33
水	250	25
食盐	5	0.5
奶香粉	适量	
车厘子	适量	

3. 工艺流程

面粉、奶香粉、食盐 → 拌粉；车厘子 → 装饰

黄油、糖粉、色拉油→打发→加水乳化→拌粉→挤注成形→装饰→烘烤→成品

4. 操作要点

将面粉、食盐、奶香粉混合过筛备用。将黄油、糖粉乳化均匀后，加入色拉油拌匀，再将水分次加入乳化均匀，最后将过筛后的粉料加入拌和均匀即成面糊。将面糊装入裱花袋内，用菊花形的裱花嘴挤注成形。在成形好的饼干坯上点缀上车厘子，放入烤盘内，烤炉温度为面火 240℃、底火 160℃，烘烤至酥脆即可。

五、巧克力曲奇的制作

1. 主要设备与用具

打蛋机、烤炉、面筛、电子秤、裱花袋、裱花嘴、烤盘等。

2. 配方

配方见表 3-36。

表 3-36 巧克力曲奇配料表

原辅料名称	质量/g	烘焙百分比/%
低筋面粉	450	100
糖粉	175	38.9
黄油	350	77.8
鸡蛋	50	11.1
可可粉	20	4.4
牛奶	50	11.1
巧克力	85	18.9
巧克力酱	适量	

3. 工艺流程

蛋液　面粉、可可粉、巧克力

↓　　↓

糖、油打发→搅拌→拌粉→挤注成形→装饰→烘烤→成品

4. 操作要点

① 巧克力切碎，隔水熔化后加入牛奶拌匀备用。

② 黄油、糖粉搅拌膨发，加入鸡蛋搅拌均匀，再加入过筛后的面粉、可可粉，拌和均匀后加入熔化好的巧克力拌匀，形成面糊。

③ 将面糊装入裱花袋内，根据需要形状挤在烤盘上。

④ 表面点缀上巧克力酱装饰，放入烤盘内，烤炉温度：面火 220℃、底火 180℃，烘烤至酥脆即可。

六、小米曲奇的制作

1. 主要设备与用具

粉碎机、搅拌机、成形机、烤炉、台秤、烤盘等。

2. 配方

配方见表 3-37。

表 3-37 小米曲奇配料表

原辅料名称	质量/kg	烘焙百分比/%
小麦粉	100	100

续表

原辅料名称	质量/kg	烘焙百分比/%
小米粉	20	20
奶油	40	40
鸡蛋	20	20
植物油	5	5
奶粉	10	10
猪油	80	80
糖浆	40	40
糖粉	30	30
精盐	3	3
碳酸氢铵	0.4	0.4
调味料	适量	

3. 工艺流程

小麦粉、奶粉　各种辅料

↓　↓

小米→浸泡→粉碎→小米粉→混合→面团调制→成形→烘烤→冷却→检验→包装→成品

4. 操作要点

① 选料　选择色泽良好，没有虫蛀、霉变的小米为原料，利用清水淘洗干净，去掉杂质。

② 制粉　将小米用水浸泡 1～2h 取出后晾干，利用粉碎机进行粉碎，细度要求在 80 目以上，晾干备用。

③ 混合及面团调制　将小米粉、小麦粉、奶粉、精盐、糖粉、植物油、奶油、鸡蛋等按照一定的比例依次倒入搅拌机中，搅拌均匀，再加入糖浆，然后加入碳酸氢铵等辅料，搅拌 10～15min。

④ 成形　将搅拌好的面团放入带有奶油裱花嘴的设备，采用挤压成形。

⑤ 烘烤　将成形后的饼干坯放入烤炉中，在 220℃的温度条件下烘烤 5～10min。

⑥ 冷却　将烘烤成熟的小米饼干从冷却链板的一端传递到末端，剔除不符合要求的制品。

⑦ 包装　选择铝箔聚乙烯复合包装，每袋 80～90g，避免产品吸潮和油脂氧化。

七、夹心曲奇的制作

1. 主要设备与用具

打蛋机、烤炉、电子秤、面筛、橡皮刀、擀面杖、烤盘等。

2. 配方

配方见表 3-38。

表 3-38　夹心曲奇配料表

原辅料名称	质量/g	烘焙百分比/%
低筋面粉	145	100
黄油	120	82.8

续表

原辅料名称	质量/g	烘焙百分比/%
奶油	60	41.3
糖粉	40	27.6
鸡蛋	25	17.2
奶粉	15	10.3
牛奶	10	6.9
盐	1	0.7
核桃仁、提子干	适量	

3. 工艺流程

原辅料预处理→面团调制→成形→烘烤→冷却→成品

4. 操作要点

① 原辅料预处理　按配方标准计量，将低筋面粉、奶粉过筛备用，奶油熔化至里面没有冰碴，黄油隔水软化。

② 面团调制　使用打蛋机打发奶油和黄油，呈羽毛状。再逐次加入糖粉、盐搅拌均匀。分次加入鸡蛋和牛奶，搅拌均匀。一点点加入面粉、奶粉和提子干，搅拌成均匀面团。

③ 成形　先将面团上面包上保鲜膜，擀时除去。用擀面杖将面团擀成面片。把核桃仁压碎，然后撒在面片表面，把面片卷成卷，切成小段。

④ 烘烤　烤炉温度为 170℃，烤制 20～25min 即可。

【生产训练】

见《学生实践技能训练工作手册》。

【常见质量问题及解决方法】

曲奇饼干加工中要注意以下问题。

① 曲奇饼干面团配料中油、糖的用量更高而且面团的弹性要求更低一些，因此加水量不能过多，否则面筋蛋白就会大量吸水，为湿面筋的充分形成创造了条件，甚至可使调好的面团在输送、静置及成形工序中由于蛋白质继续吸水胀润而形成较大的弹性。在调制时加水量极少，一般不用或仅用极少量的糖浆，甜味料以甜粉为主。由于脂肪的用量较大，所以不宜使用液态的油脂，否则易使饼干面团“走油”，面团在成形时缺少结合力。要避免“走油”现象的发生，不仅要使用固态油脂，而且要求面团温度保持在 19～24℃。

② 烘烤温度要求较高，否则容易造成“油摊”。

自测题

一、判断题（在题前括号中划“√”或“×”）

（　　）1. 韧性饼干面团弹性大，烘烤时易于产生表面起泡现象，所以必须在饼坯上冲有针孔。

（　　）2. 酥性饼干糖与油脂的用量要比韧性饼干少一些。

（　　）3. 酥性饼干不要求有很高的膨胀率，一般使用低筋粉；而韧性饼干要求有较高的膨胀率，宜用高筋粉；发酵饼干要求有较大的膨胀率，应使用中筋粉。

（　　）4. 饼干焙烤中发生褐变主要是美拉德反应引起的。

(　　) 5. 在韧性饼干生产中，于面粉中添加少量二氧化硫有助于缩短调粉时间。

(　　) 6. 酥性饼干属于高油脂饼干，一般都采用冲印机来成形。

(　　) 7. 曲奇面团由于辅料用量很大，调粉时加水量甚少，因此一般不使用或使用极少量的糖浆，而以糖为主。

(　　) 8. 发酵饼干在辊轧过程中要进行夹酥操作。

(　　) 9. 发酵饼干的烘烤可以采用钢带和铁盘，酥性饼干应采用网带或铁丝烤盘。

(　　) 10. 发酵饼干的印模与韧性饼干不同，韧性饼干采用凹花有针孔的印模，发酵饼干不使用有花纹的针孔印模。

(　　) 11. 在发酵饼干生产中，第二次调粉发酵和第一次调粉发酵的主要区别是配料中有大量的油脂、食盐以及碱性疏松剂等物质使酵母作用变得困难。

(　　) 12. 苏打饼干是采用酵母发酵与化学疏松剂相结合的发酵性饼干。

(　　) 13. 在酥性饼干面团调制中，一般糖的用量可达面粉的32%～50%，油脂用量更可达40%～50%或更高一些。

(　　) 14. 饼干出炉后应迅速冷却到室温。

(　　) 15. 酥性饼干面团调制时应先将面粉、水混合，再加入油、糖等。

二、填空题

1. (　　　　) 是一种近似于点心类食品的饼干，亦称甜酥饼干，是饼干中配料最好、档次最高的产品。

2. 韧性饼干在国际上被称为 (　　　　)，一般采用 (　　　　) 面粉制作，需要较长时间调粉。

3. 酥性面团因其温度接近或略低于常温，比韧性面团的温度低得多，故称酥性面团为“(　　　　)”。

4. 饼干成形的方法有 (　　　　)、(　　　　)、(　　　　)、(　　　　) 等。

5. 面团形成的基本过程包括 (　　　　　　　　) 的吸水、面团的形成、面团的 (　　　　) 等。

6. 在烘烤韧性饼干时，当 (　　　　) 过后，饼干坯很快进入膨胀、(　　　　) 和 (　　　　) 阶段。

7. (　　　　) 是理想的酥性饼干生产用油脂。

8. 发酵饼干要进行 (　　　　) 面团调制和 (　　　　) 发酵。

9. 韧性面团俗称 (　　　　)，这是由于此种面团在调制完毕时具有比酥性面团更高的温度而得名。

10. 韧性饼干采用 (　　　　) 成形；高油脂饼干采用 (　　　　) 成形。

11. 冲印成形的特点就是在冲印后必须将 (　　　　) 与 (　　　　) 分离。

12. 在烘烤过程中，饼坯的水分变化可以分为三个阶段：(　　　　) 阶段、(　　　　) 阶段、(　　　　) 阶段。

13. 发酵饼干又称为 (　　　　)，可分为 (　　　　) 和甜发酵饼干两种，甜发酵饼干可使用 (　　　　) 饼干的配比来生产。

14. 华夫饼干又称 (　　　　)，是一种由 (　　　　) 与 (　　　　) 两部分组成的多层夹心饼干品种。

15. 韧性饼干和苏打饼干表面的针孔主要是为了 (　　　　)。

16. 饼干色泽的形成来自于 (　　　　) 反应和 (　　　　) 反应。

17. 饼干按原料配比分为（　　）、（　　）、（　　）、（　　）等几类。

18. 发酵面团一般要求温度在（　　）℃之间。

19. 在饼干烘烤过程中，影响水分排除的主要因素是（　　）和（　　）。

20. 制作饼干时辊轧过程中添加的头子量与新鲜面团的比例为（　　）。

三、简答题

1. 韧性面团的调制要分哪两个阶段来控制？
2. 发酵饼干面团发酵一般采用二次发酵法，第一次发酵的目的是什么？
3. 发酵面团在发酵过程中物理性能方面的变化有哪些？
4. 生产酥性饼干时，面团调制时应注意哪些问题？
5. 简述饼干面团改良剂的种类及作用原理。
6. 简述饼干面团辊轧基本原则及目的。
7. 影响苏打饼干面团发酵的因素有哪些？
8. 工业上对饼干面团的物性有何要求？
9. 糖在饼干生产中的作用是什么？
10. 简述韧性饼干的用料要求及预处理。

四、分析题

1. 为什么饼干出炉时不宜采用强风快速冷却？
2. 分析一下为什么韧性饼干的生产宜采用带有针柱的凹花印模？
3. 饼干生产中添加膳食纤维有什么好处？
4. 分析面团成熟和成品品质的关系。

五、设计题

1. 生产韧性饼干对面粉有何要求？如不符合，如何改良？试设计韧性饼干生产的工艺流程，并写出工艺条件。

2. 请依据所学知识设计一种适合糖尿病患者食用的饼干（包括配方、设备用具、工艺流程和操作要点）。

学习情境四

月饼生产

【知识储备】

中秋吃月饼和端午吃粽子、元宵节吃汤圆一样，是我国民间的传统习俗。古往今来，人们把月饼当作吉祥、团圆的象征。每逢中秋，皓月当空，合家团聚，品饼赏月，谈天说地，尽享天伦之乐。

月饼是使用面粉等谷物粉、油、糖或不加糖调制成饼皮，包裹各种馅料，经加工而成，以在中秋节食用为主的传统节日食品，是中秋节的象征，几乎所有的炎黄子孙都在农历八月十五这天品饼赏月，合家团圆。月饼已成为人们节日沟通情感的纽带，是一种历史悠久的传统文化。由于加工技术的不断提高和新材料的不断出现，其品质不断提高，品种更加丰富，包装日益精致。我国月饼种类繁多，按地域分主要有广式、京式、苏式、宁式等，其中广式月饼近年来已成为我国最受欢迎的品种之一，它工艺独特，制作精细，造型美观，皮薄馅靓，味美可口，是全国各地月饼生产的主要品种。随着新技术、新工艺、新材料的采用，月饼生产将朝着营养化、艺术化、多样化的方向发展，以不断满足人民日益增长的物质文化需要。

一、月饼的分类

月饼的花色品种很多，按加工工艺、地方风味特色和馅料进行分类（参照 GB 19855—2005）。

1. 按加工工艺分类

(1) 烘烤类月饼

以烘烤为最后熟制工序的月饼。

(2) 熟粉成形类月饼

将米粉或面粉等预先熟制，然后经制皮、包馅、成形的月饼。

(3) 其他类月饼

应用其他工艺制作的月饼。

2. 按地方风味特色分类

(1) 广式月饼

以广东地区制作工艺和风味特色为代表的，使用小麦粉、转化糖浆、植物油、枧水等制成饼皮，经包馅、成形、刷蛋、烘烤等工艺加工而成的口感柔软的月饼。

(2) 京式月饼

以北京地区制作工艺和风味特色为代表的，配料上重油、轻糖，使用提浆工艺制作糖浆皮面团，或以糖、水、油、面粉制成松酥皮面团，经包馅、成形、烘烤等工艺加工而成的口味纯甜或纯咸，口感松酥或绵软，香味浓郁的月饼。

(3) 苏式月饼

以苏州地区制作工艺和风味特色为代表的，使用小麦粉、饴糖、油、水等制皮，小麦粉、油制酥，经制酥皮、包馅、成形、烘烤等工艺加工而成的口感松酥的月饼。

(4) 其他

以其他地区制作工艺和风味特色为代表的月饼。

3. 以馅料分类

(1) 蓉沙类

① 莲蓉类　包裹以莲子为主要原料加工成馅的月饼。除油、糖外的馅料原料中，莲子含量应不低于60%。

② 豆蓉（沙）类　包裹以各种豆类为主要原料加工成馅的月饼。

③ 栗蓉类　包裹以板栗为主要原料加工成馅的月饼。除油、糖外的馅料原料中，板栗含量应不低于60%。

④ 杂蓉类　包裹以其他含淀粉的原料加工成馅的月饼。

(2) 果仁类

包裹以核桃仁、杏仁、橄榄仁、瓜子仁等果仁和糖等为主要原料加工成馅的月饼。馅料中果仁含量应不低于20%。

(3) 果蔬类

① 枣蓉（泥）类　包裹以枣为主要原料加工成馅的月饼。

② 水果类　包裹以水果及其制品为主要原料加工成馅的月饼。馅料中水果及其制品的用量应不低于25%。

③ 蔬菜类　包裹以蔬菜及其制品为主要原料加工成馅的月饼。

(4) 肉与肉制品类

包裹馅料中添加了火腿、叉烧、香肠等肉与肉制品的月饼。

(5) 水产制品类

包裹馅料中添加了虾米、鱼翅（水发）、鲍鱼等水产制品的月饼。

(6) 蛋黄类

包裹馅料中添加了咸蛋黄的月饼。

(7) 其他类

包裹馅料中添加了其他产品的月饼。

二、月饼生产原辅料

1. 面粉

月饼生产选择面粉时所要考虑的因素如下。

(1) 面筋含量

月饼专用面粉的蛋白质和湿面筋含量一般要求在9.5%～10.0%和22.0%～25.0%。制作月饼的面粉，宜选用面筋弹性中等、延伸性好、面筋含量较低的面粉。一般以湿面筋含量在21%～28%为宜。如果面筋含量高、筋力强，则生产出来的月饼发硬、变形、起泡；如果面筋含量过低、筋力弱，则月饼会出现裂纹，易破碎。

(2) 面粉的粗细度

月饼专用面粉的粗细度要求与饼干类似。不同种类月饼对面粉的粗细度要求不同。对于甜月饼一般要求全通过150μm筛，如果面粉的颗粒大，则面团制作时吸水慢，影响和面时间，同时糊化温度升高，做出的月饼可能会有粘牙现象。如果面粉的颗粒度太小，月饼在烘烤时会向上膨胀，影响月饼的形状。面粉的颗粒应尽可能细小，最好能全通过125μm筛，只有这样，生产出的月饼表面光滑细腻，没有粗糙感。

但是，面粉中破损淀粉与面粉的粗细度有关，面粉粒度越小，破损淀粉就越多，面粉的吸水量增多，造成面团发软。但如果面粉粒度大，破损淀粉量过少，则吸水量少，面团较硬，饼皮不够酥松。因此，在月饼的制作中，对面粉的粒度也有严格要求。

(3) 面粉的灰分与白度值

月饼厂家对面粉的灰分含量要求越来越严格。灰分高，说明面粉加工精度低、粉色差、含麸量多，所生产出来的月饼结构粗糙、颜色深、口感差。如果面粉的灰分低，则相反。对于生产颜色浅的月饼，最好使用灰分低、麸量少的面粉。在考虑到经济效益的情况下，灰分越低，越利于月饼的制作和保证月饼质量。

白度值与面粉中类胡萝卜素和含麸量多少有关，而含麸量涉及面粉的加工精度，上面已经讨论过。诸如胡萝卜素等色素可以通过添加漂白剂进行改良，这对于生产颜色浅的月饼是有必要的，使得此类月饼有较为理想的颜色。

(4) 降落数值

降落数值是用于衡量面粉中α-淀粉酶含量高低的指标。降落数值高，表明面粉中α-淀粉酶含量低；降落数值低，则表明面粉中α-淀粉酶含量高。特别是用发芽小麦研磨出来的面粉中含有大量的α-淀粉酶，和面以后α-淀粉酶就会分解淀粉分子，产生糊精及麦芽糖。降落数值太低的面粉，不适于制作颜色浅的月饼，因为这类面粉中α-淀粉酶含量高，酶作用于淀粉产生大量的麦芽糖，烘烤时美拉德反应和焦糖化作用强烈，产生大量褐色物质，使得月饼颜色加深。同时，由于小麦发芽，会影响面筋的质和量，使面筋减少，面筋质变弱，制造出来的月饼会产生裂纹，容易破碎。

2. 油脂

(1) 油脂的作用

油脂是月饼生产的主要原料，在月饼生产中，除了营养价值方面，油脂使月饼有良好的风味和外观色泽；限制面团的吸水性，控制面筋的生成；增加面团所包空气的量；油脂分布在面粉蛋白质或淀粉微粒周围，形成一层油膜，使月饼皮不易粘辊和印模，花纹清晰。

油脂的多少对月饼质量的影响很大，不同的用量、不同的种类，产生的效果也不一样。当油脂少时，会造成产品严重变形、口感硬、表面干燥无光泽、面筋形成多，虽增强了产品的抗裂能力和强度，但减少了内部的松脆度。油脂多时，能助长饼皮的疏松起发、外观平滑光亮、口感酥化。

(2) 月饼生产中常用的油脂

油脂按其原料来源分为食用植物油和食用动物油脂。

① 植物油　月饼生产中常用的植物油包括棕榈油、橄榄油、椰子油、菜籽油、花生油、豆油和混合植物油。

棕榈油和橄榄油均属月桂酸系油脂，在常温时呈硬性固体状态，饱和度也高，稳定性好，不易氧化，可用于月饼表面的喷油。若用在月饼生产中，则因缺乏稠度和塑性，加工性能差。但因棕榈油价格低于一般精炼植物油，仍有不少月饼厂将其与精炼植物油搭配使用；棕榈油还可用于制作起酥油或人造奶油，制得稳定性高的复合型油脂。椰子油的熔点范围为

24～27℃。当温度升高时，椰子油不是逐渐软化，而是在较窄的温度范围内骤然由脆性固体转变为液体。利用此特性，椰子油用于夹心料中，吃到嘴里能较快融化。

精炼的菜籽油、花生油、豆油和混合植物油在常温下呈液态，有一定黏度，润滑性和流动性好，用于月饼面团中，不但起酥性好，而且能提高面团的润滑性，降低黏性，改善月饼面团的机械操作性。这些植物油的不饱和脂肪酸含量高，易氧化，但它们都含有微量的天然抗氧化剂，如维生素E、芝麻酚等，对这些植物油本身起到保护作用，因此，其稳定性比猪油好。这些精炼植物油可用于储存期不长、油脂含量较少的月饼中，用量不宜太高，否则面团中的油容易发生外析现象，影响操作和产品质量。

精炼的香油具有独特的香气，可用于芝麻薄脆月饼等特定口味的月饼，以提高月饼的风味。

植物油含不饱和脂肪酸，常温下为液体，易氧化分解，在光照下酸败变质，不要存放时间过长。

② 猪油　猪油是月饼和其他烘烤制品常用的油脂之一。猪油分猪板油、猪膘油和猪网油三种。其中专门从猪腹部的板油提炼的油脂质量最好，色泽洁白，具有猪油特有的温和香味，其酸价不超过0.8；猪膘油和猪网油（是猪肌肉缝里成网状的油脂，在制作菜肴时当配料被经常用到）质量差些，酸价最高可达1.5，常带有不愉快的气味。猪油的熔点为36～42℃，当温度逐渐升高时，猪油便显示出逐渐软化而不流动的特性，达到熔点时变为液体。良好塑性和稠度的猪油对月饼有优良的起酥性。

猪油色泽洁白光亮，质地细腻，含脂率高，具有较强的可塑性和起酥性，制出的产品品质细腻，口味肥美。但猪油起泡性能较差，不能用作膨松制品的发泡原料。在制作面团时，大多掺入无异味的熟猪油。糖渍猪油丁制品应选用质量好的生板油加工制成。

猪油是动物性油脂，不含天然抗氧化剂，容易氧化酸败，在月饼加工过程中经高温烘烤，稳定性差，宜用于保存期不长的月饼中，或者在使用时需添加一定量的抗氧化剂。

③ 起酥油　起酥油是由精炼动植物油脂、氢化油或这些油脂的混合物，经混合、冷却塑化而加工出来的，具有可塑性、乳化性等加工性能的固态或具流动性的油脂产品，可按不同需要以合理配方使油脂性状分别满足各种烘烤制品的要求。

调节起酥油中固相与液相之间的比例，可使整个油脂成为既不流动也不坚实的结构，使其具有良好的可塑性和稠度；也可增加起酥油中液状食用性植物油的比例，制成流动性的起酥油，以满足月饼加工自动化及连续化的需要。

起酥油中往往添加了乳化剂。乳化剂在面团调制时与部分空气结合，这些面团中包含的气体在月饼烘烤时受热膨胀，能提高月饼的酥松度。起酥油的熔点范围可随不同配方而定，月饼用的起酥油熔点为36～38℃，可用于油脂含量高、保存期适中的月饼中。

④ 月饼皮料专用油　月饼皮用油大体上是沿用花生油作为主要原料。但花生油制成的饼皮容易发硬。在面团和好后稍加静置就呈脆性，月饼皮延展性差，容易在月饼成形过程中发生露馅和粘模，不易脱模；月饼馅方面：馅心质地粗糙，粘牙，易腐败变质，丧失食用价值。

月饼皮料专用油脂可以避免花生油的这些缺陷，并且因其具有芳香味，使皮子在细软易化的同时尚能感觉到奶油香味。

月饼皮料专用油脂的特点是：选用新鲜的植物性油脂，通过特定的加工工序制成；无水、无盐、色泽金黄；稳定性好，保质期长，延展性好，易脱模。

月饼皮料专用油脂比花生油稳定性好，产品不易腐败，可以存放较长时间。这种皮料专用油脂不仅适用于广式月饼，在苏式月饼和潮式月饼中也同样可以应用。同时还可以与月饼馅心专用油脂混合用于馅心的制作。

⑤ 月饼馅专用油脂　月饼馅心中的油脂，传统用的是猪油，虽然口感好，但保存稳定性差，容易腐败变质。目前有些厂商使用人造奶油或起酥油来代替，保存性能虽好，但普遍感到馅心容易变硬，有粒质粗糙感，有的更会产生一种不愉快的气味，使产品档次受到损害。

月饼馅心专用油脂的特点是：选用新鲜的植物性油脂，通过特定的加工工序制成；稳定性好，品质优良，保质期长，易操作；色泽金黄，具有宜人的天然奶油香味；使用后具有口感柔软、香糯、不粘牙或上颚的良好效果。

3. 糖

(1) 糖在月饼生产中的作用

① 改善月饼的色、香、味、形　月饼中添加足量的糖，就能经过焙烤使“焦糖化作用”与“美拉德反应”加速，不仅月饼表面有金黄至棕黄的色泽，而且还产生焙烤制品固有的焦香风味。

② 延长产品的保存期

a. 抗氧化作用：氧气在糖溶液中的溶解量比在水溶液中低得多，因此糖溶液具有抗氧化性。还由于砂糖可以在加工中转化为转化糖，具有还原性，所以是一种天然抗氧化剂。在油脂较多的食品中，这些转化糖就成为了油脂稳定性的保护因素，防止酸败的发生，延长保存时间。

b. 糖具有防腐性，当糖液的浓度达到一定值时，有较高的渗透压，能使微生物脱水，发生细胞的质壁分离，抑制微生物的生长和繁殖。这在糖含量较多的食品中效果比较明显，一般细菌在50%的糖度下就不会增殖。因此，月饼中的含糖量高可增强其防腐能力，延长产品的保质期和保存期。

c. 糖具有吸水性和持水性，可使焙烤食品在保质期内保持柔软。因此，含有大量葡萄糖和果糖的各种糖浆不能用于酥性焙烤食品，否则会因吸湿返潮而使其失去酥性口感。

(2) 月饼生产中常用的糖

主要有白砂糖、绵白糖等。

4. 鸡蛋

鸡蛋不是月饼生产的必要原料，但对改善月饼的色、香、味、形，以及提高其营养价值等方面都有一定的作用。

月饼生产中常用的蛋品主要是鲜鸡蛋。鸭蛋、鹅蛋因有异味，在月饼生产中很少使用。

鲜鸡蛋发泡性能好，营养价值高。但必须选用新鲜的、不散黄的、不变质的鸡蛋。使用鲜鸡蛋的缺点是蛋壳处理麻烦，影响生产厂的卫生条件。所以使用鲜鸡蛋要特别注意卫生，必要时要进行清洗消毒。

鲜鸡蛋在常温下极易腐败变质，特别是在夏季，因此需要低温储藏，一般储藏温度以$-1.7 \sim -0.6$℃为宜，过低的温度会将蛋壳冻破。

蛋制品在月饼中有增加月饼皮的酥松度，增进月饼的色、香、味，以及提高月饼的营养价值等作用。

5. 疏松剂

月饼要获得多孔状的疏松结构与食用时的酥松口感，就要添加疏松剂，如油酥皮月饼、蛋调皮月饼、水调皮月饼等。一般月饼膨松都使用化学疏松剂，如苏打与发酵粉。制作月饼不使用酵母作疏松剂的原因，是由于多数月饼是多糖多油脂的，这种条件不利于酵母的生长繁殖。故月饼膨松都使用化学疏松剂。使用化学疏松剂操作简便，不需要发酵设备，也可缩短生产周期。

当月饼在烘烤时，化学疏松剂受热而分解，可以产生大量的二氧化碳气体，这种气体可以使月饼坯起发，在月饼内部结构中形成均匀致密的多孔性组织，从而使成品达到具有膨松酥脆的特点。

（1）疏松剂的作用

① 使食用时易于咀嚼　疏松剂能增加制品的体积，产生松软的组织。

② 增加制品的美味感　疏松剂使产品组织松软，内部有细小孔洞，因此食用时，唾液易渗入制品的组织中，溶出食品中的可溶性物质，刺激味觉神经，感受其风味。没加入疏松剂的产品，唾液不易渗入，因此味感平淡。

③ 利于消化食品　经疏松剂作用成松软多孔的结构，进入人体内，如海绵吸水一样，更容易吸收唾液和胃液，使食品与消化酶的接触面积增大，提高了消化率。

（2）对疏松剂的一般要求

① 以最小的使用量而能产生最多的二氧化碳气体。

② 在冷的面团中，二氧化碳气体的产生较慢，一旦入炉烘烤时，能迅速而均匀地产生大量气体。

③ 经烘烤后的成品中所残留的物质，必须无毒、无味、无臭和无色。

④ 化学性质稳定，在储存期间不易发生变化。

⑤ 价格低廉，使用方便。

常用的化学疏松剂多属碱性化合物，如小苏打、碳酸氢铵及碳酸铵等。碳酸氢铵起发能力略比小苏打强；分解时它较碳酸铵少产生一分子氨，在制成品中残留少，因而降低了制品中的氨臭味，用量适当时不会造成过度的膨松状态。现在我国一般月饼厂都以小苏打和碳酸氢铵混合使用，以弥补两者的缺点，得到了较好的效果。两种使用总量，根据月饼配方约占面粉量的0.5%～2.0%。当然，各地区掌握配料总和有较大幅度的出入。

6. 果料

月饼中也会用到果料，以增加产品的滋味，同时果料本身独特的香味也有助于提高产品的风味，增加月饼的营养价值。常用的果料有瓜子仁、果仁、干果、果脯、蜜饯、果酱、干果泥、新鲜水果、罐头水果等。

7. 干果与水果、蜜饯

干果有时也称果干，是水果脱水干燥之后制成的产品。干燥方法可以是自然干燥或人工干燥。水果在干燥过程中，水分大量减少，蔗糖转化为还原糖，可溶性固形物与碳水化合物含量有较大的提高。焙烤食品中常用的干果有葡萄干、红枣等，多用于馅料加工，有时也作装饰料用。有些西式焙烤食品如水果蛋糕、水果面包等，果干直接加入到面团或面糊中使用。

月饼生产中最常用的果干是葡萄干，还有杏干、枣干、梅干、桃干等。

蜜饯食品是以干鲜果品、瓜蔬等为主要原料，经糖渍蜜制或盐渍加工而成的食品。其含糖量为40%～90%，多用于糕点的馅料加工及作为装饰料使用。

8. 花料

花料是鲜花制成的糖渍类果料。糕点中常用的花料有甜玫瑰、糖桂花等，它们多用作各种馅心或装饰外表，桂花配入蛋浆时可起到除腥作用。

(1) 糖桂花

选用颜色金黄、香味浓郁的鲜桂花，先经过盐渍制成咸桂花，然后将咸桂花水分榨除后放入盛有浓糖汁的坛中浸渍，即为成品。

(2) 甜玫瑰

将鲜玫瑰花进行挑选，除去花心后，用糖揉搓，放入缸中，放一层花、撒一层糖，装满缸后密封发酵，在发酵过程中需要捣缸和加糖，一般发酵2～3个月即可使用。

9. 食用色素

月饼中常用的天然色素有姜黄素，它是一种油溶性色素，也溶于酒精，但不溶于水。其他黄色素，如栀子黄素、胡萝卜素、红花黄素等也常使用。红色素中，除红曲色素外，尚有虫胶类的紫草茸色素，但它在微酸性中为橙红色，而在偏碱性情况下则变成黄色，故在焙烤面团中不宜使用。红曲色素对pH变化较稳定。此外，月饼生产中还可以利用焦糖作为天然色素。

10. 香精和香料

在月饼中使用香精或香料的最主要目的是为了赋予月饼独特的香味，提高月饼的风味。因此，可以根据不同的月饼品种，选择不同的香精或香料，使月饼具有不同的香味。例如在草莓、凤梨、哈密瓜等水果馅料中添加相应的水果香精。

三、月饼的生产工艺

月饼生产工艺较复杂，其制作过程大致分为和面、制馅、成形、烘焙、冷却等几个重要工序。

1. 工艺流程

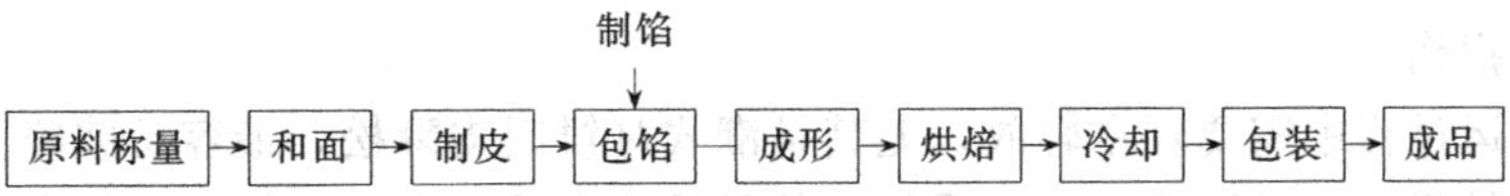

2. 操作要点

① 和面　首先将煮沸溶化过滤后的白糖糖浆、饴糖及已溶化的碳酸氢铵投入调粉机中，再启动调粉机，充分搅拌，使其乳化成为乳浊液。然后加入用做皮料的面粉，继续搅拌，调制成软硬适中的面团。停机以后，将面团放入月饼成形机的面料斗中待用。

② 制馅　首先将糖粉、油及各种辅料投入调粉机中，待搅拌均匀后，再加入熟制面粉继续搅拌均匀，即成为软硬适中的馅料，放入月饼机的馅料斗中待用。

③ 成形　开动月饼成形机，输面制皮机构、输馅定量机构与印花机构相互配合即可制出月饼生坯。

④ 烘焙　成形后的生坯经手工或成形机的附件摆盘以后，送入烤炉内进行烘烤，炉温为240℃左右，烘烤时间为9～10min。

⑤ 冷却　月饼的水、油、糖含量较高，刚刚出炉的制品很软，不能挤压，不可立即包装，否则会破坏月饼的造型美观，而且热包装的月饼容易给微生物的生长繁殖创造条件，使月饼变质。月饼出炉以后便进入输送带，待其凉透后可装箱入库。

四、月饼的包装

月饼的馅料多采用植物性原料种子，如核桃仁、杏仁、芝麻仁、瓜子、山楂、莲蓉、红小豆、枣泥等，含糖量较为丰富。植物性的种子含不饱和脂肪酸高，以油酸、亚油酸居多，富含矿物质。由于月饼要保持外皮的一定酥度，所以不能受潮。

1. 影响月饼保鲜的因素

导致月饼变质的原因主要是月饼中的微生物超标以及油脂酸败（俗称"哈喇"）两种。而影响其品质的因素还有水分含量、机械损伤等。

（1）微生物超标

尽管月饼生产中有高温烘烤这一道工序，而且通过高温烘烤可大量消灭月饼中的微生物并使月饼达到基本无菌状态。但烘烤之后，月饼在冷却、包装、储存等过程中会受到来自操作环境、加工设备、操作人员以及包装材料中所带微生物的二次污染。如不采取相应的措施，微生物在适宜的温湿度环境中会依靠月饼中的丰富养分大量繁殖致使月饼发霉变质。有文献指出，微生物在常温下可快速繁殖，而在高温下繁殖会受到抑制；而包装内的氧气含量以及相对湿度都会给微生物的生长带来明显影响。

（2）油脂氧化

由于月饼中含有较多的植物油脂，油脂中的不饱和脂肪酸可被氧气氧化，从而导致月饼变质。温度、光照和放射线辐照、含水量、氧气浓度、暴露面积等都是引起月饼油脂酸败的主要因素。温度升高，油脂氧化的速度会加快；当月饼中水分含量较高或特别干燥时也会加快酸败速度；而月饼暴露面积的大小以及包装内氧气浓度的高低将明显影响油脂的氧化速度，是影响油脂氧化速度的主要因素。

（3）水分含量

月饼含有丰富的油脂和糖分，受热受潮都极易发霉、变质，月饼皮的平衡湿度较低，在潮湿条件下容易吸潮而变软。因此，月饼的裹包材料应具有中等的防潮性能。如果包装材料的水蒸气透过率太低，将会促进霉菌的生长，而且月饼皮会发软。反之，如果包装材料的透湿率太高，则月饼很容易发干和败坏。

（4）机械损伤

月饼在储运过程中需要轻拿轻放，尤其是潮式月饼因皮酥松，最容易破碎。如果饼皮脱落，不仅影响外观，而且影响口味、质量，并易受潮变质。因而月饼的包装应具备一定的保护作用，需要具有一定的机械强度，给月饼缓冲的余地。

2. 月饼的保鲜包装

尽可能减少月饼中的微生物，目前国内月饼包装主要是通过在月饼包装物内添加以抑制或杀灭月饼及包装物和环境中的微生物为主的抗菌、抑菌剂。

其次是尽量减少包装内的氧气含量，一方面是在包装内封入脱氧剂以有效去除包装过程中残留在包装内的微量氧气；另一方面是采用具有优异的隔氧性能的阻隔性包装材料［如铝箔、聚偏二氯乙烯（PVDC）、树脂膜等以及由它们制成的复合薄膜］并与真空或充氮包装结合使用。脱氧剂能去除月饼包装物中的部分氧气，可减缓月饼中油脂的氧化速率，同时抑制部分需氧微生物的生长，达到月饼保鲜的目的。但该类保鲜剂对月饼包装物的要求较高，使用成本亦较贵。实际使用时可以根据保质期以及储藏需求来判定是否需要使用脱氧剂。

再次是采用阻湿性材料进行包装，以减少环境湿度较高时对月饼质量的影响。有文献指出，当月饼的含水量大于24%时，其微生物污染菌种主要是细菌和酵母，然而细菌多为厌氧菌，酵母为兼气菌，因此脱氧剂对它们无效，所以其保质期与脱氧剂的规格以及吸氧量的大小无关；而含水量在18%～20%左右时微生物污染菌种以霉菌为主，霉菌为需氧菌，使用脱氧剂能有效抑制其生长，因此月饼可以获得较长的保存期。可见，对于月饼包装而言，必须控制包装材料的阻湿性，否则由月饼除氧所获得的保质效果并不理想。另外，还要注意遮光，以保障月饼的品质完好。

目前，市场上月饼的包装方案主要有用聚乙烯塑料袋、纸盒、浅盘外裹包、涂塑玻璃纸等包装形式。纸盒包装内部衬垫塑料薄膜。也有采用玻璃纸与定向聚丙烯复合材料，这兼具有两种基材的优点，耐磨性很好，防潮性优异，而且改善了低温下的柔韧性，便于储运。PVDC 高阻隔涂布膜在月饼的直接接触包装中应用广泛。

（1）塑料托盘

用于固定月饼，减振，减少月饼在储运过程中的机械损伤，同时可以把月饼与防潮剂袋隔开。

（2）软塑料外裹包装袋

用于保持月饼风味与品质，防止月饼氧化变质。主要材料为：玻璃纸（PT）、聚偏二氯乙烯（PVDC）复合材料或者双向拉伸聚丙烯薄膜（BOPP），热封，不便于印刷，属于非极性材料，需要印刷前处理较为复杂。应当选择危害物较少的油墨。

（3）纸盒

具有美观、方便运输堆放以及遮光的作用。纸盒上可印刷该产品的特点以及相关信息等内容吸引消费者。材料主要为复合纸，内衬聚乙烯（PE）、玻璃纸（PT）/聚乙烯（PE）、双向拉伸聚丙烯薄膜（BOPP）/聚乙烯（PE）等，防潮效果好，可以设计为不同外形，回收率高、环保。

（4）外包装盒

精美大方，适合于馈赠亲友。但容易造成浪费和过度包装的问题。近年来，月饼包装过于豪华，价格偏贵，甚至于出现包装盒价值远大于月饼价值的现象，浪费时有发生。主要材料有瓦楞纸、布、复合塑料等。

任务 4-1　混糖月饼生产

学习目标

- 掌握混糖月饼加工原理。
- 能选择生产混糖月饼的原辅料。
- 掌握混糖月饼的生产工艺。
- 处理混糖月饼生产中遇到的问题。
- 能进行混糖月饼生产和品质管理。

【知识前导】

（1）混糖月饼加工原理

混糖月饼的饼皮类似酥性面团的调制，即面团有很大程度的可塑性、有限的弹性，而且在操作过程中，要求面团有结合力，不粘模具。成品有良好的花纹，具有保存能力，不收缩、不变形。面团在调制过程中应该很好地控制面筋的吸水率。面团调制前应将油、糖、水、疏松剂等辅料倒入和面机内，均匀乳化，然后加入面粉进行调粉，如果乳化不均匀会使面团出现发散、浸油、出筋等现象。加入面粉后，搅拌时间要短，速度要快，防止面团形成面筋，搅拌到面团呈团聚状即可。

（2）混糖月饼基本配方

① 皮料配方　混糖月饼皮料配方见表 4-1。

表 4-1　混糖月饼皮料配方　　单位：kg

原料名称	配方	原料名称	配方
面粉	7.2	白糖	2.2
油脂	2	饴糖	0.4
碳酸氢铵	0.02	水	0.8

② 馅料配方　混糖月饼馅料配方见表 4-2。

表 4-2　混糖月饼馅料配方　　单位：kg

原料名称	配方	原料名称	配方	原料名称	配方
面粉	13	芝麻仁	2	青梅	2
白砂糖	12	桂圆肉	1	桂圆干	1
猪油	3	葡萄干	2	橘饼	1.5
核桃仁	3	香油	6	果脯	1
冬瓜糖	2	瓜子仁	2		
蜂蜜	2	玫瑰	2		

(3) 混糖月饼生产工艺流程

混糖月饼生产工艺流程如图 4-1 所示。

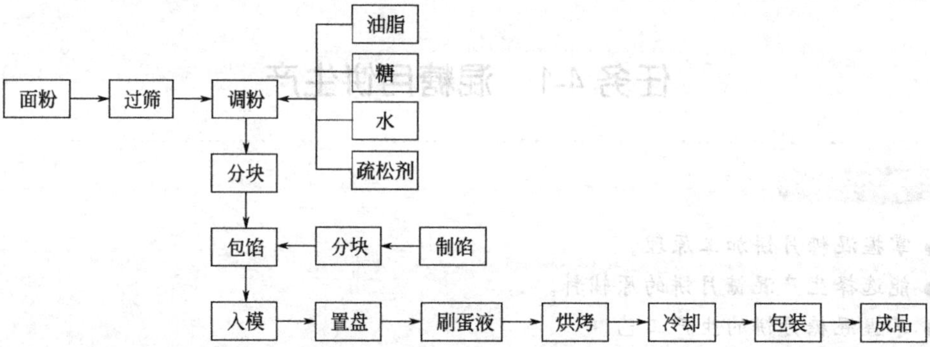

图 4-1　混糖月饼生产工艺流程

【生产工艺要点】

(1) 原料处理

① 面粉　选用薄力粉，并过筛。

② 糖　选用绵白糖，并过筛。

(2) 馅料的制作

馅料调制方法大体分为炒制和擦制两类。

① 炒制　炒制是将制馅原料经过预处理加工后，将糖或馅在锅内加油或水熬开，再加入其他原料，最后加入面粉进行炒制成馅。炒制的目的是使糖、油熔化，与其他辅料凝成一体。炒制馅由于工艺比较烦琐，所以制馅时间较长。典型的炒制馅有如下几种。

a. 枣泥馅　此馅是以红枣、面粉、食糖等为主要原料，经加热炒制而成。馅呈红褐色，味甜质软，滋润爽口。

b. 豆沙馅　此馅是赤小豆及小豆粉加白糖、油脂等，经加工炒制而成。呈黄褐色，柔软细腻，沙而不滑。

c. 莲蓉馅　此馅是以莲子肉、白糖、植物油等为主要原料经炒制而成。此馅是南方糕点中常用馅料。

② 擦制　擦制馅又称拌制馅，是在糖或饴糖中加入其他原料搅拌擦制而成。即临生产时将制馅的原料进行混合搅拌、揉擦成产品所需的馅。依靠糕点成熟时受到的温度熔化凝结，但馅料中的面粉或米粉必须预先进行熟制加工。如今月饼馅料品种很多，常见的品种有果仁馅（百果馅）、火腿馅、椰蓉馅、冬瓜蓉馅、白糖芝麻馅、黑麻椒盐馅等。

(3) 面团调制

首先把油、糖、水、疏松剂等辅料放到搅拌机中乳化均匀，然后加入面粉，搅拌均匀。

(4) 分块称量

按照生产月饼的标准，将皮、馅进行分块称量。皮料要求加上10%～12%的水分散失系数（一般皮45g、馅65g）。

(5) 包馅

将分块的月饼皮料进行包馅，包的过程中动作要轻柔，馅心居中，不能露馅，也不能包进气体，防止在烘烤过程中表面出现裂纹，多采用手工包制。

(6) 制模

将包好的月饼面团放在月饼模中成形，要求月饼棱角分明、花纹清晰、饱满无缺，然后摆入烤盘内。摆放要整齐均匀，距离一致，以免烘烤时月饼吃火不均。

(7) 刷蛋液

将蛋液搅拌均匀后，用毛刷轻轻地在已成形的月饼表面刷一层蛋液，动作要轻柔，避免把已经成形的月饼花纹破坏。

(8) 烘烤

将刷完蛋液的月饼送进烤炉进行烘烤。炉温控制在200～220℃，烘烤时间10～12min。

【质量标准】

(1) 感官指标

混糖月饼感官指标见表4-3。

表4-3　混糖月饼感官指标

项　目	要　求
形态	外形完整、丰满，表面可略鼓，边角分明，底部平整，不凹底，不收缩，不露馅，无黑泡或明显焦斑，不破裂
色泽	具有该品种应有色泽，色泽均匀，有光泽
组织	饼皮薄厚均匀，皮馅比例适当，馅料饱满，软硬适中，不偏皮、不空膛，不粘牙；五仁馅中的果仁、子仁分布要均匀
滋味与口感	味纯正，具有该品种应有的口感和风味，无异味
杂质	正常视力无可见外来杂质

(2) 理化指标

混糖月饼理化指标见表4-4。

表 4-4　混糖月饼理化指标

项　目		指　标		
		烘烤类	熟粉成形类、其他类	水果类
干燥失重/%	≤	23	32	23
总糖(以葡萄糖计)/%	≤	45		48
粗脂肪/%	≤	30		

(3) 微生物指标

混糖月饼微生物指标见表 4-5。

表 4-5　混糖月饼微生物指标

项　目		指　标
菌落总数/(CFU/g)	≤	1500
大肠菌群/(MPN/100g)	≤	30
霉菌计数/(CFU/g)	≤	100
致病菌(沙门菌、志贺菌、金黄色葡萄球菌)		不得检出

【生产案例】

一、混糖月饼的制作

混糖月饼制作

1. 主要设备与用具

和面机、烤炉、模具、台秤、面筛、面盆、蛋刷子等。

2. 配方

配方见表 4-6 和表 4-7。

表 4-6　混糖月饼皮料配方表

原辅料名称	质量/g	烘焙百分比/%
低筋面粉	1250	100
鸡蛋	250	20
植物油	450	36
白糖	500	40
水	75	6
大起子	4	0.32
小苏打	4	0.32

表 4-7　混糖月饼馅料配方表

原料名称	质量/g	原料名称	质量/g
色拉油	244	饴糖	450
熟面	488	花生仁	300
芝麻	75	葡萄干	13
绿瓜子仁	38	葵花子仁	75
核桃仁	38		

3. 工艺流程

原料预处理→制皮
↓
原料预处理→制馅→包馅→成形→制蛋液→烘烤、刷蛋液→冷却→成品

混糖月饼见彩图 4-1。

4. 操作要点

① 原辅料预处理　按配方标准计量，将低筋面粉过筛备用，鸡蛋清洗去壳后备用，面粉烤熟后粉碎过筛备用，芝麻、绿瓜子仁、葵花子仁烤熟备用，核桃仁烤熟后掰成小块备用，花生烤熟后去皮擀成四瓣备用。

② 制馅　先将熟面、花生仁、芝麻、葡萄干、绿瓜子仁、葵花子仁和核桃仁混匀，然后加色拉油，再加饴糖和匀即可，馅料分 40g 一个，攥成球形备用。

③ 制皮　先把糖、大起子混匀，加水混匀，分 2 次将植物油加入，搅打均匀后加入面粉和小苏打，打到无生粉即停止搅拌，起出，分皮料 60g，搓圆备用。

④ 包馅　皮馅比例为 6∶4，将皮料按扁，放入馅料，包裹成球形，要求皮馅均匀，剂口封严，表面光滑无裂纹，不露馅，不粘馅。

⑤ 成形　将已包好的月饼球剂口朝下放入模具内，用手掌按平后出模摆盘，月饼坯间隔为 2～5cm。

⑥ 制蛋液　鸡蛋洗净后备用，3 个蛋黄加 1 个全蛋搅打均匀，用 2～3 层纱布过滤后使用。

⑦ 烘烤、刷蛋液　炉温面火 220℃/底火 170℃，烘烤 10～15min 熟透出炉。当饼皮变色时从烤炉中拿出刷蛋液，用毛刷少蘸一点蛋液（不要蘸太多，否则把花纹盖上），在饼皮表面轻轻刷一层，刷完后入炉烘烤。

⑧ 冷却、成品　将烤好的月饼自然冷却后即为成品。

二、桂花月饼的制作

1. 主要设备与用具

和面机、烤炉、模具、台秤、面筛、面盆、蛋刷子等。

2. 配方

配方见表 4-8 和表 4-9。

表 4-8　桂花月饼皮料配方表

原辅料名称	质量/g	烘焙百分比/%
特制粉	7200	100
植物油	2000	27.8
白糖	2200	30.6
饴糖	400	5.6
碳酸氢铵	20	0.3
水	800	11.1

表 4-9　桂花月饼馅料配方表

原料名称	质量/g	原料名称	质量/g
熟面	3000	熟油	1400
白糖	2200	芝麻	600

续表

原料名称	质量/g	原料名称	质量/g
花生仁	600	青梅	200
桂花	800	双丝	400

3. 工艺流程

制馅 ↓

原辅料预处理→制皮→包馅→成形→烘烤→冷却→成品

4. 操作要点

① 原辅料预处理　按配方标准计量，将面粉过筛备用。

② 制馅　先将白糖、水、油和果仁、果料混匀，然后加熟面粉搅拌成软硬适度的馅芯。

③ 制皮　先将糖、水、碳酸氢铵和油脂投入和面机内搅拌，混匀后加入面粉，调成软硬合适的月饼皮面团。

④ 包馅、成形　将皮料按扁，放入馅料，包裹成球形，剂口朝下放入模具内，用手掌压平后出模摆盘。

⑤ 烘烤　炉温控制在 200～220℃，烘烤 10～12min 熟透出炉。

⑥ 冷却、包装　将烤好的月饼自然冷却，按计量标准装入包装袋内。

【生产训练】

见《学生实践技能训练工作手册》。

【常见质量问题及解决方法】

1. 面皮开裂

原因及解决方法：烘烤温度过高或馅料水分含量过大；应适当降低温度，降低馅料水分含量。

2. 饼皮口感硬

原因及解决方法：皮料在调制过程中由于过度搅拌形成过量的面筋；调粉应控制好时间，调匀即可。

3. 月饼摊片

原因及解决方法：烘烤温度面火过低或馅料水分过大；应适当提高面火温度，降低馅料水分含量。

任务 4-2　提浆月饼生产

学习目标

- 掌握提浆月饼加工原理和生产工艺。
- 能选择提浆月饼生产原辅料。
- 会熬制糖浆。
- 处理提浆月饼生产中遇到的问题。
- 能进行提浆月饼生产和品质管理。

【知识前导】

(1) 提浆月饼加工原理

提浆月饼是把白砂糖制成糖浆，用糖浆和面。一方面利用糖浆的反水化作用限制面筋的吸水，增加面团的可塑性，降低面团的弹性；另一方面利用糖浆的吸水性，使制作的成品在存放过程中，吸水返软，保持月饼的品质。糖浆是用蔗糖熬煮而成，蔗糖与酸在共热的作用下，水解生成葡萄糖与果糖的等量混合物称为转化糖，熬煮过程所发生的化学变化称为转化作用。转化糖吸湿性强，提浆月饼使用转化糖就是利用吸湿性这一特性，使饼皮柔软油润。蔗糖经水解产生转化糖的反应式如下：

$$C_{12}H_{22}O_{11}+H_2O \xrightarrow[\text{加热}]{\text{柠檬酸}} C_6H_{12}O_6\text{(葡萄糖)}+C_6H_{12}O_6\text{(果糖)}$$

(2) 提浆月饼基本配方

① 皮料配方　提浆月饼皮料配方见表 4-10。

表 4-10　提浆月饼皮料配方　　单位：kg

原料名称	配方	原料名称	配方
面粉	7.2	糖浆	4
油脂	2	碳酸氢铵	0.025

② 馅料配方　提浆月饼馅料配方见表 4-11。

表 4-11　提浆月饼馅料配方　　单位：kg

原料名称	配方	原料名称	配方	原料名称	配方
熟面粉	4	青红丝	1	瓜子仁	0.25
油	4.25	砂糖粉	6	核桃仁	1.5
桂花	0.75				

(3) 提浆月饼生产工艺流程

提浆月饼生产工艺流程如图 4-2 所示。

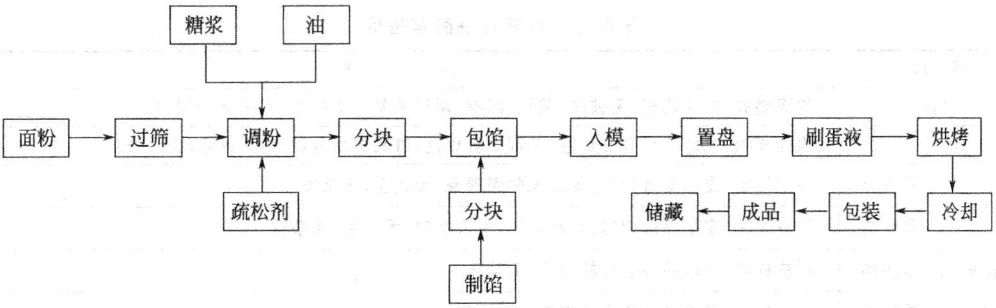

图 4-2　提浆月饼生产工艺流程

【生产工艺要点】

(1) 原料处理

① 面粉　选用中力粉，并过筛。

② 糖　选用砂糖，制成糖浆。

③ 糖浆的制作　糖和水的比例为1∶(0.3～0.5)，实际上70%的糖浆浓度较为实用，在糖浆温度达到104℃时加入1.4%的柠檬酸，温度加热到105℃，维持5～10min，进行转化，然后冷却，冷却速度越快颜色越浅、味道越好。

(2) 馅料的制作

与混糖月饼馅料制作相同。

(3) 面团调制

首先把油、糖浆、疏松剂等辅料放到搅拌机中乳化均匀，然后加入面粉，搅拌均匀。

(4) 分块称量

按照生产月饼的标准，将皮、馅进行分块称量。馅料含量要在35%以上，皮料要求加上10%～12%的水分散失系数（一般皮50g、馅80g）。

(5) 包馅

将分块的月饼皮料进行包馅，包的过程中动作要轻柔，不能露馅，也不能包进气体，防止在烘烤过程中表面出现裂纹，多采用手工包制。

(6) 制模

将包好的月饼面团放在月饼模中成形，要求月饼棱角分明，花纹清晰，饱满无缺，然后摆入烤盘内。摆放要整齐均匀，以免烘烤时月饼吃火不均。

(7) 刷蛋液

将蛋液搅拌均匀后，用毛刷轻轻地在已成形的月饼表面刷一层蛋液，动作要轻柔，避免把已经成形的月饼花纹破坏。

(8) 烘烤

将刷完蛋液的月饼送进烤炉进行烘烤。炉温控制在200～220℃，烘烤时间10～12min。

(9) 冷却

烘烤完成后出炉冷却。

【质量标准】

(1) 感官指标

提浆月饼感官指标见表4-12。

表4-12　提浆月饼感官指标

项目		要求
形态		块形整齐，花纹清晰，无破裂、漏馅、凹缩、塌斜现象。不崩顶，不拔腰，不凹底
色泽		表面光润，饼面花纹呈麦黄色，腰部呈乳黄色，饼底部呈金黄色，不青墙，无污染
组织	蓉沙类	饼皮细密，皮馅厚薄均匀，皮馅无脱壳现象，无夹生，无杂质
	果仁类	饼皮细密，皮馅厚薄均匀，果料均匀，无大空隙，无夹生，无杂质
滋味与口感	蓉沙类	饼皮松酥，有该品种应有的口味，无异味
	果仁类	饼皮松酥，有该品种应有的口味，无异味

(2) 理化指标

提浆月饼理化指标见表4-13。

(3) 微生物指标

提浆月饼微生物指标见表4-14。

表 4-13 提浆月饼理化指标

项 目		指 标	
		果仁类	蓉沙类
干燥失重/%	≤	14.0	17.0
脂肪/%	≤	20.0	18.0
总糖/%	≤	35.0	36.0
馅料含量/%	≥	35	

表 4-14 提浆月饼微生物指标

项 目		指标
菌落总数/(CFU/g)	≤	1500
大肠菌群/(MPN/100g)	≤	30
霉菌计数/(CFU/g)	≤	100
致病菌(沙门菌、志贺菌、金黄色葡萄球菌)		不得检出

【生产案例】

一、提浆月饼的制作

提浆月饼制作

1. 主要设备与用具

和面机、烤炉、电磁炉、模具、台秤、面筛、面盆、蛋刷子等。

2. 配方

配方见表 4-15。

表 4-15 提浆月饼配料表

原辅料名称	质量/g	烘焙百分比/%
低筋面粉	1000	100
鸡蛋	50	5
植物油	360	36
白砂糖	200	20
饴糖	80	8
水	120	12
大起子	4	0.4
泡打粉	3	0.3

3. 工艺流程

原辅料预处理→熬制糖浆→制皮→包馅→成形→制蛋液→烘烤→冷却→成品

提浆月饼见彩图 4-2。

4. 操作要点

① 原辅料预处理 按配方标准计量，将低筋面粉和泡打粉过筛备用，鸡蛋清洗去壳后备用。

② 熬制糖浆 将水和白砂糖放入锅内用大火煮沸，改成小火熬制 3min，冷却至室温加入饴糖混匀后备用。

③ 分馅 将果馅分成 40g，搓圆备用。

④ 制皮　把熬制好的糖浆、大起子和鸡蛋投入和面机混匀，再分 2 次将植物油加入，搅打均匀后加入面粉和泡打粉，打到无生粉即停止搅拌，起出，分皮料 40g，搓圆备用。

⑤ 包馅　将皮料按扁，放入馅料，包裹成球形，要求皮馅均匀，剂口封严，表面光滑无裂纹，不露馅，不粘馅。

⑥ 成形　将已包好的月饼球剂口朝下放入模具内，用手掌按平后出模摆盘，月饼坯间隔为 2～5cm。

⑦ 制蛋液　与混糖月饼相同。

⑧ 烘烤　炉温面火 220℃/底火 170℃，将月饼坯送入烤炉内烤成上下表面棕黄色、边墙乳白色熟透出炉。当饼皮变色时从烤炉中拿出刷蛋液，用毛刷少蘸一点蛋液（不要蘸太多，否则把花纹盖上），在饼皮表面轻轻刷一层，刷完后入炉烘烤。

⑨ 冷却、成品　将烤好的月饼自然冷却后即为成品。

二、百果月饼的制作

1. 主要设备与用具

和面机、烤炉、电磁炉、模具、台秤、面筛、面盆、蛋刷子等。

2. 配方

配方见表 4-16 和表 4-17。

表 4-16　百果月饼皮料配方表

原辅料名称	质量/g	烘焙百分比/%
富强粉	37000	100
香油	9000	24.3
饴糖	6000	16.2
白糖	1000	2.7

表 4-17　百果月饼馅料配方表

原料名称	质量/kg	原料名称	质量/kg
熟面	8	香油	8.5
白糖	16	桃仁	3
瓜仁	0.5	冰糖	3
青红丝	2	桂花	1.5

3. 工艺流程

配料→熬浆→和皮→和馅→包制→成形→烤制→冷却→成品

4. 操作要点

①配料　原料配齐，分量准确。

② 熬浆、和皮　把皮料用的白糖放入 3～4kg 水中煮沸，直到看不见糖粒为止，再加入饴糖搅拌均匀，待冷却后和面粉、香油同时搅拌，直至稍微有面劲，即得软硬适宜的皮面团。

③ 和馅　将糖、油及各种辅料搅拌均匀后，加入面粉继续搅拌，即可成馅。

④ 包制、成形　取一个饼皮面团，用手掌压扁，放 1 个馅料在饼皮上，用饼皮把馅料包起来，并慢慢往上推，直到完全收口。把包好的面团放进刷过油的月饼模里，用手掌压实，用手压月饼模子，依次脱放到烤盘上，表面刷一层蛋液。

⑤ 烤制　烤制炉温需 240℃，烤制 9～10min，便可出成品。

三、果脯月饼的制作

1. 主要设备与用具

和面机、烤炉、电磁炉、模具、台秤、面筛、面盆、蛋刷子等。

2. 配方

配方见表 4-18 和表 4-19。

表 4-18　果脯月饼皮料配方表

原辅料名称	质量/kg	烘焙百分比/%
特制粉	7.2	100
糖浆	4	55.6
油	2	27.8
碳酸氢铵	0.025	0.35

表 4-19　果脯月饼馅料配方表

原料名称	质量/kg	原料名称	质量/kg
熟面	2.8	熟油	1.6
白糖	2.4	芝麻	0.4
核桃仁	0.2	葡萄干	0.4
青梅	0.4	金橘丁	0.4
双丝	0.4		

3. 工艺流程

制馅
↓
配料→熬制糖浆→制皮→包馅→成形→烘烤→冷却→成品

4. 操作要点

① 配料　原料配齐，称量准确。

② 熬制糖浆　将定量的水和白砂糖放入锅中用大火煮沸，加入定量的饴糖或柠檬酸，改成小火熬制，当糖液温度为 105℃时熬制 5～10min，2～3d 后方可使用。

③ 制馅　将糖、水、油和面粉投入和面机内擦制均匀，再加入果仁、果料搅拌成软硬合适的月饼馅芯。

④ 制皮　将糖浆、碳酸氢铵和油投入和面机内搅拌至“油不上浮，浆不沉淀”。然后投入面粉总量的 2/3 搅拌均匀，最后加入剩余的面粉，调成软硬适宜的月饼皮面团。

⑤ 包馅、成形　取一个饼皮面团，用手掌压扁，放 1 个馅料在饼皮上，用饼皮把馅料包起来，并慢慢往上推，直到完全收口。把包好的面团放进刷过油的月饼模里，用手掌压实，用手压月饼模子，依次脱放到烤盘上，表面刷一层蛋液。

⑥ 烘烤　当炉温面火达到 230℃/底火 200℃，将月饼坯送入炉内烤成上下表面棕红色、边墙乳白色熟透出炉。

四、浆皮月饼的制作

1. 主要设备与用具

和面机、烤炉、电磁炉、模具、台秤、面筛、面盆、蛋刷子等。

2. 配方

配方见表 4-20 和表 4-21。

表 4-20　浆皮月饼皮料配方表

原辅料名称	质量/g	烘焙百分比/%
面粉	2500	100
香油	600	24
麦芽糖	400	16
白砂糖	1000	40
水	400	16

表 4-21　浆皮月饼馅料配方表

原料名称	质量/g	原料名称	质量/g
熟面	700	香油	700
核桃仁、瓜子仁	1000	芝麻、杏仁、葡萄干	1000
糖桂花	150	蜂蜜	适量

3. 工艺流程

制馅
↓
配料→熬制糖浆→制皮→包馅→成形→烘烤→冷却→成品

4. 操作要点

① 配料　原料配齐，称量准确。

② 熬制糖浆　将水和白砂糖倒入锅里，用中火加热边搅拌，直到白砂糖全部溶解。加入麦芽糖，继续搅拌，沸腾后，改用小火再煮 1min，关火冷却即成糖浆。制成的糖浆呈浅黄色，透明无杂质。

③ 制馅　将核桃仁、瓜子仁等放入一个盆里，依次加香油、糖桂花和蜂蜜，最后分次加入熟面粉，一边加一边搅拌，直到馅料达到合适的软硬程度。

④ 制皮　在面粉里加入香油，并拌匀，再倒入糖浆，搅拌成软硬适中、光滑细腻的面团。

⑤ 分割　把馅料和饼皮面团分成小份，馅料与饼皮的质量比例为 4∶6。

⑥ 包馅、成形　在月饼模里撒上一些干面粉，晃一晃，使模具内部沾满面粉，再将多余面粉倒出，可以使月饼模防粘。取一个饼皮面团，用手掌压扁，放一个馅料在饼皮上，用饼皮把馅料包起来，并慢慢往上推，直到完全收口。把包好的面团放进撒过粉的月饼模里，用手掌压实，压出月饼，依次放到烤盘上，表面刷一层全蛋液。

⑦ 烘烤　烤炉 180℃，烤 5min，再降低到 150℃继续烤 15min 左右。

五、玫瑰月饼的制作

1. 主要设备与用具

和面机、烤炉、电磁炉、模具、台秤、面筛、面盆、蛋刷子等。

2. 配方

配方见表 4-22 和表 4-23。

表 4-22 玫瑰月饼皮料配方表

原辅料名称	质量/g	烘焙百分比/%
低筋面粉	2000	100
糖浆	1200	60
金麦糕饼油	480	24
碳酸氢钠	3	0.15
碳酸氢铵	5	0.25

表 4-23 玫瑰月饼馅料配方表

原料名称	质量/g	原料名称	质量/g
熟面	280	白芝麻	80
白砂糖	240	玫瑰花浆	120
橘饼	40	冬瓜条	200
青梅干	80	葡萄干	40
松仁	40	瓜子仁	40
核桃仁	120	金麦糕饼油	100
水	80		

3. 工艺流程

制馅
↓
配料→制皮→包馅→成形→烘烤→冷却→成品

4. 操作要点

① 配料 原料配齐，称量准确。

② 制皮 将皮料配方内的糖浆和油拌匀，加入面粉和疏松剂打匀，松弛 30min。

③ 制馅 将馅料配方内的所有原料混合拌匀。

④ 分割 把馅料和饼皮面团分成小份，馅料与饼皮的质量比例为 3∶7。

⑤ 包馅、成形 取一个饼皮面团，用手掌压扁，放一个馅料在饼皮上，用饼皮把馅料包起来，并慢慢往上推，直到完全收口。把包好的面团放进月饼模里，用手掌压实，用手压出月饼，依次放到烤盘上，表面刷一层全蛋液。

⑥ 烘烤 烘烤炉温为面火 220℃/底火 140℃，烘烤时间约为 15min。

【生产训练】

见《学生实践技能训练工作手册》。

【常见质量问题及解决方法】

1. 月饼硬不返软

原因及解决方法：由于提浆月饼容易上色，如果烘烤温度过低，时间过长，月饼水分流失过多，生产出的月饼硬且不返软；应适当提高炉温，控制月饼水分含量。

2. 月饼摊片

原因及解决方法：烘烤温度面火过低，馅料水分过大；应适当提高面火温度，降低馅料水分含量。

3. 保质期短

原因及解决方法：月饼没烤熟，出炉时月饼馅芯温度要在85℃以上；此外，冷却至室温再包装。

4. 月饼表面有小裂纹

原因及解决方法：月饼糖浆浓度过高造成的；应适当降低糖浆浓度。

5. 月饼表面有大裂纹

原因及解决方法：疏松剂用量过多，炉温过高或馅料过软造成的；适当减少疏松剂用量，月饼表面扎小孔，降低炉温，调整馅料的软硬度。

6. 月饼馅串糖

原因及解决方法：馅料过软或含糖量过高造成的；适当调整馅料的软硬度，降低饼皮和馅料中的含糖比例，月饼的总糖量不能超过40％。

7. 月饼的边墙凹陷，呈青白色（俗称青墙）

原因及解决方法：炉温过高，月饼间距小造成的；适当降低炉温，调整月饼间的距离。

8. 饼面花纹不清

原因及解决方法：配方中转化糖浆、油的比例偏高：控制转化糖浆的量按面粉计占配方的70％～80％，油脂含量按面粉计占配方的20％～30％。

任务4-3　广式月饼生产

学习目标

- 能选择生产广式月饼的原辅料。
- 掌握广式月饼的生产工艺。
- 处理广式月饼生产中遇到的问题。
- 能进行广式月饼生产和品质管理。

【知识前导】

广式月饼是目前最大的一类月饼，它起源于广东及周边地区，目前已流行于全国各地。从历史上看，广式月饼的流派形成尚不足200年，但却发展很快。据了解，目前全国的月饼产量中，广式月饼已占了80％以上。广式月饼以用料考究、工艺精细、制作严谨、皮薄柔软、色泽金黄、图案花纹玲珑浮凸、造型美观、馅大油润、馅料多样、质量稳定、风味纯正、甘香可口、回味无穷而成为月饼族的龙头。

广式月饼的皮子最薄的，通常皮馅2∶8，甚至1.6∶8.4，皮馅的油含量高于其他类，吃起来口感松软、细滑，表面光泽突出等。

广式月饼分为咸、甜两大类，根据馅料也有软馅月饼和硬馅月饼之分。月饼馅料的选材十分广博，除用芋头、莲子、杏仁、榄仁、桃仁、芝麻等果实料外，还选用咸蛋黄、叉烧、烧鹅、冬菇、冰肉、冬瓜糖、虾米、桶饼、陈皮、柠檬叶等多达二三十种原料，近年来又发展到用凤梨、榴莲、香蕉等水果，甚至还使用鲍鱼、鱼翅等较名贵的原料。

现在的广式月饼，既有历史悠久的传统产品，又有符合不同需要的创新产品，如低糖月饼、低脂月饼、水果月饼、海鲜月饼等，高、中、低档兼有，各取所需，老少皆宜，越来越受到国内外食客的青睐。

1. 枧水

在调制广式月饼饼皮面团时，常加入枧水。枧水是广式糕点常见的传统辅料，它是用草木灰加水煮沸浸泡一日，取上清液而得到碱性溶液，pH 为 12.6，草木灰的主要成分是碳酸钾和碳酸钠。在历史上没有现代化学碱的情况下，只好使用这种土法制备植物碱。现代化的工厂调配的枧水质量更高，浓度更标准，更能适合大规模生产的要求，比如陈村枧水、正大枧水等。

(1) 加枧水的目的

广式月饼中加入枧水的目的：中和转化糖浆中的酸，防止月饼的酸味过大而影响口感；使月饼饼皮碱性增大，有利于月饼着色，碱性越高，越易着色，因此通过调节枧水的用量，也可以调节饼皮的颜色；枧水与酸进行中和反应产生一定的二氧化碳气体，促进了月饼的适度膨胀，使月饼饼皮口感更加疏松又不变形。

(2) 枧水的组成

枧水的成分为（g/L）：Na^{+} 2.8、K^{+} 4.2、Ca^{2+} 2.0、Mg^{2+} <0.05、Fe^{3+} <0.2，其主要成分为碳酸钾和碳酸钠。

现在使用的枧水已不是草木灰了，而是人们根据草木灰的成分和原理，用碳酸钾和碳酸钠作为主要成分，再辅以碳酸盐或聚合磷酸盐，配制而成的碱性混合物，在功能上与草木灰枧水相同，故仍称为枧水。如果仅用碳酸钾和碳酸钠配成枧水，则性质很不稳定，长期储存时易失效变质。一般都加入 10% 的磷酸盐或聚合磷酸盐，以改良保水性、黏弹性、酸碱缓冲性等。

(3) 枧水的浓度对月饼生产的影响

枧水的浓度对月饼生产非常重要。枧水的浓度不能太高也不能太低，枧水的浓度越低就需要放得越多，里面的水分就越多，影响制品品质。枧水的浓度太高，出来的制品颜色又太深。

① 浓度对月饼产品质量的影响　如枧水浓度太低，造成枧水加入量增大，会减少糖浆在面团中的使用量，月饼面团会“上筋”，产品不易回油、回软、易变形。如果枧水浓度太高，会造成月饼表面着色过重，碱度增大，口味口感变劣。因此，枧水浓度一般为30～35°Bé。

② 加入量对月饼产品质量的影响　调制饼皮时，一定要按配方标准加入枧水，如果枧水过多会使成品色泽发暗，易焦黑。烘烤后易霉变，影响回油。枧水放得太少，烘烤时饼皮难上色，熟后饼边出现乳白点，饼的底部皮色变白，有砂眼影响外观。

(4) 枧水的配制

配方一：纯碱粉 50g，水 15g，混合一夜后再过滤方可使用。

配方二：纯碱粉 12.5kg，烧碱 20g，开水 40kg，食用苏打 0.45kg，全部拌匀即可使用。如果不用烧碱，则开水用 37.5kg。烧碱使烤出的月饼发红，在调配时可加红茶水。

2. 广式月饼基本配方

(1) 皮料配方

广式月饼皮料配方见表 4-24。

表 4-24 广式月饼皮料配方 单位：kg

原料名称	配方	原料名称	配方
面粉	10	糖浆	11.75
花生油	3	枧水	0.25

（2）馅料配方

广式月饼火腿馅料配方见表 4-25。

表 4-25 广式月饼火腿馅料配方 单位：kg

原料名称	配方	原料名称	配方	原料名称	配方
砂糖	17.5	火腿	3	核桃仁	4
花生油	1.5	五香粉	0.35	香油	0.5
精玫瑰	3	大曲酒	0.25	瓜条	3
白膘肉	13.5	熟糯米粉	6	胡椒粉	0.35
橄榄仁	4	芝麻仁	4	精盐	0.35

广式月饼百果馅料配方见表 4-26。

表 4-26 广式月饼百果馅料配方 单位：kg

原料名称	配方	原料名称	配方	原料名称	配方
砂糖	19	瓜条	5	白膘肉	15
花生油	3	杏仁	3	糖饯橘	3
橘饼	1	熟糯米粉	5	橄榄仁	4
芝麻仁	5	瓜子仁	2		
精玫瑰	2	核桃仁	4		

3. 广式月饼生产工艺流程

广式月饼生产工艺流程如图 4-3 所示。

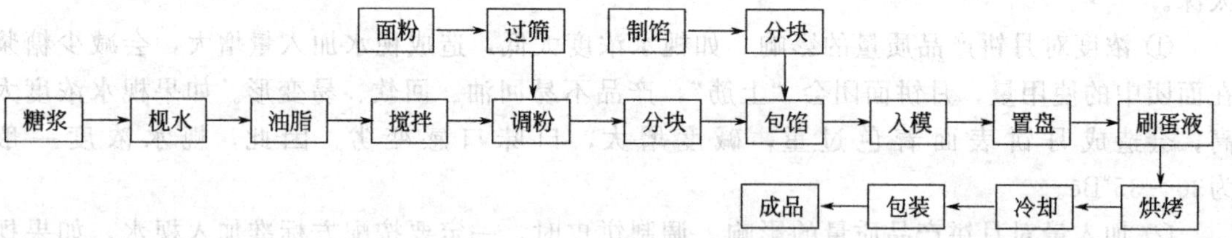

图 4-3 广式月饼生产工艺流程

【生产工艺要点】

（1）原料处理（熬制白砂糖糖浆）

方法一是将白砂糖 50kg 放入 17.5kg 水中进行加热，使糖溶化，随后加入 2kg 饴糖进行熬制，过滤后备用。

方法二是将白砂糖 50kg 放入 17.5kg 水中，加热煮 5～6min，将柠檬酸 40g 用少量水溶解后，加入糖浆中，用文火熬约 30min，当糖液温度为 110℃时，过滤后备用。

实践证明，制作广式月饼的转化糖浆转化率为 75%，浓度达到 82%时较为实用。

（2）制皮

先将糖浆、植物油、枧水混合均匀，然后将面粉逐步拌入，调制到面团软硬适度，皮面光洁为止。再将面皮分成10块，每块分成40个。

（3）制馅

与混糖月饼馅料制作相同。

（4）包馅

把饼皮搓圆，压成中间稍厚、边上稍薄的圆形，然后包馅，收口处因包起来后显得稍厚，如果质量超过了要求的质量，可在收口处去掉些。包好后将收口朝下，逐个放在操作台上，稍撒些干粉。

（5）成形

成形印模系枣木等硬木精雕而成，用前先用油浸10天，取出擦干，使用时，可往印模上撒些面粉，将包好的饼坯放入印模中，封口朝上，用手掌压实，然后用手敲出后，摆入烤盘。应注意每个月饼间隔距离要相等。

（6）刷蛋液

刷蛋液的目的是增加月饼的表面光泽。方法是将新鲜的鸡蛋打匀，过滤后加入蛋黄，掺入少量的饴糖，用排笔蘸取少量蛋液均匀地刷在饼面上。如果月饼面上有干粉，可用长刷子轻轻拂去，然后刷蛋液。

（7）烘烤

利用200～250℃炉温，烘烤15min。广式月饼成熟的特征是表面棕黄色，腰部乳黄色，稍向外凸出（俗称开腰）。

【质量标准】

（1）感官指标

广式月饼感官指标见表4-27。

表4-27　广式月饼感官指标

项目		要　　求
形态		外形饱满，表面微凸，轮廓分明，品名花纹清晰，无明显凹缩、爆裂、塌斜、摊塌和漏馅现象
色泽		饼面棕黄或棕红，色泽均匀，腰部呈乳黄或黄色，底部棕黄不焦，无污染
组织	蓉沙类	饼皮厚薄均匀，馅料细腻无僵粒，无夹生，椰蓉类馅心色泽淡黄、油润
	果仁类	饼皮厚薄均匀，果仁大小适中，拌和均匀，无夹生
	水果类	饼皮厚薄均匀，馅心有该品种应有的色泽，拌和均匀，无夹生
	蔬菜类	饼皮厚薄均匀，馅心有该品种应有的色泽，无色素斑点，拌和均匀，无夹生
	肉与肉制品类	饼皮厚薄均匀，肉与肉制品大小适中，拌和均匀，无夹生
	水产制品类	饼皮厚薄均匀，水产制品大小适中，拌和均匀，无夹生
	蛋黄类	饼皮厚薄均匀，蛋黄居中，无夹生
	其他类	饼皮厚薄均匀，无夹生
滋味与口感		饼皮松软，具有该品种应有的风味，无异味
杂质		正常视力无可见杂质

（2）理化指标

广式月饼理化指标见表4-28。

表 4-28 广式月饼理化指标

项目		蓉沙类	果仁类	果蔬类	肉与肉制品类	水产制品类	蛋黄类	其他类
干燥失重/%	≤	25.0	19.0	25.0	22.0	22.0	23.0	企业自定
蛋白质/%	≥	—	5.5	—	5.5	5.0		—
脂肪/%	≤	24.0	28.0	18.0	25.0	24.0	30.0	企业自定
总糖/%	≤	45.0	38.0	46.0	38.0	36.0	42.0	企业自定
馅料含量/%	≥	70						

(3) 微生物指标

广式月饼微生物指标见表 4-29。

表 4-29 广式月饼微生物指标

项目		指标
菌落总数/(CFU/g)	≤	1500
大肠菌群/(MPN/100g)	≤	30
霉菌计数/(CFU/g)	≤	100
致病菌(沙门菌、志贺菌、金黄色葡萄球菌)		不得检出

【生产案例】

广式月饼制作

一、广式月饼的制作

1. 主要设备与用具

烤炉、模具、台秤、面筛、面盆、蛋刷子等。

2. 配方

配方见表 4-30。

表 4-30 广式月饼配料表

原辅料名称	质量/g	烘焙百分比/%
低筋面粉	333	100
糖浆	233	70
植物油	117	35.1
枧水	5	1.5
蛋清	25	7.5
蛋糕油	2	0.6
吉士粉	17	5.1
豆沙	1200	

3. 工艺流程

原辅料预处理→制皮→包馅→成形→刷面→烘烤→冷却→成品

广式月饼见彩图 4-3。

4. 操作要点

① 原辅料预处理　按配方标准计量，将低筋面粉过筛备用，鸡蛋清洗去壳后备用。

② 分馅　将豆沙分成 50g，搓圆备用。

③ 制皮　先将糖浆、枧水、蛋糕油和蛋清混合均匀，然后分次加入色拉油，混匀后逐步拌入面粉和吉士粉，调制成面团软硬适中、皮面光洁为止。静置 20min 后分皮料 30g 一个，搓圆备用。

④ 包馅　将搓圆后的皮料压成中间稍厚、边缘薄的圆形饼，然后包馅。包好后将收口朝下，逐个放在操作台上，稍撒些干粉。

⑤ 成形　将包好的饼坯放入模具内，剂口朝上，用手掌压实，然后出模摆入烤盘，应注意月饼坯间隔距离要相等。

⑥ 刷面　用毛刷刷去表面浮面，喷水。

⑦ 烘烤

a. 第一次烘烤。当炉温面火 220℃/底火 170℃，将月饼生坯送入烤炉。月饼定型后，上表面呈微黄色时取出刷蛋液。

b. 刷蛋液。鸡蛋洗净去壳后，打匀过滤，将蛋液均匀刷在月饼上表面。

c. 第二次烘烤。刷蛋液后入炉继续烘烤，直到表面呈金黄色熟透出炉。

⑧ 冷却、成品　将烤好的月饼自然冷却后即为成品。

二、五仁月饼的制作

1. 主要设备与用具

烤炉、模具、打蛋器、台秤、面筛、面盆、蛋刷子等。

2. 配方

配方见表 4-31 和表 4-32。

表 4-31　五仁月饼皮料配方表

原辅料名称	质量/g	烘焙百分比/%
中筋面粉	1000	100
糖浆	750	75
花生油	250	25
奶粉	50	5
改良剂	2	0.2
枧水	10	1
保鲜剂	0.5	0.05

表 4-32　五仁月饼馅料配方表

原料名称	质量/g	原料名称	质量/g
核桃仁	400	瓜子仁	600
腰果	400	芝麻	400
糖冬瓜	400	橘饼	200
玫瑰糖	100	白砂糖	800
水	800	高度白酒	100
花生油	300	熟糕粉	1150
肥糖肉	1000	杏仁	600
馅料改良剂	适量	糕点莲蓉保鲜剂	适量
果仁抗氧化剂	适量		

3. 工艺流程

原辅料预处理→配料→制作→烘烤→冷却→包装→成品

4. 操作要点

(1) 原辅料预处理

按配方标准计量，将面粉过筛备用。预先将果仁料进行挑拣，把果仁中已变色、变坏和杂质（包括沙、泥）挑拣出来；用清水清洗干净，晾干水分；把果仁料用温火150℃烘烤至浅金黄色，芝麻还要烘烤至金黄色，杏仁不需要烘烤；将烘烤好的果仁切成碎粒，喷洒果仁抗氧化剂后备用。糖冬瓜切成边长0.5cm的小丁，橘饼切成碎末备用。冰肉腌制：切成小丁，约1cm×1cm，肥肉∶糖＝1∶1，至少腌制0.5天以上，并加入果仁抗氧化剂。

(2) 制作

① 制皮　将糖浆放入盆中，先加入枧水用打蛋器搅拌均匀，再慢慢加入花生油（最好分三次以上加入，这样有利于糖浆与花生油充分融合），一边加一边用打蛋器搅拌，使之成均匀的糊状（在搅拌时一定要朝同一个方向搅，不然糖浆很容易会散掉），再将保鲜剂、改良剂分别加入，边加边用打蛋器搅拌至均匀，最后将过筛后的面粉和奶粉加入，拌均匀后用保鲜膜盖上静置30min待用。将静置好的面团在操作台上搓成直径为1～1.5cm的均匀长条，分块搓圆后整齐地排放于烤盘中。

② 制馅　把所有准备好的干果、橘饼、糖冬瓜全部放入盆中混合均匀，然后依次加入细砂糖、玫瑰糖、白酒、花生油和水搅拌均匀，最后加入熟糕粉稍搅拌均匀，用手揉成软硬适中的馅团。

③ 包馅　将分好的皮用左手手指按压成厚薄均匀、大小与馅直径相当，将压好的皮放于左手心，右手拿起一个馅料，将皮均匀地包裹于馅料表面，收口向下放于烤盘中。

④ 成形　在月饼模具中均匀地打上一层手粉，左手拿起一个包好的月饼，搓上一薄层面粉，收口向上放入模具中，左手在下、右手在上将月饼按压成形；左手拿空模具，右手拿月饼成形模具将月饼压出模摆盘。

(3) 烘烤

① 第一次烘烤　等烤箱温度升高到面火230℃/底火170℃时，快速地打开炉门，将月饼放入，当月饼变色出炉刷蛋液。

② 刷蛋液　当月饼经第一次烘烤出炉后，表面温度已降至60℃时（用手背摸不很烫），开始刷蛋液，左手拿蛋液碗，右手拿蛋液刷，蛋液刷1/3的刷毛浸入蛋液中，提起在碗中间的铁丝上左右刮，让多出的蛋液掉入碗中，在刷离碗时在碗边缘上轻轻带过，再次将毛刷上的蛋液含量减少；蛋液刷成45°角，以蛋液刷的毛尖接触月饼表面花纹，刷过去，再拖回来，反复刷。直到月饼花纹表面明显浮出一层蛋液。

③ 第二次烘烤　蛋液刷好后，迅速进炉第二次烘烤，当月饼上色程度到一半时，迅速将月饼调头，到颜色合适时出炉。

(4) 包装

① 装托　当月饼的温度降至60℃以下时，将月饼装入塑托中，装好卷膜和脱氧剂，调试好包装机。

② 包装　开动包装机，将月饼放入机器进行独立包装，对包装好的月饼进行气密性检测，将漏气的月饼作为不合格品处理。

③ 入库　将包装好的月饼点数后，运入成品库进行入库。

三、椰芸月饼的制作

1. 主要设备与用具

烤炉、模具、打蛋器、台秤、面筛、面盆、蛋刷子等。

2. 配方

配方见表4-33和表4-34。

表4-33 椰芸月饼皮料配方表

原辅料名称	质量/g	烘焙百分比/%
低筋面粉	600	100
糖浆	500	83.3
枧水	18	3
月饼专用油	130	21.7

表4-34 椰芸月饼馅料配方表

原料名称	质量/g	原料名称	质量/g
糕粉	400	椰丝	1000
糖粉	800	精制油	250
酥油	250	鸡蛋	750

3. 工艺流程

油脂 面粉 制馅

↓ ↓ ↓

糖浆、枧水→搅拌→拌粉→静置→包馅→成形→烘烤→成品

4. 操作要点

① 皮料调制 糖浆、枧水充分搅拌加月饼专用油拌匀，再加低筋面粉拌匀擦透，静置20～30min。分割饼皮每个15g。

② 制馅 将椰丝、糖粉、酥油和精制油拌匀后拌入糕粉制成馅。分割馅芯每个40g。

③ 包馅 取分割好的皮料按扁后包入馅芯，搓成圆球形。

④ 成形 将包好馅的月饼坯收口朝上放入月饼模具中，用手压实，脱模装盘。

⑤ 烘烤 起初烤炉面火230℃/底火180℃，时间约为5min，饼坯稍微上色取出降温，刷蛋液，调整炉温面火210℃/底火170℃，继续烘烤至成熟。

⑥ 成品 取出冷却，存放使之回油。

四、叉烧月饼的制作

1. 主要设备与用具

和面机、烤炉、模具、打蛋器、台秤、面筛、面盆、蛋刷子等。

2. 配方

配方见表4-35和表4-36。

表 4-35　叉烧月饼皮料配方表

原辅料名称	质量/g	烘焙百分比/%
低筋面粉	1800	100
糖浆	1500	83.3
枧水	54	3
月饼专用油	390	21.7

表 4-36　叉烧月饼馅料配方表

原料名称	质量/g	原料名称	质量/g
白砂糖	1000	花生油	150
芝麻油	50	糕粉	700
熟面	100	糖膘肉	2000
橄榄仁	300	瓜子仁	250
核桃仁	500	芝麻	250
杏仁	300	糖冬瓜	600
糖橘饼	100	糖金橘	50
汤番茄	150	蜜玫瑰	200
曲酒	50	五香粉	3
食盐	20	叉烧	650
水	370	鸡蛋	200

3. 工艺流程

油脂、面粉　　　　制馅
↓　　　　　　　　↓
糖浆、枧水→皮料调制→静置→包馅→成形→烘烤→成品

4. 操作要点

① 皮料调制　糖浆、枧水充分搅拌加月饼专用油拌匀，再加面粉拌匀擦透，静置20～30min。

② 调馅　将制作馅料部分的叉烧、果料切成颗粒后与其他原料拌匀制成馅料备用。

③ 分割　饼皮每个 33g，馅芯每个 77g。

④ 包馅　取分割好的皮料按扁后包入馅心，捏成圆球形。

⑤ 成形　将包好馅的月饼坯收口朝上放入月饼印模内，用手轻轻压实，脱模装盘。

⑥ 烘烤　烘烤面火 230℃/底火 180℃，时间 5min，饼坯稍上色取出降温，刷上全蛋液，调整温度为面火 210℃/底火 170℃，继续进炉烘烤至定型，时间 10～15min。

⑦ 成品　取出冷却，存放使之回油。

五、净素月饼的制作

1. 主要设备与用具

烤炉、模具、打蛋器、台秤、面筛、面盆、蛋刷子等。

2. 配方

配方见表 4-37 和表 4-38。

表 4-37 净素月饼皮料配方表

原辅料名称	质量/g	烘焙百分比/%
低筋面粉	500	100
糖浆	370	74
枧水	18	3.6
精制油	100	20

表 4-38 净素月饼馅料配方表

原料名称	质量/g	原料名称	质量/g
熟面粉	100	糕粉	175
砂糖	250	精制油	100
麻油	75	熟白芝麻	100
核桃仁	150	杏仁	50
糖冬瓜	250	桶饼	100
生瓜	150	花生米	75
水	75		

3. 工艺流程

制馅
↓
原辅料预处理→面团调制→包馅→成形→烘烤→成品

4. 操作要点

① 面团调制　将糖浆、枧水、精制油充分搅拌，加面粉拌匀擦透，静置 20～30min。

② 制馅　将水加糖拌匀，然后加精制油和麻油拌匀，再加干果等拌匀，最后加熟面粉和糕粉拌匀后松弛备用。

③ 分割　饼皮每个 33g，馅芯每个 77g。

④ 包馅、成形　将饼坯面剂按扁包入馅芯捏成圆球形，收口朝上放入月饼模中，用手轻轻压实，脱模，装盘。

⑤ 烘烤　初烤面火 230℃/底火 180℃，时间 5min，饼坯稍上色取出降温，刷上蛋液，调整烤炉温度为面火 210℃/底火 170℃，继续进炉烘烤至定型，时间 15min。

⑥ 成品　取出冷却，存放使之回油。

【生产训练】

见《学生实践技能训练工作手册》。

【常见质量问题及解决方法】

1. 月饼不回软、不回油

(1) 原因

糖浆转化度不够；糖浆水分太少；煮糖浆时炉火过猛；糖浆返砂；柠檬酸过多；馅料掺粉过多；馅料油太少；糖浆、油和枧水比例不当；面粉筋度太高等。

(2) 解决方法

① 转化糖浆的质量　糖浆的质量关键在其转化度和浓度。转化度是指蔗糖转化为葡萄

糖和果糖的程度，转化度越高，饼皮回油越好。影响转化度的因素主要有煮糖浆时的加水量、加酸量及种类、煮制时间等。浓度是指含糖量，常用的转化糖浆浓度在75%左右即可，因含糖量越高，回油越好，故某些厂家把浓度提高到85%以上。

② 饼皮的配方及制作工艺　月饼皮的配方和制作工艺对其是否回油起着重要作用。如果配方把面粉当作100%用，油就不可能加入35%，因为25%～30%已达到顶点。如果只考虑糖浆、油和枧水三者的配比，面粉用量再根据软硬来调节，这样面皮中的面粉用量则不会稳定。国内很多厂家都不习惯按标准配方的形式来设计配方，这是不科学的。如果月饼不回油，极有可能是用料配方的问题。应按面粉为100%、糖浆75%、油25%的配方来调制饼皮，如果按这一想法生产月饼，饼皮仍不回油，那就是转化糖浆质量差（高品质的糖浆，月饼烤熟第二天就回软）。

a. 饼皮的配料要合理。月饼皮的含水量、油量和糖浆用量要协调。糖浆太多，油太少，饼皮光泽不佳；糖浆太少，油太多，饼皮回软慢。

b. 月饼馅的软硬程度及其含油量要恰当。广式月饼的特点就是皮薄馅厚，馅是帮助回软的主要因素。如果馅料的含水量、油量很少，或者皮很厚，馅很少，这种月饼回软也慢。

2. 烤制后月饼皮颜色过深，甚至焦煳

烤制后月饼皮颜色过深甚至焦煳的原因及解决方法如下。

① 表皮刷蛋液过多，蛋液刷不匀、过稠，应先将鸡蛋液加入等量的蛋白搅拌均匀，稠度适当。刷匀蛋液，一般情况下刷两遍蛋液，第一遍刷完后几分钟再轻轻刷一遍，一定要刷匀，不能刷厚厚一层造成烘焙时着色过深、过重。

② 蛋液中加入糖或奶粉过多。有的厂家喜欢在蛋液中加入糖或奶粉以加强月饼表面着色，这在月饼工艺中是允许的。但如果制作广式月饼则不应加入奶粉。因为广式月饼饼皮中加入了一定量的枧水，使饼皮呈碱性。在碱性条件下月饼饼皮特别易着色，在蛋液中再加入奶粉刷在月饼表面上，无疑是“雪上加霜”，造成月饼颜色过深、过重，失去光泽。

③ 搅拌月饼面团时加入酱色或酱油影响月饼的口感，最好不使用。

④ 月饼面团中加入小苏打或枧水过量。月饼饼皮中加入小苏打、枧水的重要目的是中和转化糖浆中过多的酸，防止月饼产生酸味而影响口感。同时，小苏打和枧水也能起到使饼皮适度膨松、改善口感的作用，但如果加入量过多则会造成着色过深、过重，还会破坏饼皮外观质构，使饼皮产生裂缝漏馅、花纹不清、字迹不清而严重影响月饼质量。因此，小苏打和枧水一定不能过量。

⑤ 糖浆转化熬制的温度过高，超过115℃，糖浆颜色容易褐变，用这种糖浆制作月饼时，烘烤后饼皮颜色容易变深。因此，熬制转化糖浆时一定要控制蔗糖的转化率和熬制的温度，使用前一定要检验糖浆的转化浓度。

⑥ 烘烤温度过高。正常烤制广式月饼时，一般入炉后上火大于下火。但如果上火过大，烤制时间过长，则也极易造成月饼饼皮颜色过深、过重。因此，烤制广式月饼时，一定要按照烘烤规程正确操作。

3. 饼皮脱落、皮馅分离

（1）原因

饼皮与馅料不黏结，主要原因有如下两个方面。

① 由于馅料中油分太高，或是因馅料炒制方法有误，使馅料泻油，即油未能完

全与其他物料充分混合，油脂渗透出馅料。这种情况会引起月饼在包馅时皮与馅不能很好黏结，烤熟后同样是皮与馅分离。如馅料泻油特别严重，月饼烤熟后存放时间越长，饼皮脱离越严重。

② 饼皮配方中油分太高，糖浆不够或太稀，饼皮搅拌过度，也会引起饼皮泻油。泻油的饼皮同样也会使饼皮与馅料脱离。

另外，炉温过高、皮馅软硬不一（最主要是皮太硬）、操作时撒粉过多等也是重要原因。

(2) 解决方法

主要方法就是防止泻油现象的出现。如果是馅料泻油，可以在馅料中加入3%～5%的糕粉，将馅料与糕粉搅拌均匀。若是皮料泻油，可以在配方中减少油脂用量，增加糖浆的用量。搅拌饼皮时应按正常的加料顺序和搅拌程度，这是防止饼皮泻油的关键。

4. 月饼收腰、凹陷、凸起、变形、花纹不清

(1) 原因

① 面粉筋力过大，面团韧性太强。大多数月饼面团属于可塑性面团，即无筋性、无韧性、无弹性面团，以保证月饼不变形，表面花纹清晰可辨，所以，应使用低筋粉或中筋粉。如果使用了高筋粉，则会造成面团内部形成面筋，造成弹性过强，使月饼在烘烤过程中面筋受热膨胀，出炉后冷却收缩，造成月饼变形，表面花纹图案模糊，不清晰，质量下降。

② 转化糖浆浓度过低。糖浆较稀、水分含量较高，调制面团时易形成面筋，增强了面团弹韧性，使月饼产品坚硬，收缩变形。转化糖浆的浓度要适当。糖浆浓度是决定面团软硬度和加工工艺性能的重要因素。

(2) 解决方法

① 面粉的筋力。在糖浆面团中主要靠糖的反水化性质来限制面筋蛋白质的吸水和胀润，防止面团形成过多的面筋。

② 适宜的温度（30～40℃）可促进面筋大量形成。气温、室温、原辅料的温度都直接影响着糖浆、面团加工工艺性能，其中气温的变化是主要因素。

③ 糖浆面团中含有一定量的油脂。油脂既限制面筋蛋白质吸水、胀润，又与糖浆作用。糖浆具有很大的黏性，可以使油脂在面团中保持稳定，避免发生“走油”等质量问题。因此，调制糖浆面团时如果配方中用油量增加，糖浆的浓度也应增大，即糖浆浓度与油脂用量成正比。

5. 月饼底部产生焦煳、有黑色斑点

原因及解决方法如下。

① 底火烘烤温度过高。正确的烘烤工艺为：饼坯入炉后，上火大（210～250℃）、下火小（180～200℃），达到炉温后，饼坯入炉，目的是使月饼定型，防止变形和底部焦煳。烤至月饼皮呈金黄色时（一般3～5min），将整盘月饼取出，先薄薄地刷上一次鸡蛋液，再薄薄地刷第二次鸡蛋液，一定要刷均匀，这道工序对广式月饼的饼皮着色和光亮非常重要。再次入炉烘烤8～12min，烤至饼皮呈均匀的枣红色为止。

② 皮馅比例不适当，馅料包入过多，造成饼坯底皮过薄、破皮、漏馅、漏糖、渗油，产生焦化现象。皮馅比例3/7比较合适。

③ 烤盘不干净，前次加工使用的烤盘内污物未清理。每次在饼坯装盘前应严格清除掉盘内的污物。

6. 月饼漏馅、表面开裂

原因及解决方法如下。

① 包馅时剂口封闭不紧，应封严剂口。

② 馅料质量差，配比不合理，烘焙时造成“胀馅”、破皮，应严格控制馅质量。

③ 饼皮中加入了过量的疏松剂、枧水、小苏打等。每批枧水使用前应先小批量试验，确认取得理想的月饼色泽后，再大批量投入使用。

④ 馅料中使用了较多的膨胀原料，如椰蓉、大豆蛋白、面包废渣等。

7. 饼皮没有黏性、不易成形

原因及解决方法如下。

① 饼皮配方不合理、油脂过多或糖浆不足，都会引起饼皮脆、没有黏性。要解决这个问题就是增加糖浆用量，相对减少油脂用量，以增加饼皮黏度。转化糖浆的用量是影响饼皮回油质量的关键，所以正常的广式月饼糖浆用量都高达80%以上。

② 搅拌饼皮的加料顺序和搅拌时间也影响饼皮的脆性。在饼皮搅拌时，通常是糖浆与水搅拌均匀，然后加入油脂，再搅拌均匀，接着加入2/3的面粉，充分搅拌均匀，停放20min左右后再加入剩下的面粉，少许搅拌即可。如果不按这种顺序搅拌，常会引起饼皮出毛病。例如，一次性加入面粉，若没有充分搅拌，饼皮黏性就不好，不易成形；若搅拌过度，面筋形成太多，饼皮易收缩。广式月饼的搅拌通常分两次拌入面粉。

8. 出现馅料质量问题

原因及解决方法如下。

① 馅料不纯正。有的厂家掺杂使假，以次充好。红白莲中加入了大量淀粉和白云豆粉冒充莲蓉。检验方法：制成月饼后，用刀将月饼切开，如果馅料不沾刀，切口断面处光滑细腻，即表示这是纯正莲蓉馅。如果切口断面处非常粗糙，即表示这是假莲蓉。

② 馅料不细腻，在馅料中加油过多，造成馅料粗糙、干燥、发渣、不油润、不光滑、不细腻。此外，馅料还从饼皮中吸油，影响饼皮而使之不油润、不光亮、不柔软。

9. 发霉

(1) 原因

月饼馅料原材料不足，包括糖和油；月饼皮的糖浆或油量不足；月饼烘烤时间不足；制作月饼时卫生条件不合格；月饼没有完全冷却就马上包装；包装材料不卫生等。

(2) 解决方法

① 最好等月饼彻底冷却后才进行包装，如果月饼温度高就进行包装，包装膜内就会产生水汽，几天后月饼就会发霉。

② 使用放有保鲜剂的包装，令氧气不与月饼接触，从而保证月饼不发霉。

10. 月饼表面光泽度不理想

原因及解决方法如下：

月饼表面的光泽度与饼皮的配方搅拌工艺、打饼技术及烘烤过程有关。配方是指糖浆与油脂的用量比例是否协调、面粉的面筋及面筋质量是否优良。搅拌过度将影响表面的光泽，打面时不能使用或尽可能少用干面粉。最影响月饼皮光泽度的是烘烤过程。月饼入炉前喷水是保证月饼皮有光泽的第一关；其次，蛋液的配方及刷蛋液的过程也相当重要，蛋液的配方最好用2只蛋黄和1只全蛋，打散后过滤去不分散的蛋白，放20min才能使用。刷蛋液时要均匀并多次，要有一定的厚度。

11. 月饼着色不佳

原因及解决方法如下：

广式月饼的颜色，主要由两部分构成：其一是糖浆的颜色。糖浆太稀，月饼烘烤时不容易上色；糖浆转化率过高，又会导致月饼颜色过深。糖浆的颜色与糖浆的煮制时间、煮制时火的大小及使用的糖浆设备有关。其二是饼皮的颜色。饼皮的颜色与调节饼皮时加入的枧水浓度和用量有关，当饼皮的酸碱度偏酸性时，饼皮着色困难；当枧水的用量增加，饼皮碱性增大，饼皮着色加快，枧水越多，饼皮颜色越深，减少枧水的用量，就可以使饼皮的颜色变浅。再者，减少烘烤时间和相对降低炉温，也可减轻饼皮的颜色，但一定要保证月饼完全烤熟，否则月饼易发霉。

12. 糖浆返砂

（1）原因

引起糖浆返砂的原因有：煮糖浆时水少；没有添加柠檬酸或柠檬酸过少；煮糖浆时炉火太猛；在煮制糖浆时，搅拌不恰当等。

（2）解决方法

① 在煮沸之前可以顺着一个方向搅动，当水开之后则不能再搅动，否则容易出现糖粒。

② 煮好后的糖浆最好让其自然放凉，不要多次移动，因为经常移动容易引起糖浆返砂。

③ 煮糖浆时加入适当的麦芽糖。

13. 泻脚

（1）原因

馅料水分太多；饼皮太厚或太软；烘烤炉温太低；面粉筋度过高；糖浆太浓或太多等。

（2）解决方法

① 生坯成形后放置时间不宜过长。

② 馅的配方要合理，如糕粉、面粉和糖的比例。

③ 合理控制水分含量、糖浆的浓度和烘烤温度。

14. 饼面有气泡麻点

原因：刷蛋过多，不匀。

解决方法：用排笔撇取少量蛋液涂面，用力均匀。

15. 月饼腰部爆裂

原因：炉温低，烘烤时间过长。

解决方法：掌握适当的炉温，软货（蓉沙类、果酱类等）炉温要比硬货（果仁类、禽肉类等）的高10℃左右。月饼腰部稍向外凸，即可取出。

任务 4-4　苏式月饼生产

学习目标

- 能选择和处理生产苏式月饼的原辅料。
- 掌握苏式月饼的生产工艺。
- 会包酥操作。
- 处理苏式月饼生产中遇到的问题。
- 能进行苏式月饼生产和品质管理。

【知识前导】

苏式月饼是以苏州地区制作工艺和风味特色为代表的，使用小麦粉、饴糖、食用植物油或猪油、水等制皮，以小麦粉、食用植物油或猪油制酥，经制酥皮、包馅、成形、焙烤工艺加工而成的口感松酥的月饼。

苏式月饼特点是外形精美，皮薄酥软，层次分明，色泽美观，馅料肥而不腻，口感松酥，是苏式糕点的精华。苏式月饼起源于扬州，发展于江浙一带，饼皮疏松，馅料有五仁、豆沙等，甜度高于其他类月饼。

苏式月饼的花色品种分甜、咸或烤、烙两类。甜月饼的制作工艺以烤为主，有玫瑰月饼、百果月饼、椒盐月饼、豆沙月饼等品种，咸月饼以烙为主，品种有火腿猪油月饼、香葱猪油月饼、鲜肉月饼、虾仁月饼等。其中清水玫瑰月饼、精制百果月饼、白麻椒盐月饼、夹沙猪油月饼是苏式月饼中的精品。苏式月饼选用原辅材料讲究，富有地方特色。甜月饼馅料用玫瑰花、桂花、核桃仁、瓜子仁、松子仁、芝麻仁等配制而成，咸月饼馅料主要以火腿、猪腿肉、虾仁、猪油、青葱等配制而成。皮酥以小麦粉、绵白糖、饴糖、油脂调制而成。

(1) 苏式月饼基本配方

① 皮料配方　苏式月饼皮料配方见表 4-39。

表 4-39　苏式月饼皮料配方　单位：kg

原料名称	配方	原料名称	配方
中筋粉	10	白猪油	4
冰水	4.2	白糖	1.4

② 酥料配方　苏式月饼酥料配方见表 4-40。

表 4-40　苏式月饼酥料配方　单位：kg

原料名称	配方	原料名称	配方
低筋粉	6	白猪油	3

③ 馅料配方　苏式月饼馅料配方见表 4-41。

表 4-41　苏式月饼馅料配方　单位：kg

原料名称	配方	原料名称	配方	原料名称	配方
熟面粉	13	青红丝	1	青梅	1.5
白砂糖粉	15	果酱	2	果脯	1
花生米	2	植物油	5	桂花	1
瓜子仁	1	香油	2	水	0.5
橘饼	1.5	芝麻仁	1		

④ 扑面粉与装饰料　面粉 2kg，食用色素适量。

(2) 苏式月饼生产工艺流程

苏式月饼生产工艺流程如图 4-4 所示。

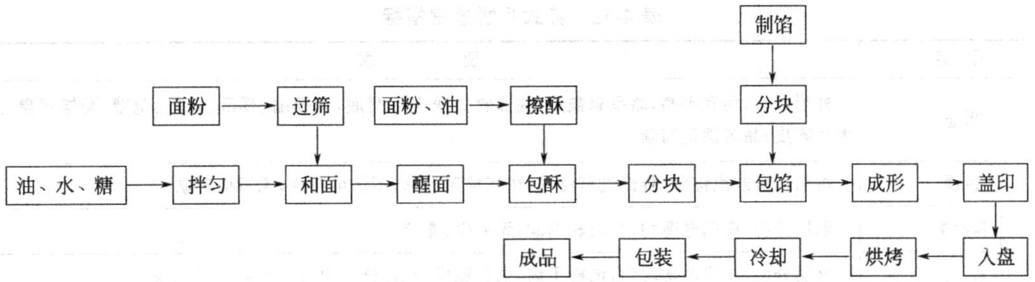

图 4-4 苏式月饼生产工艺流程

【生产工艺要点】

(1) 水油皮制作

先将油、糖、水混匀，然后加入面粉，调制成软硬适度的面团。

(2) 油酥制作

将面粉和油混匀制成油酥并擦透。

(3) 制皮

制酥皮有两种方法，即大包酥和小包酥。大包酥是将皮和酥各分成 20 块，将酥包入皮中，用滚筒压成薄片，然后切成 6 条（俗称开条），卷成圆形长条，然后切成 10 小块，将每小块的两端刀痕处折向里边，再用手掌压成饼形。应注意，酥包入皮内用滚筒擀薄时，不宜擀得太窄过短，以免皮酥不匀影响质量。小包酥是将皮和酥各分成 20 块，每块分成 60 个，将油酥逐个包入皮中，用滚筒稍稍压延后卷成团，再压成薄饼。制作大包酥工作效率高，但是皮酥容易不均，饼皮容易破裂。小包酥皮酥均匀，饼皮光滑，不易破皮，但比较费工，适于特色月饼的生产。制皮不能太软，否则月饼坯容易变形，难以做到皮馅均匀。油酥也不能太软，否则月饼容易跑糖和漏酥。

(4) 制馅

将植物油、香油和糖粉投入搅拌机内搅匀，再加入果料、蜜饯、果仁、熟面粉、水等拌和，馅要拌得硬些，水分要少。馅中水分过多会发软，上口容易粘牙。然后将馅分成 20 块。搓条后，每条再分成 60 个小块。将馅逐个包入皮酥内即成，但猪油夹心月饼要先取豆沙馅按薄置于酥皮上，再取猪油丁、桂花等混合料同时包入酥皮内。

(5) 制饼坯

馅料包好后，在酥皮的封口处，贴上方形小纸，压成厚为 1cm 的扁形生饼坯。以每千克 12 个计算，每个质量约 90g，或每千克 8 个或 24 个。

为了区别各种馅料的月饼，一般在月饼的生坯上加盖各种名称的印章。

(6) 摆盘、烘烤、冷却、成品

将饼坯逐个放入烤盘中，间隔距离要均匀，饼面朝下，要轻拿轻放。炉温约 200℃，如果炉温过高制品会烤焦；炉温过低制品容易发胖走形，一般烘烤时间 6～7min 为宜。待月饼冷却就可装箱。苏式月饼酥皮易碎，故装箱时要轻拿轻放。

【质量标准】

(1) 感官指标

苏式月饼感官指标见表 4-42。

表 4-42 苏式月饼感官指标

项目		要求
形态		外形圆整,面底平整,略呈扁鼓形;底部收口居中不漏底,无僵缩、露酥、塌斜、跑糖、漏馅现象,无大片碎皮;品名戳记清晰
色泽		饼面浅黄或浅棕黄,腰部乳黄泛白,饼底棕黄不焦,不沾染杂色,无污染现象
组织	蓉沙类	酥层分明,皮馅厚薄均匀,馅软油润,无夹生、僵粒
	果仁类	酥层分明,皮馅厚薄均匀,馅松不韧,果仁粒形分明、分布均匀。无夹生、大空隙
	肉与肉制品类	酥层分明,皮馅厚薄均匀,肉与肉制品分布均匀,无夹生、大空隙
	其他类	酥层分明,皮馅厚薄均匀,无空心,无夹生
滋味与口感		酥皮爽口,具有该品种应有的风味,无异味
杂质		正常视力无可见杂质

(2) 理化指标

苏式月饼理化指标见表 4-43。

表 4-43 苏式月饼理化指标

项目		蓉沙类	果仁类	肉与肉制品类	其他类
干燥失重/%	≤	19.0	12.0	30.0	企业自定
蛋白质/%	≥	—	6.0	7.0	—
脂肪/%	≤	24.0	30.0	33.0	企业自定
总糖/%	≤	38.0	27.0	28.0	企业自定
馅料含量/%	≥	60			

(3) 微生物指标

苏式月饼微生物指标见表 4-44。

表 4-44 苏式月饼微生物指标

项目		指标
菌落总数/(CFU/g)	≤	1500
大肠菌群/(MPN/100g)	≤	30
霉菌计数/(CFU/g)	≤	100
致病菌(沙门菌、志贺菌、金黄色葡萄球菌)		不得检出

【生产案例】

一、苏式月饼的制作

苏式月饼制作

1. 主要设备与用具

和面机、烤炉、台秤、面筛、面盆等。

2. 配方

配方见表 4-45 和表 4-46。

表 4-45　苏式月饼水油皮配方

原辅料名称	质量/g	烘焙百分比/%
低筋面粉	300	100
糖	43	14.3
猪油	110	36.7
水	100	33.3

表 4-46　苏式月饼酥料配方

原料名称	质量/g	原料名称	质量/g
低筋面粉	350	猪油	200

3. 工艺流程

原辅料预处理→调制水油面团→调制油酥面团→包酥→成形→烘烤→冷却→成品

苏式月饼见彩图 4-4。

4. 操作要点

① 原辅料预处理　按配方标准计量，将低筋面粉过筛备用。

② 调制水油面团　将面粉和糖加入和面机内混匀，然后加入水和面，最后加入猪油，调制成表面光滑的面团，静置 20～30min 后，分 25g 一个，搓圆备用。

③ 调制油酥面团　将面粉置于操作台上围成圆圈，面粉中间加入称好的猪油，将猪油和面粉混合均匀，擦成软硬适中的油酥面团，分 15g 一个，搓圆备用。

④ 分馅　将豆沙分成 40g，搓圆备用。

⑤ 包酥　先把水油面片擀成薄片，包上油酥面团，收好剂口，沾少许干粉后将剂口朝下，用擀面杖擀成椭圆形，从一头卷起后再擀开，重复一次，最后卷成筒状。

⑥ 成形　取包好酥的面团，中间用食指压一下、两头向里制成皮，包入豆沙，收紧口，收口向下。在烤盘中压成 1cm 厚的扁形生饼坯，应注意饼坯间的距离。

⑦ 烘烤　当炉温达到面火 190℃/底火 210℃，将月饼生坯送入烤炉。直到表面呈酥松，起鼓状外凸，饼边壁呈黄白色即为成熟。

⑧ 冷却、成品　将烤好的月饼自然冷却后即为成品。

二、水晶百果月饼的制作

1. 主要设备与用具

烤炉、台秤、面筛、面盆等。

2. 配方

配方见表 4-47～表 4-49。

表 4-47　水晶百果月饼皮料配方

原辅料名称	质量/kg	烘焙百分比/%
富强粉	9	100
熟猪油	3.1	34.4
饴糖	1	11.1
热水(80℃)	3.5	38.9

表 4-48 水晶百果月饼酥料配方

原料名称	质量/kg	原料名称	质量/kg
富强粉	5	熟猪油	2.85

表 4-49 水晶百果月饼馅料配方

原料名称	质量/kg	原料名称	质量/kg
熟面粉	5	绵白糖	11
熟猪油	4.25	糖渍猪油丁	5
核桃仁	2.5	松子仁	1
瓜子仁	1	糖橘皮	0.5
黄丁	0.5	黄桂花	0.5

3. 工艺流程

原辅料预处理→调制水油面团→调制油酥面团→包酥→成形→烘烤→冷却→成品

4. 操作要点

① 原辅料预处理 按配方标准计量，将富强粉过筛备用。

② 调制水油面团 面粉置于台板上打圈，加入猪油、饴糖和热水，将油、糖、水充分搅拌均匀，然后逐步加入面粉和成面团。盖上布醒发片刻，制成表面光滑的面团待用。

③ 调制油酥面团 面粉置于台板上打圈，倒入猪油用手边推边擦，直到擦透成油酥。

④ 包酥 采用大包酥或小包酥的方法制成酥皮。

⑤ 制馅 根据配方将干料混匀，加入油脂拌匀擦滋润即可。

⑥ 成形 皮与馅的比例为 5∶6。将馅逐块包入酥皮内，馅芯包好后在酥皮的封口处贴上方形小纸，压成 1cm 厚的扁形生饼坯。最后在生饼坯上盖上各种名称的红印章。找好距离，生饼坯码入烤盘。

⑦ 烘烤 调好炉温（200～230℃），将装有月饼坯的烤盘入炉，烘烤 5～6min。烘烤时间主要是根据炉温而定，炉温过高易焦，过低要跑糖漏馅。用目测来确定月饼的成熟，当饼面呈松酥，起鼓状外凸，饼边壁呈黄白色（乳黄色）时即为成熟；若饼边呈黄绿色，不起酥皮，则表示未成熟。

三、鲜肉月饼的制作

1. 主要设备与用具

和面机、烤炉、台秤、面筛、面盆等。

2. 配方

配方见表 4-50～表 4-52。

表 4-50 鲜肉月饼皮料配方

原辅料名称	质量/g	烘焙百分比/%
中筋面粉	1500	100
猪油	350	23.3
饴糖	125	8.3
热水(70～80℃)	600	40

表 4-51 鲜肉月饼酥料配方

原料名称	质量/g	原料名称	质量/g
中筋面粉	800	猪油	400

表 4-52 鲜肉月饼馅料配方

原料名称	质量/g	原料名称	质量/g
鲜肉	1500	酱油	100
糖粉	50	味精	10
榨菜	150	香葱	100
淀粉	50	麻油	25
黄油	30	食盐	15
鸡蛋	100		

3. 工艺流程

原辅料预处理→调制水油面团、调制油酥→包酥→成形→烘烤→冷却→成品

4. 操作要点

① 原辅料预处理　按配方标准计量，将面粉过筛备用。

② 调制水油面团　将猪油、饴糖和热水充分搅拌均匀加入面粉调制成水油面团，静置0.5h以上。

③ 调制油酥　将面粉和猪油擦成油酥面团。

④ 包酥　用水油面团包住油酥面团，用大包酥或小包酥方式进行开酥。

⑤ 分割　按皮馅 6.5∶3.5 比例分割下剂。

⑥ 成形　将饼皮按扁后包馅，收口朝下按成鼓形。在饼面上盖上“苏式鲜肉”字样红戳。把生饼坯摆入烤盘。

⑦ 烘烤　面火 250℃/底火 210℃，时间 15min 左右。

四、无糖月饼的制作

1. 主要设备与用具

和面机、烤炉、台秤、面筛、面盆等。

2. 配方

配方见表 4-53～表 4-55。

表 4-53 无糖月饼皮料配方

原辅料名称	质量/g	烘焙百分比/%
中筋面粉	1000	100
猪油	350	35
饴糖	300	30
水	350	35

表 4-54 无糖月饼酥料配方

原料名称	质量/g	原料名称	质量/g
中筋面粉	600	猪油	350

表 4-55　无糖月饼馅料配方

原料名称	质量/g	原料名称	质量/g
糕粉	500	精制油	250
奶油	250	瓜仁	40
白麻屑	400	核桃仁	400
松仁	40	味精	15
食盐	35	淀粉	150
香葱	100	水	650
甜蜜素	8		

3. 工艺流程

制馅
↓
原辅料预处理→调制水油面团、调制油酥→包酥→成形→烘烤→冷却→成品

4. 操作要点

① 原辅料预处理　按配方标准计量，将面粉过筛备用。

② 皮料调制　将猪油、饴糖、热水充分搅拌后加中筋面粉调制成水油面团，静置 0.5h 以上。

③ 油酥调制　将中筋面粉和猪油擦成油酥面团。

④ 制馅　将馅料搅拌均匀放冰箱稍冻。

⑤ 包酥　用水油面包住油酥面，用大包酥或小包酥方式进行开酥。

⑥ 成形　将酥皮按扁后包馅，收口朝下，用手按成鼓形，饼面上盖上“无糖素月”字样红戳。

⑦ 烘烤　面火 250℃/底火 215℃，时间 15min。

五、白果月饼的制作

1. 主要设备与用具

和面机、烤炉、台秤、面筛、面盆等。

2. 配方

配方见表 4-56～表 4-58。

表 4-56　白果月饼皮料配方

原辅料名称	质量/g	烘焙百分比/%
富强粉	2200	100
猪油	660	30
饴糖	250	11.4

表 4-57　白果月饼酥料配方

原料名称	质量/g	原料名称	质量/g
面粉	1200	猪油	550

表 4-58 白果月饼馅料配方

原料名称	质量/g	原料名称	质量/g
熟面粉	1150	猪油	600
白糖	2300	核桃仁	500
松子仁	150	瓜子仁	100
糖冬瓜	150	杏干	200
糖橘皮	100	糖玫瑰	50

3. 工艺流程

制馅

↓

原辅料预处理→调制水油面团、调制油酥→包酥→成形→烘烤→冷却→成品

4. 操作要点

① 原辅料预处理　配料品种、数量计量正确，符合质量要求，无杂质，无变质料混入。

② 水油面团调制　将熟猪油、饴糖置和面机中，启动电源搅拌，混合后加热水搅匀，然后倒入小麦粉搅拌成团。要求面团光滑不沾手，有良好的延伸性和可塑性，不加生面。

③ 油酥面团调制　将熟猪油和小麦粉置和面机中，启动电源搅拌，混合均匀。要求油酥面团软硬度和水油面团相一致。

④ 包酥　水油面团包裹油酥后碾压，要求用力平缓，使酥面厚薄均匀、卷条粗细一致。

⑤ 分摘　酥皮切块要保证切口光滑而不粘搭，分量正确，在盘上排列整齐。

⑥ 制馅　将油、糖投入和面机中搅拌，待油、糖拌匀后，再加入果料、蜜饯、熟面粉和适量水拌和。拌成的馅料，手捏成团，稍碰即碎。馅无糖块、粉块及杂质等异物。计量，馅心要搓成圆球形，大小一致。

⑦ 成形　将酥皮按扁后包馅，收口朝下，用手按成鼓形。

⑧ 烘烤　面火 250℃/底火 210℃，时间 15min。

【生产训练】

见《学生实践技能训练工作手册》。

【常见质量问题及解决方法】

1. 饼皮的层次不分明

原因及解决方法如下。

① 水油面团的面粉选择不当或面达不到标准，必须选用高筋面粉，和面时搅拌至面筋充分形成，而且要松弛 20min 左右方可使用。

② 水油面团和油酥面团的比例不合适，水油面团太少。

③ 水油面团和油酥面团的软硬度不合适，在包酥时容易跑酥或者破裂。

④ 包酥的操作方法不当。

2. 烤制后月饼皮色泽不均匀或色过深，甚至焦煳

原因及解决方法如下。

① 成形时表面干粉太多，或者表皮刷蛋液过多，蛋液刷得不匀。

② 烘烤温度过高。如果面火温度过高，烤制时间过长，饼皮颜色会过深，甚至焦煳。

3. 月饼的漏馅、表面开裂的问题

原因及解决方法如下。

① 包馅时剂口封闭不紧，应封严剂口。而且封口朝下码在烤盘里。

② 馅料质量差，或者水分太多，配比不合理，烘焙时造成“胀馅”、破皮，应严格控制馅的质量。

③ 皮面和馅料的软硬度不合适，应控制好皮面和馅料的软硬度。

4. 漏酥

原因：制酥皮时，压皮用力不均，皮破造成漏酥；包馅时，将酥皮掀破。

解决方法：包酥和压皮用力要均匀；包馅时，酥皮刀痕要掀向里面。

5. 跑糖

原因：油酥太软；底部收口没捏紧。

解决方法：油酥中面粉和油的比例要适当，一般为 2：1，夏天可减少油；包馅收口要捏紧。

6. 变形

原因：皮子过软；置盘时手捏饼过紧。

解决方法：掌握皮料用水，和面时，加水量视天气和面粉干湿情况而定；取饼置盘动作要轻巧。

7. 皮馅不均

原因：包馅时，掀皮不均。

解决方法：包馅时用手掌部掀酥皮，用力均匀，同时加强基本功训练，熟能生巧。

8. 皮层有僵块

原因：采用大包酥，包酥不匀。

解决方法：包酥压皮，要压得均匀。

9. 饼底有黑块或黑点

原因：烤盘未擦净。

解决方法：放置生坯前，烤盘一定要擦干净。

任务 4-5　京式月饼生产

学习目标

- 能选择和处理生产京式月饼的原辅料。
- 掌握京式月饼的生产工艺。
- 处理京式月饼生产中遇到的问题。
- 能进行京式月饼生产和品质管理。

【知识前导】

京式月饼历史悠久，它起源于京津及周边地区，盛行于北京。由于长期受宫廷制作的影响，故其外形精细美观，表面多有纹印，富有传统的民族特色。京式月饼是北方月饼的代表品种，花样众多。京式月饼最有名的是提浆月饼、自来红月饼、自来白月饼和京式大酥皮类（翻毛月饼）等。

（1）自来白月饼类

自来白月饼类指以小麦粉、绵白糖、猪油或食用植物油等制皮，以冰糖、桃仁、瓜仁、桂花、青梅或山楂糕、青红丝等制馅，经包馅、成形、打戳、焙烤等工艺制成的皮松酥、馅绵软的一类月饼。

（2）自来红月饼类

自来红月饼类指以精制小麦粉、食用植物油、绵白糖、柠檬酸、小苏打等制皮，以熟小麦粉、麻油、瓜仁、桃仁、冰糖、桂花、青红丝等制馅，经包馅、成形、打戳、焙烤等工艺制成的皮松酥、馅绵软的一类月饼。

（3）京式大酥皮月饼类（翻毛月饼）

京式大酥皮月饼类指以精制小麦粉、食用植物油等制成松酥绵软的酥皮，经包馅、成形、打戳、焙烤等工艺制成的皮层次分明、松酥及馅利口不黏的一类月饼。

（4）京式月饼的特点

京式月饼是混糖类，就是把油、糖、面混合在一起做成的饼皮，包的馅基本是拌制的，不需要高温炒，只要把料拌和在一起就可以了，而且馅的原料用得比较多的是冰糖、青红丝（柚子、橘子皮腌制后染成红色、绿色）、核桃仁、瓜仁，加油和熟面粉。口味偏硬、纯甜，甜度及皮馅比适中，一般皮馅比为4∶6，喜用麻油，口味清甜，口感酥松。

京式月饼最大的特色是宫廷风格。其做工考究，制作程序之复杂居中国五大月饼体系之首，工序多达数十道，每一道工序的标准与要求又十分严格，这正是宫廷月饼与民间月饼的最大区别。仅以选料来说，老北京京式月饼的选料程序相当复杂，以月饼所用枣料为例，必须选用指定月份的密云小枣，其核小、肉甜、汁蜜，然后经筛选挑出规格一致的小枣，再经去核、去皮、去渣、粗制、精制、定级、分选等工序方可使用。

京式月饼（自来红月饼）生产工艺流程如下：

面团调制→包馅→成形→烘烤→冷却→成品

↑

制馅

【（自来红月饼）生产工艺要点】

（1）面团调制

先将香油、饴糖、疏松剂放入和面机中，搅拌均匀，然后加入适量开水边烫边搅拌，使之充分融合，再加入90%的面粉，搅拌至有韧性为止，用剩余的10%面粉调整软硬。水应一次性放足，面团调成不宜再放水，防止面团“走油”上劲。待面团冷却后，分成每个60g小块备用。

（2）制馅

先将青梅切丁、冰糖捣碎，然后加入白糖、香油及各种馅料混合均匀，加入熟面粉搅拌均匀即可，用植物油调节软硬度。制馅时不能加水，防止制品在烘烤时产生蒸汽，使制品空心、起鼓或跑糖。馅料分成每个为45g，搓圆备用。

（3）包馅、成形、烘烤

先将皮擀成圆片，包馅，剂口封严。剂口朝上用手压成直径为6.2cm的圆饼，表面向上摆入盘内，在制品正中捣一圆孔，深入制品1/3。然后用磨水（用冰糖、饴糖、水、碱面和红茶叶在锅内熬成的枣红色糖水）在圆孔周围均匀地画一圆圈。将生坯送入炉内，炉温为200～210℃，9～10min烤至棕红色，糖水圆圈起亮发明，表面起酥发毛，即可出炉。

【质量标准】

(1) 感官指标

京式月饼感官指标见表 4-59。

表 4-59 京式月饼感官指标

项 目	要 求
形 态	外形整齐,花纹清晰,无破裂、漏馅、凹缩、塌斜现象,有该品种应有的形态
色 泽	表面光润,有该品种应有的色泽且颜色均匀,无杂色
组 织	皮馅厚薄均匀,无脱壳,无大空隙,无夹生,有该品种应有的组织
滋味与口感	有该品种应有的风味,无异味
杂 质	正常视力无可见杂质

(2) 理化指标

京式月饼理化指标见表 4-60。

表 4-60 京式月饼理化指标

项 目		要 求
干燥失重/%	≤	17.0
脂肪/%	≤	20.0
总糖/%	≤	40.0
馅料含量/%	≥	35

(3) 微生物指标

京式月饼微生物指标见表 4-61。

表 4-61 京式月饼微生物指标

项 目		指 标
菌落总数/(CFU/g)	≤	1500
大肠菌群/(MPN/100g)	≤	30
霉菌计数/(CFU/g)	≤	100
致病菌(沙门菌、志贺菌、金黄色葡萄球菌)		不得检出

【生产案例】

一、白月饼的制作

1. 主要设备与用具

和面机、烤炉、台秤、面筛、面盆等。

2. 配方

配方见表 4-62 和表 4-63。

表 4-62　白月饼皮料配方

原辅料名称	质量/kg	烘焙百分比/%
富强粉	20	100
白砂糖	1.5	7.5
猪油	10	50
碳酸氢铵	0.026	0.13
开水(100℃)	4.5	22.5

表 4-63　白月饼馅料配方

原料名称	质量/kg	原料名称	质量/kg
熟标准粉	4	糖粉	8
猪油	4.8	核桃仁	1
山楂糕	1.5	冰糖屑	1
瓜子仁	0.25	糖桂花	0.5
青丝、红丝	0.5		

3. 工艺流程

制馅 ↓

原辅料预处理→面团调制→成形→烘烤→冷却→成品

4. 操作要点

① 原辅料预处理　按配方标准计量，将面粉过筛备用。

② 面团调制　在和面机内加入白砂糖，冲入开水使其溶化，再将猪油投入，在和面机中充分快速搅拌使其乳化。油、水混合液在40℃左右时放入碳酸氢铵，溶化后加入面粉搅拌均匀，调成软硬适宜略带筋性的面团。分成每块3.05kg，各下80个小剂。

③ 制馅　在和面机中按秩序加入糖粉、猪油，搅拌均匀后投入熟面粉，再拌匀后加入其他切碎的果料，继续搅拌均匀，软硬适宜。分成每块2.25kg，各打80小剂。

④ 成形　取一块小皮面擀成长方形，从两端向中间折叠成三层，再擀长后，从一端卷起，将小卷静置一会儿按压成扁圆形，静置一会儿，用擀面杖擀成中间厚的薄饼，静置后取一小馅包入，剂口朝下，制成馒头状圆形。底面垫一小方纸，表面打戳记（除白糖馅芯外的白月饼，均需打戳记标明），用细针扎一气孔，找好距离，码入烤盘，准备烘烤。按成品16块/kg取量。

⑤ 烘烤　调好炉温（180℃左右），将摆好生坯的烤盘送入炉内，烘烤16min后熟透出炉，冷却后装箱。

二、红月饼的制作

1. 主要设备与用具

和面机、烤炉、电磁炉、台秤、面筛、面盆等。

2. 配方

配方见表4-64和表4-65。

表 4-64　红月饼皮料配方

原辅料名称	质量/kg	烘焙百分比/%
富强粉、标准粉	17	100
白砂糖	1.5	
饴糖	1.5	
麻油	7.5	
开水(100℃)	4	
碳酸氢铵	0.025	

表 4-65　红月饼馅料配方

原料名称	质量/kg	原料名称	质量/kg
熟标准粉	7	糖粉	7
麻油	4.5	花生仁	1
芝麻	0.5	青丝、红丝	0.5
核桃仁	0.5	瓜子仁	0.5
青梅	0.5	桶饼	0.5
葡萄干	0.5	糖桂花	0.5

3. 工艺流程

制馅
↓
原料预处理→面团调制→成形→烘烤→冷却→成品

4. 操作要点

① 原料预处理　按配方标准计量，将面粉过筛备用。

② 面团调制　白砂糖和饴糖置于和面机内，冲入开水使糖溶化，再将麻油投入，在和面机中充分快速搅拌使其乳化；油、水的混合液在40℃左右时放入碳酸氢铵，溶化后加入面粉搅拌均匀，调制成软硬适宜略带筋性的面团。分成每块3.05kg，各下80个小剂。

③ 制馅　在和面机中按次序加入白糖粉、麻油，搅拌均匀后投入熟面粉，再拌匀后加入其他切碎的果料，继续搅拌均匀，软硬适宜。分成每块2.25kg，各打80小剂。

④ 制碱水　纯碱25g加入适量的饴糖、白砂糖、蜂蜜熬制成枣红色浆水，又称磨水，口尝微微发涩。

⑤ 成形　取一小块皮面擀成长方形，从两端向中间折叠成三层；再擀长后，从一端卷起，静置一会儿按成扁圆形；再静置一会儿，用擀面杖擀成中间厚的薄饼；静置后取一馅包入，剂口朝下，制成馒头状圆形。底面垫上一小方纸，表面中间用碱水印一小圈（也可用笔蘸碱水在每只饼上画个圆圈），用细针扎一气孔，找好距离，放入烤盘，准备烘烤。

⑥ 烘烤　调好炉温（200～210℃），烘烤时间9～10min。待制品表面烤成棕黄色、底面金黄色，熟透出炉，冷却后装箱。

三、翻毛月饼的制作

1. 主要设备与用具

烤炉、台秤、面筛、面盆等。

2. 配方

配方见表 4-66～表 4-68。

表 4-66 翻毛月饼皮料配方

原辅料名称	质量/kg	烘焙百分比/%
富强粉	9.5	100
猪油	0.5	5.3
水	4.75	50

表 4-67 翻毛月饼酥料配方

原料名称	质量/kg	原料名称	质量/kg
富强粉	9.5	猪油	4.5

表 4-68 翻毛月饼馅料配方

原料名称	质量/kg	原料名称	质量/kg
熟面粉	6.5	白砂糖	7.5
植物油	2.5	麻油	1
花生仁	1	芝麻	0.5
瓜子仁	0.5	青梅	0.75
桶饼	0.75	果脯	0.5
糖桂花	0.5	果酱	1
水	0.25		

3. 工艺流程

制馅
↓
原料预处理→调制水油、油酥面团→包酥、成形→烘烤→冷却→成品

4. 操作要点

① 制水油皮　面粉过筛后置于操作台上围成圈，投入猪油、温水（30～50℃）。搅拌均匀后加入面粉，混合均匀后用温水浸扎一两次，调成软硬适宜的筋性面团。分成每块1.6kg，醒发片刻，各打 50 个小剂。

② 制油酥　将面粉与猪油混合揉擦成软硬适宜的油酥面团。分成每块 1.4kg，各打 50 个小剂。

③ 制馅　白砂糖粉、熟面粉拌和均匀，过筛后置于操作台上围成圈，中间加入切碎的小料以及植物油、麻油和适量的水，搅拌均匀后与拌好糖粉的熟面粉擦匀，软硬适量。分成每块 2.25kg，各打 50 个小块。

④ 成形　将醒发好的皮面按压成中间厚的扁圆形，把油酥包入中间。破酥后擀成中间厚的扁圆形，取一馅均匀包入，封严剂口，拍成底小、上大的圆饼，表面直径 7cm，在制品表面的中间轻轻戳一直径为 2cm 的圆形凹陷，打一红点。找好距离，表面朝下，摆入烤盘，扎一小气孔，准备烘烤。

⑤ 烘烤　调好炉温（180～200℃），底火大于面火。将摆好生坯的烤盘送入炉内烘烤。待制品表面烤成微黄色时，翻身重新入炉烘烤。熟透出炉，冷却后装箱。

四、状元饼的制作

1. 主要设备与用具

电磁炉、和面机、烤炉、台秤、面筛、面盆等。

2. 配方

配方见表 4-69 和表 4-70。

表 4-69 状元饼皮料配方

原辅料名称	质量/kg	烘焙百分比/%
小麦粉	33	100
猪油	14	42.4
白砂糖	18	54.5
鸡蛋	5.5	16.7
饴糖	0.3	0.91
小苏打	0.09	0.27
水	9	27.3

表 4-70 状元饼馅料配方

原料名称	质量/kg	原料名称	质量/kg
枣泥	33	核桃仁	2.1

3. 工艺流程

制馅 ↓

原辅料准备→面团调制→包馅→成形→烘烤→成品

4. 操作要点

① 糖浆制备　将配方中白砂糖、饴糖和水一起投入锅中加温熬制，并不断搅拌，防焦化。糖液熬沸后去杂质，继续煮沸。当温度上升到 104～105℃、浓度为 72%～73%时，立即停止加热，冷却，放 2～3 天后方可使用。

② 面团调制　将制好的糖浆倒入和面机内，然后加入猪油和小苏打（起子）搅拌成乳白色悬浮状液体，再加入鸡蛋和面粉搅拌均匀。搅拌好的面团应柔软适宜、细腻、起发好，不浸油。调制好的面团应在 1h 内生产，否则存放时间过长，面团筋力增加，影响产品的质量。

③ 制馅　使用擦制法。

④ 包馅、成形　将已包好的饼坯封口向外，放入印模，用印模压制成形，纹印有“状元”二字，先在烤盘内涂一层薄薄的花生油，按合适距离放入饼坯。

⑤ 烘烤　用 200～220℃的炉温烘烤，制品烤至呈金黄色时即可出炉。

【生产训练】

见《学生实践技能训练工作手册》。

自 测 题

一、填空题

1. 月饼按地方风味特色分类有（　　　　）、（　　　　）、（　　　　）和其他。

2. 月饼生产工艺较复杂，其制作过程大致分为（　　　　）、（　　　　）、（　　　　）、（　　　　）、（　　　　）等几个重要工序。

3. 混糖月饼加工中常出现（　　　）、（　　　）、（　　　）的质量问题。
4. 提浆月饼是把白砂糖制成（　　　），用（　　　）和面。
5. 枧水是广式月饼的传统辅料，其主要成分为（　　　）和（　　　）。
6. 枧水浓度一般为（　　　）。
7. 制作广式月饼的转化糖浆，转化率达到（　　　），浓度达到（　　　）时较为实用。
8. 制酥皮有两种方法，即（　　　）和（　　　）。

二、选择题

1. 月饼的花色品种很多，按饼皮分（　　）类。
A. 2　　B. 3　　C. 4　　D. 5
2. 广式月饼制作过程常有“漏馅”现象，请分析哪个不是主要原因？（　　）
A. 包馅时，饼皮薄厚不均匀　　B. 馅料颗粒过大
C. 馅料过硬　　D. 饼皮太软
3. 月饼制作过程有“饼面花纹不清”现象，请分析哪个不是主要原因？（　　）
A. 印板内凹形花纹被皮子堵塞　　B. 馅料颗粒过大
C. 烘烤温度不够　　D. 烤前刷水过多
4. 月饼制作过程有“饼面有气泡、麻点”现象，原因是（　　）。
A. 蛋液刷得不均匀　　B. 蛋液刷得过多
C. 蛋液刷得不均或过多　　D. 蛋液刷得过少
5. 月饼烤制的过程有“底大收腰”现象，哪个不是主要原因？（　　）
A. 饼皮太多　　B. 饼皮太稀　　C. 馅料油分太多　　D. 馅料水分太少
6. 月饼制作过程有“月饼腰部暗黑”现象，原因是（　　）。
A. 枧水加入过多或烘烤过度　　B. 枧水加入过多
C. 烘烤过度　　D. 枧水加入过少
7. 月饼制作过程有“月饼腰部爆裂”现象，原因是（　　）。
A. 炉温高　　B. 炉温高或烘烤时间过长
C. 烘烤时间过长　　D. 炉温低或烘烤时间过长
8. 南方调制五仁馅常用的干果主要有（　　）。
A. 杏仁、瓜仁、芝麻仁、核桃仁、榄仁
B. 花生仁、杏仁、瓜仁、芝麻仁、核桃仁
C. 杏仁、瓜仁、芝麻仁、核桃仁、松子仁
D. 花生仁、杏仁、松子仁、瓜仁、芝麻仁
9. （　　）的工艺方法是先下剂，后包酥。
A. 大包酥　　B. 小包酥　　C. 开酥　　D. 抹酥

三、分析题

1. 转化糖浆的浓度对月饼质量有何影响？
2. 糖浆在储存时，有时在糖浆面周围会出现“糖霜”，说明糖浆浓度过大；若增加水分，使糖浆浓度降低，但饼皮上筋，怎么办？
3. 月饼制作过程有“皮馅剥离”现象，请分析原因。
4. 广式五仁月饼出炉后，花纹模糊不清是什么原因？出炉后，五仁月饼变形是何原因引起？
5. 广式月饼皮面有时出现面团糟脆，不能正常使用的现象，应如何解决？
6. 广式、京式、苏式月饼在制作技术上有何异同？各自的操作要点是什么？

学习情境五 中式糕点生产

【知识储备】

焙烤食品的种类很多，除了前面所介绍的面包、蛋糕、饼干、月饼以外，还有许多中西式糕点。糕点是以面粉、食糖、油脂为主要原料，配以蛋制品、乳制品、果仁等辅料，经过调制、成形、熟制、装饰加工而成的，具有一定色、香、味、形的食品。

糕点在食品工业中占有重要地位，与日常生活密切相关，直接反映人民饮食文化水平及生活水平的高低。近年来，糕点行业有了较快的发展，产品的门类、花色品种、数量、质量、包装装潢及生产工艺和设备，虽与国外同行业产品相比差距仍然不小，但都有了显著的提高。

我国的糕点生产历史悠久、花样繁多、制作考究、造型精美。特别是我国幅员辽阔、民族众多，各地区气候、物产条件、人民生活习惯不同，糕点的品种具有浓厚的地方色彩和独特的民族特色，所以在花色品种、生产方法、口味及色泽上形成了各种不同的派别。

一、中式糕点的分类及产品特点

1. 按制作方法分类

这种分类方法来源于生产部门，取决于产品的熟制方法，便于掌握。

（1）烘烤制品

定型后，经过加热烘烤，使半成品在烤炉中除去多余水分，体积增大，颜色美观，获得特有的口味。在糕点品种中占绝大部分。

（2）油炸制品

定型的半成品，经过热油炸制，除去多余水分，体积增大，颜色油润，制品酥脆。在糕点品种中占有一定的数量。

（3）蒸煮制品

蒸煮制品是以蒸煮为最后熟制工序的一类糕点。蒸煮制品包括蒸蛋糕类、印模糕类、韧糕类、发糕类、松糕类、粽子类、糕团类、水油皮类八类。

（4）其他制品

包括煮制品、炒制品、熏制品等。这些制品的熟制方法不同于前三种。

2. 按产品特点分类

（1）酥类

使用较多的油脂和糖，调制成酥性面团经成形、烘烤而制成的组织不分层次、口感酥松的制品。如京式的核桃酥、苏式的杏仁酥等。

（2）松酥类

使用较多的油脂、较多的糖（包括砂糖、绵白糖或饴糖），辅以蛋品或乳品等，并加入化学疏松剂，调制成松酥面团，经成形、烘烤而制成的疏松制品。如京式的冰花酥、苏式的香蕉酥、广式的德庆酥等。

（3）松脆类

使用较少的油脂、较多的糖浆或糖调制成糖浆面团，经成形、烘烤而制成的口感松脆的制品。如广式的薄脆、苏式的金钱饼等。

（4）酥层类

用水油面团包入油酥面团或固体油，经反复压片、折叠、成形、烘烤而制成的具有多层次、口感酥松的制品。如广式的千层酥等。

（5）酥皮类

用水油面团包入油酥面团制成酥皮，经包馅、成形、烘烤而制成的饼皮分层次的制品。如京八件、苏八件、广式的莲蓉酥等。

（6）松酥皮类

用松酥面团制皮，经包馅、成形、烘烤而制成的口感松酥的制品。如京式的状元饼、苏式的猪油松子酥、广式的莲蓉甘露酥等。

（7）糖浆皮类

用糖浆面团制皮，经包馅、成形、烘烤而制成的口感柔软或韧酥的制品。如京式的提浆月饼、苏式的松子枣泥麻饼、广式月饼等。

（8）混糖皮类

凡不用糖浆而用糖粉和面，经包馅、成形、烘烤而成的糕点，均属这一类。这类糕点的皮面结构疏松，烘烤后酥松、硬度小。如蛋黄酥、桃杏果等。

（9）硬酥类

使用较少的糖和饴糖、较多的油脂和其他辅料制皮，经包馅、成形、烘烤而制成的外皮硬酥的制品。如京式的自来红、自来白月饼等。

（10）水油皮类

用水油面团制皮，经包馅、成形、烘烤而制成的皮薄馅饱的制品。如福建礼饼、春饼等。

（11）发酵类

采用发酵面团，经成形或包馅成形、烘烤而制成的口感柔软或松脆的制品。如京式的切片缸炉、苏式的酒酿饼、广式的西樵大饼等。

（12）烘糕类

以糕粉为主要原料，经拌粉、装模、炖糕、成形、烘烤而制成的口感松脆的糕类制品。如苏式的五香麻糕、广式的淮山鲜奶饼、绍兴香糕等。

（13）熟粉制品

熟粉制品是将米粉或面粉预先熟制，然后与其他原料混合而制成的一类糕点。熟粉制品包括冷调韧糕类、冷调松糕类、热调软糕类、印模糕类、片糕类五类。

（14）饼类

凡用油、糖、面加水混合在一起，捞片、成形、烘烤的制品，均属这一类。这类糕点大多是手工操作的糕点式饼干或薄饼，其特点是酥、脆。如麻香饼、高桥薄脆等。

（15）其他类

凡配料、加工、熟制方法不同于前七种的中式糕点，均属这一类。这类糕点主要是一些季节性的食品，如油茶面、绿豆糕、元宵等。

3．按地理位置分类

我国地广人多，风俗习惯各有不同，在花色品种、口味上差异很大，因而各地糕点自然地保留着独特的风味特点。糕点按地理位置可分为：京式、苏式、扬式、宁绍式、广式、潮式、闽式、高桥式、川式等。

4．中式糕点产品特点

中式糕点在用料、操作方法、口味及产品名称方面，与西点有很大的不同。其主要特点介绍如下。

（1）原料的使用

中式糕点所用原材料以谷物、面粉为主，以油、糖、蛋为主要辅料。油脂侧重于植物油，还经常使用各种果仁、蜜饯及肉制品。调味香料侧重于糖渍桂花、玫瑰以及五香粉等。而西点所用谷物品种少，且面粉用量低于中式糕点，其奶、糖、蛋的比重较大，油脂侧重于奶油，并以果酱、可可、糖渍水果、杏仁等为主要辅料。香料上侧重白兰地、朗姆酒、豆蔻、咖喱粉、肉桂等以及各种香精、香料等。

（2）操作方法

中式糕点以制皮、包馅为主，靠模具或切块成形，其种类繁多。个别品种虽有点缀，但图案非常简朴。生坯成形后，多数经过烘烤或油炸，即为成品。而西点则以夹馅、挤糊、挤花为多。生坯烘烤后，多数需要美化、装饰后方为成品，装饰的图案比中式糕点复杂、精致。

（3）口味

中式糕点由于品种、地区及用料的不同，其口味虽各有不同、各有突出，但主要以香、甜、咸为主。西点有明显的奶香味，常常带有可可、咖啡或香精香料形成的各种风味。

（4）产品名称

中式糕点多数以产品的性质、形状命名。如产品是酥性的，就叫桃酥、果仁酥；产品的形状像鹅，叫白鹅酥；产品的外观层次重叠，叫千层酥等。而我国目前生产的西点则以用料、形态命名，也沿用音译名。如：奶油××、巧克力××、动物小点心、捷克斯等。

（5）工艺

中式糕点讲究色、香、味、型、配方，工艺讲究渊源和传统，利用现代科技的内容较少；西点讲究营养、配方，工艺中创新性强，利用的现代科技内容多。

二、糕点加工原辅料

1．面粉

面粉是糕点制作的重要原料，在中式糕点的配方中，面粉一般占40%～60%，在西点中也是必不可少的。面粉的品质优劣直接影响着糕点产品的质量。

选择具有较低的面筋含量和较弱筋力的面粉。这样调制的面团弹性小、可塑性好、产品不会产生韧缩变形、有较好的外观和清晰的花纹，同时具有酥松的结构和良好的口感。蛋白质和湿面筋含量一般要求在9.5%～10.0%和22.0%～25.0%范围。

如果面粉面筋含量过高，筋力过强，可以采取以下措施加以纠正：

① 糕点配方中常使用多量的糖、油脂和少量的水。

② 采用低温和短时间的面团调制工艺。

③ 采用一次加水并先与油脂、糖、蛋等其他原料形成乳化状态，然后再加入面粉调制，以避免面粉直接与水接触生成多量面筋。

④ 可以直接稀释小麦粉的面筋含量，或使面筋弱化，例如在面粉中加入少量淀粉，或将部分面粉用蒸或炒的办法使其蛋白质产生热变性。

2. 油脂

油脂是制作糕点非常重要的原料，油脂使面粉的吸水性能降低，减少面筋形成量，降低弹性，提高面团的可塑性，使产品滋润、柔软、丰满、酥松，或形成多层次的酥性结构；油脂有助于保持水分，使产品柔软，从而提高货架寿命；油脂能提高制品的风味，特别是奶油，其独特的风味更受到消费者的青睐。

油脂的多少对糕点质量的影响很大，不同的用量、不同的种类，产生的效果也不一样。当油脂少时，会造成产品严重变形、口感硬、表面干燥无光泽、面筋形成多，虽增强了糕点的抗裂能力和强度，但减少了内部的松脆度。油脂多时，能助长糕点疏松起发，外观平滑光亮，口感酥化。

糕点中常用的油脂有各种植物油、猪油、奶油、人造奶油、氢化油等。植物油主要有花生油、大豆油、芝麻油等，广泛用于中式糕点的加工中；动物油脂用于糕点制作最常见的是猪油，天然猪油起酥性好，风味最佳，适合于做酥类和酥皮类糕点，另一种常用于糕点的动物油是奶油，又称黄油，它是从牛奶中提炼得到的，它的独特风味深受人们喜爱，在西点中使用特别多。

油脂是一种极易发生酸败的原料，大多数糕点中油脂用量很大，这是富含油脂的糕点发生变质的主要原因之一。防止油脂酸败除应选择新鲜油脂作原料外，还可以添加适量的抗氧化剂，如丁基羟基茴香醚（BHA）、二丁基羟基甲苯（BHT）、没食子酸丙酯（PG）等，也可采用真空包装、加入脱氧剂密封包装等。

3. 糖

糖是制作糕点的主要原料之一，对糕点的质量起着很多重要的作用。

① 糕点中使用糖是为了增加糕点的甜味和提高营养价值。

② 糕点在烘烤时，糖在高温作用下脱水，发生焦糖化作用，使糕点表面产生诱人的金黄色或棕黄色，并产生焦糖的香味，使产品具有理想的色、香、味。

③ 水化作用。糖在糕点面团调制中具有反水化作用，糖具有强烈的吸水性，在面团调制时影响小麦粉中蛋白质吸水膨胀，阻碍面筋的形成，从而降低面团的弹性、增加可塑性，不仅使面团容易操作，还防止制品的收缩变形，保证外观美观、花纹清晰，内部结构酥松，提高产品质量。

④ 吸湿作用。某些糖如果糖、转化糖、饴糖等具有吸湿作用，能使制品在一定时间内保持柔软，因而保持了制品的新鲜度。

⑤ 氧化作用。还原性糖是一种天然的抗氧化剂，在糕点中能延缓油脂的氧化，从而延长了糕点的保存期。

糕点中常用的糖有蔗糖、饴糖、淀粉糖浆以及蜂蜜等。

白砂糖在使用前需要用水溶解，再过滤、除杂或磨成糖粉过滤除杂。糖浆也需要过滤使用。夏天要注意防止糖浆的发酵。

生产中有时需要自制转化糖，其制作方法是：把水和糖加热到108～110℃，加入柠檬酸等物质可促进糖的转化。注意在制作转化糖的时候，糖浆未冷却前不宜大力搅动，否则极易导致糖浆翻砂。

4. 大米

大米中蛋白质不能像面粉中的麦胶蛋白和麦谷蛋白那样形成面筋，因此大米中起主要作用的是淀粉。大米作为糕点的原料，一般需加工成粉。大米粉通常用来制作各种糕团和糕片等。此外，在面粉中掺入米粉可降低面筋生成率，在糕点的馅心中加入米粉，既起黏结作用，又可避免走油、跑糖现象发生。

5. 蛋及蛋制品

蛋及蛋制品在糕点制作中使用很广，用量较多，有些糕点中鸡蛋还是主要的原料。

蛋及蛋制品能改善和增加糕点的色、香、味、形及营养价值，蛋的起泡性有助于增大制品体积，蛋黄中的磷脂是很好的乳化剂，起到良好的乳化作用，在制作奶油膏时，添加鸡蛋可使制品细腻爽口，在制品中加入适量的蛋液涂刷制品表面，经烘烤后还可起到上色作用，此外，对酥性糕点可起到粘连作用。

糕点中常用的主要为鸡蛋及其制品，包括鲜蛋、冰蛋及蛋粉等。

生产中多以鲜蛋为主，对鲜蛋的要求是气室要小、不散黄，缺点是蛋壳处理麻烦。一般选用冷藏法保存鸡蛋，保存条件为温度1～2℃、湿度85%。储存时不要与有异味的食物放在一起。

6. 乳及乳制品

乳品用于糕点制作可以提高营养价值，并使制品具有独特的乳香味。在面团中加入适量乳品，可促进面团中油与水的乳化，改善面团的胶体性能，调节面团的胀润度，防止面团收缩，保持制品外形完整、表面光滑、酥性良好，同时还可以改善制品的色、香、味、形，提高制品的保存期。

常用的乳品有鲜牛奶、炼乳、奶粉等，其中，以奶粉使用较多。乳品在西式糕点中用量较多，而在中式糕点中则较少使用。

7. 巧克力

巧克力又称朱古力，原产墨西哥，是以可可脂、蔗糖或其他甜味料、可可粉、乳制品、食品添加剂等为原料，不添加淀粉或乳脂以外的动物油脂，经精磨、精炼、调温、成形等工艺制成的甜味食品。成品中非可可脂植物油脂的添加量不得超过最终产品的5%。巧克力具有棕黄浅褐、光洁明亮的外观，致密坚脆的组织结构，口感滑润，微甜；营养价值高，含有蛋白质、脂肪和糖类以及比较丰富的铁、钙、磷等矿物质，是热量比较高的食品。按所加辅料不同，分黑巧克力、牛奶巧克力、白巧克力等几类。

8. 果料

果料是糕点生产的重要辅料。糕点中使用果料的主要形式有果仁、果干、糖渍水果（果脯、蜜饯）、果酱、干果泥、新鲜水果、罐头水果等。糕点中使用各种果料，既可增加糕点花色品种和营养成分，又可提高产品的风味，有时分布在糕点表面，则起到装饰美化作用。果料使用得当，可以给人以赏心悦目之感。

(1) 果仁

果仁是指坚果的果实，含有较多的蛋白质与不饱和脂肪酸，营养丰富，风味独特，被视为健康食品，广泛用做糕点的馅料、配料（直接加入面团或面糊中）、装饰料（装饰产品的表面）。各种果仁包括：花生仁、核桃仁、芝麻仁、杏仁、松子仁、瓜子仁、橄榄仁、榛子仁、栗子、椰茸（丝）等。

西点加工中以杏仁使用得最多，主要是美国和澳大利亚的杏仁，杏仁加工的制品有杏仁瓣、杏仁片、杏仁条、杏仁粒、杏仁粉等。使用果仁时应除去杂质，有皮者应烘烤后去皮，注意色泽不要烤得太深。由于果仁中含油量高，而且以不饱和脂肪酸含量居多，因此容易酸败，应妥善保存。

(2) 果脯蜜饯类

果脯蜜饯类花色品种很多，糕点中使用的果脯蜜饯类品种有苹果脯、杏脯、桃脯、梨脯、青梅、红梅、橘饼、瓜条、糖桂花、红绿丝、枣脯、糖渍李子、糖渍菠萝、糖渍西瓜皮、蜜樱桃、糖椰丝、金糕等；果干主要包括葡萄干、干红枣等。果脯蜜饯类和果干在糕点中大量用于馅料加工，有时也作为装饰料使用。有些西式烘焙食品如水果蛋糕、水果面包等，果脯蜜饯、果干作为重要辅料直接加入面团或面糊中使用。

(3) 果酱

包括苹果酱、桃酱、杏酱、草莓酱、山楂酱以及什锦果酱等，干果泥则有枣泥、莲蓉、椰蓉、豆沙等，果酱和干果泥大都用来制作糕点的馅料。

(4) 新鲜水果和罐头水果

在西点中使用较多，主要用于高档西点的装饰料和馅料，例如水果挞、苹果派等。近年来，某些新鲜水果和罐装水果也用于中式糕点，例如菠萝月饼的馅料是由菠萝罐头制成等。

9. 水

水是糕点制作中重要的辅料，绝大多数糕点制作离不开水，有的糕点用水量达50%以上。水的性质对糕点质量有密切关系，它在糕点中发挥着重要作用。

① 溶解各种干性原辅料，使各种原辅料充分混合，成为均一的面团或面糊。

② 作为某些生化反应的介质和产品烘烤时的传热介质。

③ 糕点中保持一定的含水量可使其柔软湿润，延长其保鲜期。

④ 水、油乳化能增加糕点的酥松程度。

⑤ 具有水化作用，使面团（面糊）达到一定的稠度和温度。

10. 添加剂

为了提高糕点的加工性能和提高产品质量，除了使用上面的各种原辅料外，往往还要添加各种添加剂。糕点中常用的添加剂主要有以下几种。

(1) 疏松剂

大多数糕点都使用化学疏松剂，利用化学疏松剂受热分解，释放出大量气体，使制品体积增大，并形成疏松多孔的结构。应根据糕点的品种来选用合适的化学疏松剂。化学疏松剂主要有碱性疏松剂（碳酸氢钠、碳酸氢铵等）和复合疏松剂（发粉等）。

(2) 调味剂

调味剂是增进糕点味道、突出一定风味的添加剂，其中有的还含有人体需要的营养成分。糕点中常用的调味剂包括咸味剂、甜味剂、酸味剂、鲜味剂、香辛味料以及可可、咖啡、酒、腐乳等其他调味剂。

(3) 其他

此外，还可以添加香料、色素、防腐剂、增稠剂及营养强化剂等。在应用时，要根据不同的糕点品种进行选用，并要注意用量符合卫生部门规定的标准。

11. 豆类

在糕点加工中除用来制作豆糕、豆酥糖等外，主要用作馅料。

12. 肉及肉制品

糕点中使用的肉与肉制品主要是用作馅料，而且多数是咸的。

三、糕点加工工艺

1. 原料的配比与平衡

(1) 配方设计原则

配方设计是否合理决定着产品的品质、营养价值和经济效益。在配方设计中应遵循以下原则。

① 糕点品种　不同品种的糕点具有不同的性质和结构特征，必须用一定种类的原料，面粉、油脂和糖约占全部原料的98%，其中面粉为55%～60%、油脂为20%～25%、糖为25%左右，其他辅料约占2%。根据品种特点的需要，有的还用饴糖，多数是用来熬糖，用量大约为10%～20%，酥皮类和浆皮类糕点均为包馅糕点，皮与馅分别加工，其原料配比要从皮料和馅料的用料以及皮、馅质量之比来考虑。一般包馅糕点皮、馅质量之比为6∶4、5∶5或4∶6，个别品种也有3∶7的。

② 消费对象　糕点消费对象广泛，不同类型的消费者又有不同的要求。因此在设计糕点配方时，必须注意消费对象的特点。按消费对象不同，大致可分为普通糕点、儿童糕点、老年糕点、孕妇糕点、运动员糕点，以及适合于因患某些疾病而对饮食有特殊要求的患者食用的糕点，如低脂糕点、无糖糕点等。

③ 消费习惯　糕点属于地区性食品，主要在当地销售，在设计配方时必须注意地区性、民族性及风俗习惯。例如清真糕点、广式糕点等。

④ 风味与特色　糕点不仅可食，还应该给人以美的享受。注重糕点色、香、味、形的研究，特别在风味上应具有特色。例如近年来兴起的葱油味、菜汁味以及用玫瑰、桂花、果仁等天然物质调整和改善糕点的风味。

⑤ 营养成分配比的合理性　糕点是营养价值较高的方便食品，可以供给人们各种营养成分，在设计配方时要考虑到不同消费者的要求。例如老年糕点脂肪应低些；儿童糕点蛋白质、无机盐等应高些；运动员和井下工作者蛋白质、维生素和热量要求都较高。在生产强化糕点时，应首先用天然营养成分较高的原辅料来弥补某些成分的不足，其次再考虑加强化剂。

⑥ 原料来源　这是保证糕点生产正常进行的关键。在设计糕点配方时必须考虑原料的来源，应以就地取材为主、外地采购为辅。这样不仅可以保证正常生产，而且可以降低原料成本，满足当地消费者的口味要求。

(2) 配方的平衡

不同糕点具有不同的性质和结构特征，应根据产品特点选择合适的原辅料，并对原辅料进行预处理。

在确定原辅料的配方比例时要遵循配方平衡原则。配方平衡是指在一个配方中各种原辅料在量上要互成比例，达到产品的质量要求。因此，配方是否平衡，是产品质量的关键。要制定出正确合理的配方，首先要了解各种原辅料的工艺性质，糕点原料按其工艺性能可分为以下几组。

干性原料：包括面粉、奶粉、淀粉、发酵粉、砂糖、可可粉等。干性原料需要定量的湿性原料湿润，才能调制成面团或面浆料。

湿性原料：鸡蛋、牛奶、水等。

韧性原料：韧性原料含有高分子的蛋白质，如面粉、蛋白、盐、牛奶等。

柔性原料：柔性原料具有减弱或分散制品结构的作用，使制品具有松散酥脆的结构，起组织柔软剂作用，如糖、油、发酵粉、蛋黄等。

糕点的质量与配方中基本原料的量和比例有直接关系，不同种类的糕点需要不同比例原辅料的结合。配方平衡的基本原则是：在一个合理的配方中应该满足干性原料、湿性原料、韧性原料和柔性原料在比例上互相平衡。

① 干性原料与湿性原料之间的平衡　干性原料与湿性原料之间是否平衡影响着面团或面糊的稠度及工艺性能。

a. 面粉和加水量　不同的产品要求面粉的加水量不同。在糕点面团中韧性面团需加水量较多，达 50%～55%；酥类面团加水较少，一般在 8%～16%；油酥面团全部用油而不用水调制；而制作蛋糕的面糊加水最多高达 60%。

在制定配方时除了考虑干性原料的吸水率外，还需要考虑其他液体原料如鸡蛋、各类糖浆等的影响。配方中鸡蛋、糖浆、油脂含量增多时，面粉的加水量则应降低。每增加 1%的油脂，应降低 1%的加水量。鸡蛋含水量在 15%左右，蛋白中含大约 86%～88%的水，糖浆的浓度一般在 60%～80%，可以根据它们的含水量相应降低配方的加水量。

b. 配方中的糖量与总液体量　总液体量是指蛋、牛奶、糖浆中的含水量及添加水的总和。总液体量必须超过糖的量，才能保证糖充分溶解，否则影响产品质量，使产品结构较硬，组织干燥，表面易出现黑色斑点。但也不宜过多，如果总液体量过多，会造成组织过度软化，易出现塌陷，产品体积小。

② 柔性原料和韧性原料之间的平衡　要保证产品质量，柔性原料和韧性原料在比例上必须保持平衡。韧性原料过多，会使产品结构过度牢固、组织不疏松，缺乏弹性和延伸性，体积小。柔性原料过多，会使产品结构软化不牢固，易出现塌陷、变形等现象。

a. 面粉和油的比例　加油量与面粉的面筋含量成正比。还要根据不同产品来确定面粉和油的比例，奶油蛋糕中奶油用量可达 60%～100%；酥类糕点中油脂用量在 25%～60%左右。

b. 蛋和油的比例　油脂用量应与蛋用量成正比，因为蛋中含有较高的蛋白质，对面团或面糊起增强韧性的作用，而油脂是一种柔软剂。如制作蛋糕，油脂和蛋的比例是 1∶(1.1～1.15)。单独使用蛋白或蛋黄时，必须做适当的调整。蛋白比全蛋含有较高的水分和较低的蛋白质，应减少油脂用量或者增加蛋白用量才能达到配方平衡。蛋黄含有较高的油脂和较低水分，故必须考虑蛋黄中的脂肪含量，以确定配方中油脂的适当比例。

c. 蛋和糖的比例　配方中蛋用量增加时，糖用量也应增加。糖对蛋白的起泡性有增强和稳定作用。特别是在蛋糕面糊搅打过程中，如果糖用量太低，蛋白不易起泡、充气少。

d. 蛋和疏松剂的比例　蛋白本身具有充气起泡而使产品疏松柔软的功能。因此在配方中蛋的用量增多，疏松剂的用量应减少。在标准配方的基础上每减少 1%的蛋，则应增加 0.03%的发酵粉。

③ 柔性原料之间的平衡

a. 油脂和疏松剂的比例　油脂在搅拌过程中可以拌入许多空气，在制作奶油蛋糕时应根据配方中油脂含量来确定疏松剂的用量，配方内油脂用量多，则疏松剂用量要少；油脂用量少，疏松剂用量要多。油脂用量在 50%～60%时，发酵粉用量为 4%；油脂用量在 40%～50%时，发酵粉用量为 5%；油脂用量 40%以下，发酵粉用量为 6%。

b. 糖和糖浆的互相替换　当使用糖浆代替砂糖时，所用糖浆中的含糖量要与配方中的糖用量相等，并计算糖浆中的水含量，调整配方的总液体量。

c. 蛋和蛋粉的互相替换　使用蛋粉代替鲜蛋时，应根据鲜蛋水分的含量计算出应同时补加的水分；用鲜蛋代替蛋粉时，则应从配方总液体量中扣除鲜蛋中所含的水分。

d. 可可粉与疏松剂　可可粉有天然和碱处理的两种产品。天然可可粉颜色较淡，呈酸性（pH 5.3）。碱处理可可粉呈中性，颜色较深。因此在制作可可蛋糕等产品时，如使用碱处理过的可可粉，在配方中可正常使用疏松剂；如使用天然可可粉，则应在配方中添加小苏打，改善蛋糕的颜色，小苏打用量为可可粉的 7%。由于小苏打与可可粉中的酸起中和反应，也能起到膨胀作用，故可代替部分疏松剂，疏松剂用量可适当减少。小苏打与发酵粉的替换比例为1∶2。

e. 巧克力、可可粉与油脂　巧克力中含可可油37.5%、可可粉为62.5%（内含12.5%可可油）。可可粉分高脂可可粉，含可可脂量为20%～24%；中脂可可粉，含可可脂量为10%～12%，低脂可可粉，含可可脂量小于8%。可可油在糕点中的油性作用只有正常固态油的一半。因此在使用巧克力和可可粉时，应计算出其中的可可油含量，并从配方正常油脂用量中扣除相当于可可油一半量的油脂，以求配方平衡。

f. 酸性材料　当使用熔点较低的糖（如葡萄糖、半乳糖、糖浆等）代替砂糖时，在配方中应添加少许酸性材料，如酒石酸盐、柠檬酸等，以调整产品表面颜色。

2. 面团的调制

面团调制是糕点制作的第一道工序，它与产品质量密切相关。按照配方和不同产品加工方法，采用不同的混合方式将原辅料混合，调制成适合加工各种糕点所要求的面团或面糊。不同种类的糕点使用的面团不同，其物理性质有很大的差别，必须使用不同的调制方法。

通过面团调制，不仅使各种原辅料混合均匀，而且使面团或面糊的性质如韧性、弹性、可塑性、延伸性、流动性等均能满足制作糕点的要求。

糕点品种繁多，各种糕点的面团所用原料以及调制方法各不相同，下面简单介绍面团的种类及其调制方法。

（1）水调面团

① 特点　水调面团又称韧性面团、筋性面团，是使用水和面粉调制的面团。这种面团弹性大，延伸性好，压延成皮或搓条时不易断裂。对水调面团的要求是光洁、均匀，有良好的弹性、韧性和延伸性。这种面团大部分用于油炸制品，如馓子、京式的炸大排岔等。

② 调制方法　将面粉和水以及其他辅料如食盐、蛋、疏松剂等放入搅拌机中进行充分搅拌，使面粉充分吸水，形成大量面筋，待面团软硬合适停止搅拌。将面团静置20min左右，使其消除内应力，变得更为均匀，同时减低部分弹性，增加可塑性和延伸性，便于成形操作。

（2）水油面团

① 特点　又称水油皮面团、水皮面团，由油脂、水与面粉调制而成，为了增加风味，有的加入鸡蛋代替部分水分，有的加入少量饴糖、糖粉或淀粉糖浆。该面团具有一定的弹性、可塑性和良好的延伸性，不仅可以包入油酥面团制成酥层类、酥皮包馅类糕点（如京八件、苏八件、千层酥等），也可单独用来包馅制成水油皮类、硬酥类糕点（如京式自来红、自来白月饼，福建礼饼，奶皮饼等），南北各地不少特色糕点是用这种面团制成。

② 分类　主要分类方法如下。

按加糖与否分为：无糖水油面团和有糖水油面团，糖的添加主要是为了使表皮容易着色和改善风味。

按其包馅方式分：一是单独包馅用的水油面团，面团延伸性好，有时也称延伸性水油面团；二是包入油酥面包制成酥皮再包馅，面团延伸性差，有时也称弱延伸性水油面团。

③ 调制方法　根据加水的温度主要有以下三种方法。

冷水调制法：首先搅拌油、饴糖，再加入冷水搅拌均匀，最后加入面粉，调制成面团。用这种面团生产出的产品，表皮浅白，口感偏硬，酥性差，酥层不易断脆。

温水调制法：将40～50℃的温水、油及其他辅料搅拌均匀，加入面粉调制成面团。这种面团生产的糕点，皮色稍深，柔软酥松，入口即化。

热、冷水分步调制法：首先将开水、油、饴糖等搅拌均匀，然后加入面粉调成块状，摊开面团，稍冷片刻，再逐步（分 3～4 次）加入冷水调制。继续搅拌面团，当面团光滑细腻并上筋后，停止搅拌，用手摊开面团，静置一段时间后备用。这种方法淀粉首先部分糊化调成块状，由于其中油、糖作用，后期加入的冷水使蛋白质吸水胀润受到一定限制，所以最后调制出的面团组织均匀细密，面团可塑性强。生产出的糕点表皮颜色适中，口感酥脆不硬。

④ 水油面制作酥皮的方法　酥皮分为小开酥与大开酥两种。

小开酥：将水油面团搓成条，用刀切或用手掐的办法将条分成等分的若干小节，然后将每个小节用手掌压扁，包进按比例要求的油酥，擀成长方片，折叠三层后再擀开，反复三次，再压成小圆饼形，即成酥皮。

大开酥：将水油面团置于工作台上擀成片状，按比例在片的一端铺上一层油酥，占整片面积的一半，将另一端揭起覆盖在油酥上，四周封严，将左右两端均匀向中间折叠成三层；再擀成片状，自外向内卷成筒，搓成条，用刀切或用手掐的办法将条等分成若干小节，再将小节压成圆饼状，即成酥皮。

⑤ 调制注意事项　水油面团中若加入鸡蛋，因蛋黄具有乳化性，可使油、水均匀乳化到一起，加入饴糖的目的是其中含有糊精，糊精具有黏性，使饴糖具有一定的黏性，也可起到乳化油和水的作用。

面粉、水和油比常常为 1∶(0.25～0.5)∶(0.1～0.5)，油的用量是由面粉的面筋含量决定的。面筋含量高的面粉应多加油脂，反之则少加油脂。一般油脂用量为小麦粉用量的 10%～20%，个别品种可达 50%。

大部分水油面团的加水量约占小麦粉的 40%～50%，油脂用量多，则水少加，反之多加。加水过多，面团中游离水增多，面团黏、软不易成形；加水过少，蛋白质吸水不足，使面筋缺乏胀润度，面团韧性、延伸性差。

加水方法对水油面团的性能有一定影响，一般延伸性水油面团因需要分次加水，便于形成较多的面筋，弱延伸性水油面团不需形成太多的面筋，则可一次加水。

加水温度也要注意，应根据不同水油面团的要求、季节、气温变化确定加水温度。弱延伸性面团要求筋力低，可塑性好，因此可以用较高温度的水来调制面团，夏季适宜的温度是 60～70℃，冬季为 80～90℃，所以有的地方又称“烫面”或“熟面”工艺。

(3) 油酥面团

① 特点　完全用油脂和面粉调制而成的面团，用油量占面粉的 50%左右。这种面团无黏弹性，具有良好的可塑性，酥松柔软，一般不单独制成产品，而是作为酥层面团的内夹酥。酥皮类糕点皮料多用水油面团包入油酥面团，酥层类糕点的皮料还可使用甜酥性面团、发酵面团等。能使糕点（或表皮）形成多层次的酥性结构，使产品酥香可口，如酥层类糕点广式千层酥等的酥料及酥皮类糕点京八件、苏八件等的酥料。

② 调制方法　将油加入调粉机内，再加入面粉，搅拌几分钟，停机将面团取出。然后将面团分块用手用力擦制，即所谓擦酥。

③ 调制注意事项　调制时，油酥面团严禁使用热油调制，防止蛋白质变性和淀粉糊化，造成油酥发散。

调制过程中严禁加水。因为加入水后，容易形成面筋，面团会硬化而严重收缩；再者容易与水油面皮连接成一体，不能形成层次，产品经焙烤后表面发硬，失去了酥松柔软的特点。

油酥面团存放时间长要变硬，使用前可再擦揉一次。

(4) 酥性面团（亦称甜酥性面团）

① 特点　用大量的油、糖及少量的水和其他辅料与面粉调制而成的面团，具有松散性

以及良好的可塑性，缺乏弹性和韧性，半成品不韧缩，属于重油类产品，适合于制作酥类糕点。这种面团用油、糖量高，一般面粉、油、糖的比例为1∶(0.3～0.6)∶(0.3～0.5)，用水量较少。

② 调制方法　面团调制关键在于投料顺序，首先进行辅料预混合，即将油、糖、水、蛋放入调粉机内充分搅拌，形成均匀的水/油型乳浊液后，再加入疏松剂、桂花等辅料搅拌均匀。最后加入小麦粉搅拌，搅拌时以慢速进行，混合均匀即可，要控制搅拌温度和时间，防止形成大块面筋。

③ 调制注意事项　辅料预混合必须充分乳化，乳化不均匀会出现浸油出筋等现象。

加入面粉后，要控制好搅拌速度和搅拌时间，尽可能少揉搓面团，均匀即可，防止起筋。

控制面团温度不要过高，温度过高，面粉会加速水化，容易起筋，也容易使面团走油，一般控制在20～25℃左右较好。

调制好的面团不需要静置，应立即成形，并做到随用随调。如果放置时间长，特别在夏季室温高的情况下，面团容易出现起筋和走油等现象，使产品失去酥性特点，质量下降。

(5) 发酵面团

① 特点　发酵面团是由面粉或米粉、糖、酵母等原辅料经调制、发酵而成的面团。发酵面团多用于松酥类和蒸制类产品，如缸炉、糖火烧、蜂糕、酒酿饼等。

② 调制方法　有两种：一次发酵法和二次发酵法。

(6) 糖浆面团（又称浆皮面团）

① 特点　用蔗糖制成糖浆或用饴糖与面粉调制而成的面团。这种面团细腻、松软，既有一定韧性，又有良好的可塑性，适合制作浆皮包馅类糕点。例如提浆月饼、广式月饼、松脆类糕点等。

② 调制方法　将冷却的糖浆投入调粉机内，然后加入水、疏松剂搅拌均匀，再加入油脂，搅拌成乳白色悬浮状液体，然后加入面粉搅拌均匀。由于糖浆黏度大，增强了它们的反水化作用，使面筋蛋白不能充分吸水胀润，限制了面筋大量形成，因此调制好的面团柔软、细腻，具有良好的可塑性。

此类面团有时还使用枧水，与油起皂化作用，使面团具有柔软性、可塑性并带有浅黄色，便于印模。枧水的配制一般为碱粉10kg、小苏打0.4kg、沸水50kg，溶解冷却后使用。

③ 调制注意事项　糖浆应提前制好，并掌握好老嫩程度，使用时必须用凉浆，不可使用热浆。

糖浆和油必须充分搅拌、乳化均匀，如果搅拌时间过短，则油与糖乳化不完全，面团易走油、粗糙、上筋，工艺性能下降。

面粉应分次加入，以调节面团的软硬度，面团的软硬度也可通过增减糖浆进行调节，切不可加水。

掌握好面团调制的时间。用糖浆调制面团的最大特点是使面筋胀润缓慢，因此调制时要有充分的时间搅匀拌透，但要掌握既使面团有较强的团聚性，又不形成过多的面筋。如果搅拌过度或面团胀润后再搅拌，会使面团产生强筋现象，降低面团可塑性。

掌握好糖浆的浓度。糖浆浓度是决定面团软硬度和工艺性能的重要因素，而水又是调节糖浆浓度的主要成分。面团中糖浆浓度过高极易使皮料发硬，成形困难，成品表面出现不正常的纹路和裂口现象。如果糖浆浓度过高，可在糖浆中加入少量水进行稀释后再用于面团的调制。夏季高温季节调制面团，都要相应地提高糖浆的浓度。

注意糖浆面团的调制时机。糖浆面团制成后面筋胀润仍然会继续进行，在不太长的时间内，由软变硬，韧性增强，可塑性减弱。因此，要恰当地掌握面团调制与成形工序之间的衔接。

3. 馅料的制作

糕点中有不少品种是包馅的，一般馅的质量占糕点总质量的40%～50%，有的甚至更高。馅料的配制及风味又反映着各类糕点的特色。馅料一般使用面粉、糕粉、油脂、糖、各种果料以及其他辅料制成。

(1) 馅料的种类

馅料种类很多，有荤素之分，也有甜、咸、椒盐之分，通常按制作方式分为擦馅和炒馅两类。

① 擦馅　不经加热而拌和而成的馅料。将糖、油、水以及其他辅料放入调粉机内，然后加入熟的面粉或熟的糕粉搅拌至软硬适度即制成擦馅。擦馅要求用熟制面粉，熟制的目的在于使糕点的馅心熟透不至于有夹生现象。如五仁馅、椒盐馅等。

② 炒馅　将糖或饴糖在锅内加油或水熬开，再加其他原辅料经过加热炒制成熟的馅即炒馅。炒制的目的是将糖、油熔化，与其他辅料凝成一体。如豆蓉馅、枣泥馅等。

西点中有不少品种也经常使用各种馅料，通常以夹心方式使用，如派、挞、一些点心面包、奶油空心饼等。西点的馅料与中式糕点的馅料有很大区别，常见的西点馅料有果酱与水果馅料、果仁糖馅料、奶油类馅料、蛋奶糊与冻类馅料等。

(2) 几种常用馅料的制作

① 五仁馅

a. 配方　核桃仁1000g，瓜子仁500g，松子仁500g，杏仁500g，花生仁500g，生猪油2000g，熟面粉1500g，绵白糖4000g。配料可根据制作条件适当改变。

b. 制作方法　将核桃仁、松子仁、杏仁、花生仁下油锅炸香，瓜子仁炒香，将五仁粉碎后，加入绵白糖搅匀，再加入熟面粉拌匀，最后加入猪油擦拌均匀即可。

② 枣泥馅

a. 配方　红枣500g，白糖250g，猪油125g，淀粉25g。各地枣泥的配方各异，风味有别。如：京式、苏式重糖；广式轻糖，突出天然枣味。

b. 制作方法　先将枣洗净浸泡，加入清水蒸熟，取出倒入筛内沥净水，再用手搓烂过筛，把细泥装入布袋压干水分即成枣泥。将油入锅烧热，加入白糖熬熔，待炒匀炒透，由稀变稠时，加入淀粉炒匀炒光滑成枣泥馅料，出锅晾凉（炒时要注意防止糊底）。

③ 豆沙馅

a. 豆沙馅常用原料配方见表5-1。

表5-1　豆沙馅配方　　单位：kg

帮式＼原料	赤豆	白糖	生油	猪油	饴糖	熟面	附加料
苏式	18	30	—	5	—	—	糖桂花2,黄丁、橘皮各1,糖猪油丁5
广式	24	32	8.5	—	3	2	糖玫瑰花3
潮式	17	24	—	—	—	—	糖桂花2
京式	18(干粉)	36.5(糖粉)	—	11	—	—	
黔式	12.5	20.4(红糖)	—	—	—	—	

b. 制作方法　将赤豆洗净除杂，入锅煮烂，煮熟后研磨取沙，然后将豆沙中多余的水挤出。在锅中放入生油，将豆沙干块放入炒制，然后再放入油、糖充分混合，当达到一定稠度及塑性时，将附加料投入，拌匀起锅即成。制作中应注意取沙时以豆熟不过烂、表皮破裂、中心不硬为宜；油脂应分次加，以防结底烧焦；炒时最好采用文火，当色泽由紫红转黑、硬度接近面团时取出。放在缸内冷却后浇上一层生油，加盖放阴凉处备用。

也可将煮熟的赤豆用石磨或绞肉机绞成豆泥后再入锅炒制，这样制成的豆沙为粗沙，还可用豆沙粉加水煮沸，再与糖油炒制。豆沙粉是将煮熟的赤豆捞出晾干后磨成的粉。

④ 百果馅　百果馅由多种果仁、蜜饯制成。由于各地出产不同，口味要求各异，用料也各有侧重，例如广式用杏仁、橄榄仁，苏式用松子仁，闽式加桂圆肉，川式加蜜樱桃，京式用山楂，湘赣式用茶油，东北地区用榛子仁等。

a. 配方　各地的百果馅配方见表 5-2。

表 5-2　百果馅配方

单位：kg

原料＼帮式	京式	苏式	广式	潮式	黑龙江	闽式
熟面粉	—	8.8	—	1.5	5.5	—
糯粉	—	—	5	4.2	—	17
炒米粉	9					
白糖	绵白糖 16.5	绵白糖 14.4	19	14.5	11	26
猪油	—	7.6	—	5.6	—	4.8
生油	—	—	3	—	—	—
麻油	9	—	—	—	1.8	—
糖猪油丁	—	10	—	—	—	—
糖白膘丁	—	—	15	—	—	20
桃仁	3	4.5	4	4	5.4	2.5
杏仁	—	—	3	4	—	—
松子仁	—	2.3	—	—	2.7	—
瓜子仁	0.5	2.8	1	—	4.5	1
花生仁	2	—	—	—	—	—
熟芝麻	2	—	5	4	4.5	3
去核红枣	2	—	—	—	—	2.5
桂圆肉	—	—	—	—	—	1.5
糖橘皮末	—	2	1		—	—
糖金橘末	—	—	3	1	—	—
糖冬瓜丁	—	—	5	14.5	—	—
青梅丁	—	4	—	1	—	—
橄榄仁	—	—	2	—	—	—
蜂蜜	—	—	—	—	11	—
榛子仁	—	—	—	—	1	—
桂花	—	—		—	1.4	—

b. 制作方法　用料虽有差异，但制作方法基本相同。

制作时首先应进行原料处理。杏仁、橄榄仁要浸泡去皮；花生、桃仁要去除其中的杂质和霉粒、虫粒，并切成小粒；糖冬瓜、青梅、红枣肉、桂圆肉等需切丁；橘皮、橘饼等要切末。

然后将果料、蜜饯、白膘丁等拌和，再加入油、糖以及适量水继续拌和，最后加入熟面粉或糕粉拌得软硬适度，即成百果馅。所加水量仅为降低馅的硬度，以便于包制，但水分不宜过大，否则烘烤时易产生蒸汽，使饼皮破裂跑糖。

⑤ 山楂馅　山楂馅是富有北方特色的馅料，北京、天津、河南、东北等地制作较普遍。

a. 配方　山楂馅制作时大多先将山楂制成山楂酱或山楂糕（又称金糕），其配方为山楂10kg、白砂糖10kg、水2.5kg。

b. 制作方法　将山楂洗净并投入开水锅中旺火煮烂，然后取出捣烂，用粗筛擦去皮核，取山楂酱，倒入事先熬好的糖浆中，用木铲迅速搗和，稍稍加热，待山楂酱起细泡，倾倒于盘中冷却，待酱冻结后切块即可使用。

制作山楂馅时先将山楂冻切为小片，再配以其他辅料。如京八件山楂馅用山楂冻4kg，胡桃仁7kg，生抽5kg，绵白糖17kg，饴糖8.5kg，熟粉8.25kg，桂花少许，将各料拌制而成。

4. 成形

在糕点熟制之前，需要将调制好的面团（糊）加工制成一定形状，这就是成形。成形方法主要有手工成形、机械成形和印模成形。

(1) 手工成形

手工成形比较灵活，可以制成各种各样的形状，常用的手工成形主要有以下几种方式。

① 搓　将面团分成小块后，用手搓成各种形状，如麻花，常用的是搓条。这种方法适合于发酵面团、粘粉面团和甜酥面团的制品。有些品种需要与其他成形方法如印模、刀切、包馅等互相配合使用。

② 擀　擀是以排筒或擀面杖作工具，将面团压延成面皮。擀面过程要灵活，擀面杖滚动自如。在压延面皮的过程中，要前后左右交替滚压，以使面皮厚薄均匀。用力实而不浮，底部要适当撒粉。擀的基本要领：擀制时应干净利落，施力均匀；擀制的面皮表面平整光滑。

擀分为单擀、复擀两种。单擀是将面团压延成单片，使其均匀扩展。这种方法多用于干点、饼坯、中西式的起酥类糕点的酥层皮等。

复擀是将单擀后的面皮卷到擀面杖上进行多层压延。成形方法多用于极薄面皮的制品，如巧果、萨其马等。

③ 卷　卷是糕点成形最简单和常用的方法，适合制酥层糕点。先把面团压延成片，在面片上可以涂上各种调味料，如油、盐、果酱、葱香油、椰蓉等，也可以铺上一层软馅如豆沙，然后卷成各种形状。要求卷叠后粗细均匀，不能露馅或露酥。卷起成形分单向卷起、双向卷起。

④ 包、捏　适合于包馅类糕点。包与捏同时进行来完成糕点的成形，包是将馅心包入面皮内，捏是将包有馅心的坯捏成各种形状。

⑤ 揉　揉是使面团中的淀粉膨润黏结，气泡消失，蛋白质均匀分布，产生面筋网络的过程。揉分机械揉和手工揉，手工揉又分为单手揉和双手揉。单手揉适于较小面团，先将面团分为小块，置于工作台上，再将五指合拢，手掌扣住面团，朝着一个方向揉动。揉透的面团内部结构均匀，外表光润爽滑，面团底部中间呈漩涡形，收口向下。

(2) 机械成形

机械成形是在手工成形的基础上发展起来的，常见的糕点机械成形方式主要有压延、切片、浇模、辊印、包馅等。

① 压延　面团在两个轧辊之间作往复运动，自动来回辗压，压延成一定厚度的面皮。

② 浇模　依靠活塞、旋转泵、螺杆等的单用或合用，能将流动性的物料定量或连续地挤出成一定形状。

③ 印模成形　借助印模冲压使制品具有一定形状和花纹。常用的模具有木模及金属模两种。印模形状有圆形、椭圆形、三角形、扇形、心形等，切边又有花边和平边两种类型。

木模大小形状不一、图案多样，有单孔模与多孔模之分。单孔模多用于糖浆面团、甜酥面团的成形，大多用于包馅品种；多孔模一般用于松散面团的成形，如葱油桃酥、绿豆糕等。金属模用于直接烘烤与熟制，多用于蛋糕及西点中的蛋挞等。为了避免粘模，应在模具内涂上油层，也可采用衬纸。有些粉质糕坯常采用锡模、不锈钢模经蒸制固定外形，然后切片。

5. 熟制

熟制是糕点生坯通过加热使糕点内部水分蒸发，淀粉糊化，疏松剂分解，面筋蛋白变性凝固，最后体积增大，使制品成熟的过程。由于糕点种类繁多、风味特色各异，要求加工的方法也不尽相同。糕点熟制的方法主要有烘烤、炸制、蒸制三种。

(1) 烘烤

糕点中大多数品种是采用烘烤的方法来熟化的。

烘烤对糕点的质量与风味有着重要的影响。应根据糕点种类、饼坯的大小、厚薄、含水量的多少来选择烘焙温度和时间。

① 炉温的选择

微火（低温）：低温是指 140～170℃的炉温，适合于烤制白皮类、酥皮类和水果蛋糕等表面颜色非常浅的糕点，对于厚度大或表面极易上色的糕点也多用低温烘烤。例如白皮酥、京八件、玫瑰饼、月宫饼、福建礼饼等。

中火（中温）：中温是指 170～200℃的炉温，适合烤制色泽要求稍重的糕点。如蛋糕类、部分酥皮和混糖类糕点等表面要求金黄色的或表面不易上色的制品。

强火、旺火（高温）：高温是指 200～240℃的炉温，浆皮类、酥类制品多采用此温度烘烤，如桃酥、提浆月饼等品种。高温制品要求表面颜色很重，如枣红色或棕褐色。

② 面火、底火的调整　酥皮类糕点以底火传导为主，一般掌握底火大于面火，面火应采用微火，底火应采用中火。浆皮类糕点则面火略大于底火，都采用强火。蛋糕类要求在烘烤的第一、第二阶段底火大于面火，第三阶段为上色阶段，要求面火大于底火，都采用中火。

③ 时间　烘烤的时间与温度、坯体大小、形状、厚薄、馅心种类、焙烤容器的材料等因素有关，但是以温度影响最大。

糕点产品含水量要求不同，烘烤的温度和时间也不同。对于生坯中含水量较高，而产品含水量要求较低的糕点，应采用低温焙烤，时间也长些，这样有利于水分充分蒸发而且产品熟而不焦。若采用高温，生坯表面蛋白质变性和淀粉糊化导致结构硬化，内部水分蒸发不出，造成外焦内生。蛋糕和发酵类产品含水量要求较高，宜用中温焙烤。酥类和月饼含水量要求较低，宜采用高温烘烤。

实际操作时往往是根据制品的上色程度来控制烘烤时间的。

④ 炉内湿度　炉内湿度适当，制品上色好，皮薄，不粗糙，有光泽。操作中，对干脆、酥性以及含油量较高的糕点，其烘烤时的湿度要求小些；相反，对松软性、含水量高或含油量较低的糕点，其烘烤时的湿度要求较大些。

(2) 炸制

将已经成形的糕点生坯投入到已加热至一定温度的油内，利用大量的油传递热量的熟制方法。它的特点是成熟迅速，节省能源，成品香味浓郁，造型美观，是中式糕点熟制加工的重要方法之一。

① 油温的控制　炸制时关键操作因素是油温和时间。

炸制有油炸（温度在 160℃以上）、油氽（温度在 120～160℃）和油煎（油温在 120℃

左右）三种方式。炸制时的传热以传导为主，油脂为其传热介质，故糕点生坯能很快成熟。

通常油脂在长时间的高温作用下很容易发生氧化、聚合、水解等反应，使油脂的颜色、成分、性质、营养价值等发生一系列变化，甚至还会产生对人体健康有害的己二烯环状毒性化合物。因此油脂温度不宜超过250℃。在这一前提下，油温和时间应根据糕点品种的不同、生坯的形状大小、厚薄、受热面积以及所用原料的情况来综合考虑。

一般情况下，对白色品种油温在140～160℃左右，而对红色品种则在170～180℃左右。实际过程中炸制时间根据制品的色泽来判断。

② 油炸注意事项　油炸时还应先将油加热至水分全部蒸发掉，即油面上泡沫消失，方可投入生坯，否则容易跑锅，即油面产生大量泡沫，使油和泡沫同时溢出锅外，这一点对于豆油尤为重要。

另外注意在炸油使用过程中要及时清除油锅底部的杂质，否则既影响油的洁净度，造成油跑锅，还容易产生异味，影响产品质量。炸油使用到一定的老化程度，即应全部更换，以保证产品质量。

（3）蒸制

蒸制是将生坯放在蒸屉里，利用水蒸气传递热量，使制品成熟的方法。蒸制糕点没有失水、失重、焦化现象，能保持完美的形态，具有松、软、滑、糯的特点。

操作时，蒸制的时间应根据糕点品种、坯体大小、用料情况而灵活掌握。还应该注意以下几点。

① 必须开水上笼，盖严笼盖　因为从冷水到烧开这段时间，笼内温度不够高，生坯表面蛋白质会逐渐变性凝固，抑制了生坯膨大。

② 灵活掌握火候　一般来说，蒸制糕点要求旺火足汽蒸制，中途不能断气或减少气量，并且不能揭盖，保证笼内温度和湿度的稳定。

③ 掌握蒸制的时间　不同品种，蒸制所需时间不同。时间不足，则制品没有完全成熟，吃时粘牙；时间过头，则制品形态塌陷，色泽差。因此，产品成熟后要立即下笼。

6. 熬浆与挂浆

（1）熬浆

熬浆是将糖和水按一定比例混合，经加热熬制成黏稠的糖液；挂浆则是将糖浆挂在糕点表面，以达到装饰、美化和增加风味的目的。

① 亮浆　亮浆也称明浆、晶浆。亮浆可使制品表面光亮透明，不粘手、不砂、不脱落。

制法：每1kg糖加水0.3～0.4g，加热熬制，加热到110℃左右，加入化学稀（葡萄糖稀）0.3kg，再加热到115℃，即可挂浆。糖浆要适当，浆熬老了会使制品涂层厚、粗糙、口感硬，甚至粘连，色泽变暗；浆熬轻了，制品则易出现流汤，外观不亮，入口黏，不易保管等现象。

② 沾浆　制法与亮浆相同。制品挂浆后，表面黏一层糖霜或芝麻。浆老，糖粉不黏，制品变硬；浆嫩，沾糖粉易溶于沾浆内，同时制品变软。

（2）挂浆

挂浆是将炸好或烘烤好的制品表面涂上一层均匀的糖衣。挂浆的方法主要有浇浆、拌浆、浸浆三种。

浇浆是把熬好的糖浆均匀地浇在制品表面，常使用亮浆进行浇浆。这种挂浆方法适用于酥脆易碎的糕点品种，例如千层酥、千层馓子等。

拌浆是将半成品倒入熬好的浆内，用铲子拌和，使制品周围粘上一层糖浆。这种挂浆的方法可使用各种浆，但要求制品比较结实或体积较小，例如麻元、糖枣、珍珠糕等。

浸浆是将制品浸没于已熬好的糖浆内浸泡，同时继续加温，使制品吃入适量的糖浆后再捞出。此法用于蜜三刀、洋角蜜、云子果等。

7. 冷却

常用的冷却方式有自然冷却和吹风加速冷却两种。自然冷却时制品之间要保持一定的距离，尽量减少制品的搬动。吹风冷却时，应注意酥皮类不得直接吹风，防止制品掉皮。

8. 装饰

许多糕点在成形或熟制后进行装饰，装饰能使糕点更加美观，也增加糕点的风味、提高营养、延长保质期。装饰手法多样、变化灵活。常用的装饰方法有色泽装饰、裱花装饰、夹心装饰、表面装饰和模具装饰等。

(1) 色泽装饰

糕点的色泽是重要的感官指标，能够直接影响到消费者的食欲。调配色泽时，应考虑糕点本身特点和消费习惯。如为使焙烤制品表面在烘烤后呈金黄色而且有光泽，在成形后于表面刷蛋白液。常用天然着色剂来调配色泽，如在奶油膏中加入绿茶沫可制得绿奶油膏等。

(2) 裱花装饰

裱花装饰是西式糕点中常用的装饰方法，常挤注成形，其原料多为奶油膏或糖膏。通过特制的裱花头和熟练的技巧，裱制出各种图案、文字。

(3) 夹心装饰

在糕点的中间或几层糕点之间夹入装饰材料进行装饰的方法。糕点中有不少品种需要夹心装饰，如蛋糕、奶油空心饼等。将蛋糕切成片状，每片之间夹入蛋白膏、奶油膏、果浆等，可制成许多层次分明的花色蛋糕。奶油空心饼也是一种夹心装饰，将烤好冷却后的奶油空心饼装入奶油布丁馅和巧克力布丁馅即成。

夹心装饰不仅美化了糕点，而且还改善了糕点的风味、提高了营养价值，增加其品种。

(4) 表面装饰

表面装饰是糕点装饰中普遍采用的一种装饰方法。表面装饰有许多种，常见的有以下几种。

① 涂抹法　将装饰材料均匀地涂抹于制品的四周和表面进行装饰的方法，如将蛋液、油、糖浆、果酱等装饰材料刷在糕点表面，使之产生诱人的色泽。

② 拼摆法　是将水果、蜜饯、果仁、巧克力制品等直接拼摆在糕点表面构成图案或在裱好的花上加以点缀的装饰方法，如水果挞。

③ 模型法　是先用糖制品或巧克力等制作成花、动物、人物等模型，再摆放到糕点上。

④ 黏附法　先在制品表面抹一层黏性装饰料或馅料（如糖浆、果酱、奶油膏、冻胶等），然后再接触干性的装饰料（如各种果仁、芝麻、糖粉、巧克力碎粒、碎果脯等），使其黏附在制品表面，装饰料黏附牢固，不易脱落。

⑤ 穿衣法　将糕点部分或全部浸入熔化的巧克力中，片刻取出，糕点表面附上一层光滑的装饰料。

⑥ 撒粉法　是在糕点表面撒上砂糖、食盐、糖粉、碎糕点屑、子仁等来装饰糕点表面的方法。

(5) 模具装饰

模具装饰是中式糕点最广泛采用的装饰方法，利用模具本身带有的各种花纹和文字来装饰糕点，如各式中秋月饼的文字等。

(6) 装饰材料的制作

装饰材料大多用于糕点的外表装饰或夹馅，可以使糕点增加美观和改进风味，主要有糖浆类、糖霜类、奶油膏类等。

① 糖浆类　将糖和水按一定比例混合加热熬制成黏稠的糖液，主要用来调制浆皮面团和糕点挂浆。调制浆皮面团主要用转化糖浆，糕点挂浆主要用亮浆和砂浆。

② 糖霜类　以糖和水为基本配料，再添加其他成分如蛋白、葡萄糖浆、明胶、油脂、牛奶等制成。

将细砂糖1kg、水350g在锅中加热使糖溶解，当糖完全溶解时加热至其煮沸，加入葡萄糖浆200g，继续加热至115℃停止加热，待糖浆冷却至50℃左右，用搅拌机搅拌至白色为止。

③ 奶油膏类　广泛用于糕点的裱花装饰，也可用于馅料。制作奶油膏的主要原料是糖、油脂，它们的质量直接影响奶油膏的加工工艺特性。

油脂要求质地细腻、风味纯正，充气性好、可塑性强的奶油。为了减少油腻感，调制奶油膏时可用人造奶油代替一般奶油，并添加一些果汁等作为稀释料。这样调制出来的奶油膏既不油腻，又降低了成本，并且风味好。

调制时，先将奶油搅拌至发泡细腻后，再将糖等其他材料分多次搅入奶油中，搅至细腻黏稠的油膏状为止。

四、糕点质量标准

糕点的质量必须符合GB/T 20977—2007、GB 7099—2015要求，评判糕点质量的主要指标有感官指标、理化指标、微生物指标等。

1. 感官指标

糕点的形态、色泽、组织等感官指标见表5-3。

表5-3　糕点感官指标

项目	烘烤类糕点	油炸类糕点	水蒸类糕点	熟粉类糕点	冷加工类和其他类糕点
形态	外形整齐，底部平整，无霉变，无变形，具有该品种应有的形态特征	外形整齐，表面油润，挂浆类除特殊要求外不应返砂，炸酥类层次分明，具有该品种应有的形态特征	外形整齐，表面细腻，具有该品种应有的形态特征	外形整齐，具有该品种应有的形态特征	具有该品种应有的形态特征
色泽	表面色泽均匀，具有该品种应有的色泽特征	颜色均匀，挂浆类有光泽，具有该品种应有的色泽特征	颜色均匀，具有该品种应有的色泽特征	颜色均匀，具有该品种应有的色泽特征	具有该品种应有的色泽特征
组织	无不规则大空洞；无糖粒，无粉块；带馅类饼皮厚薄均匀，皮馅比例适当，馅料分布均匀，馅料细腻，具有该品种应有的组织特征	组织疏松，无糖粒，不干心，不夹生，具有该品种应有的组织特征	粉质细腻，粉油均匀，不粘，不松散，不掉渣，无糖粒，无粉块，组织松软，有弹性，具有该品种应有的组织特征	粉料细腻，紧密不松散，黏结适宜，不粘片，具有该品种应有的组织特征	具有该品种应有的组织特征
滋味与口感	味纯正，无异味，具有该品种应有的风味和口感特征	味纯正，无异味，具有该品种应有的风味和口感特征	味纯正，无异味，具有该品种应有的风味和口感特征	味纯正，无异味，具有该品种应有的风味和口感特征	味纯正，无异味，具有该品种应有的风味和口感特征
杂质	无可见杂质				

2. 理化指标

糕点的理化指标如表 5-4 所示。

表 5-4　糕点的理化指标

项目	烘烤糕点		油炸糕点		水蒸糕点		熟粉糕点	
	蛋糕类	其他	萨其马类	其他	蛋糕类	其他	片糕类	其他
干燥失重/%　≤	42.0		18.0	24.0	35.0	44.0	22.0	25.0
蛋白质/%　≤	4.0	—	4.0	—	4.0	—	4.0	—
脂肪/%　≤	—	34.0	12.0	42.0	—	—	—	—
总糖/%　≤	42.0	40.0	35.0	42.0	46.0	42.0	50.0	45.0

3. 微生物指标

糕点的微生物指标如表 5-5 所示。

表 5-5　糕点的微生物指标

项　　目	指　　标	
	热加工	冷加工
菌落总数/(CFU/g)　≤	1500	10000
大肠菌群/(MPN/100g)　≤	30	300
霉菌计数/(CFU/g)　≤	100	150
致病菌(沙门菌、志贺菌、金黄色葡萄球菌)	不得检出	

任务 5-1　酥类糕点生产

学习目标

- 能选择生产酥类糕点的原辅料。
- 掌握酥类糕点的生产工艺。
- 能处理酥类糕点生产中遇到的问题。
- 能进行酥类糕点生产和品质管理。

【知识前导】

酥类糕点制作的关键在于面团调制（甜酥性面团），必须使油、糖、水、蛋等充分搅拌至乳化后，才能拌入面粉，边揉边擦，直至成团。不能使面团渗油或起筋，否则会影响制品的疏松。酥类糕点面团松散，成形时不要搓、擦，否则制品会发硬，可用印模或手工成形，成形后不宜久放，应及时入炉烘烤，入炉温度要低，以保证制品的摊发度；出炉时温度要高，否则表面不易裂开。各种品种的酥类糕点在配方和制作工艺上大同小异，其主要区别在于风味料、装饰料以及外形和大小的不同。

(1) 酥类糕点配方

特精粉 100kg，白糖 23kg，猪油 25kg，桂花 1kg，核桃仁 3kg，臭粉（即碳酸氢铵）0.6kg，水适量。

(2) 酥类糕点生产工艺流程

白糖、猪油、臭粉、水等→辅料预混合

↓

面粉→过筛→甜酥面团调制→分块→成形→焙烤→冷却→包装→成品

【生产工艺要点】

(1) 原料的选择

酥类糕点加工的原料有面粉、白糖、油脂（植物油、猪油）、鸡蛋、小苏打、碳酸氢铵、果料、水等。其中油、糖用量特别大，一般小麦粉、油和糖的比例为 1∶(0.3～0.6)∶(0.3～0.5)，加水较少，有的可以不用水，由于配料含有大量油、糖就限制了面粉吸水，控制了大块面筋生成，面团弹性极小，可塑性较好，产品结构特酥松，许多产品表面有裂纹，一般不包馅。典型制品是各种桃酥。

(2) 辅料预混合

为了限制面筋蛋白质吸水胀润，应先把水、糖和鸡蛋投入和面机内搅拌均匀，再加油脂继续搅拌，使其乳化均匀，然后加入疏松剂、桂花、籽仁等继续搅拌均匀。

(3) 甜酥面团调制

辅料预混合好后，加入过筛的面粉，拌匀即可。面团要求具有松散性和良好的可塑性，面团不韧缩。因而要求使用薄力粉，有的品种还要求面粉颗粒粗一些好，因为粗颗粒吸水慢，能加强酥性程度，调制时以慢速调制为好，混匀即可。要控制搅拌温度和时间，防止大块面筋的生成。

(4) 分块

将调制好的面团分成小块，搓成长圆条，以备成形。

(5) 成形

酥类糕点有印模成形和挤压成形。目前，大多数小工厂仍采用手工成形方法，较大的工厂已采用桃酥机等设备成形。手工印模成形时，将成块后的面团按入模具内，用手按严削平，然后磕出。有些酥类糕点，成形后需要装饰，如成形后的核桃酥表面放上核桃仁或瓜子仁。桃仁酥原料中的桃仁和瓜子仁，先摆放在空印模中心，成形后黏附在其表面。

(6) 烘烤

酥类糕点品种多，辅料使用范围广，成形后大小不同、厚薄不一，因而烘烤条件很难统一规定。对于不要求摊裂的品种，一般第一、三阶段上下火都大，第二阶段火小。因为第一阶段是为了定型，防止油摊，第二阶段是使生坯膨发，温度低些，第三阶段为成熟，并加强呈色反应，对于需要摊裂的品种，在烘烤初始阶段，入炉温度稍低一些，有利于疏松剂受热分解，使生坯逐渐膨胀起来并向四周水平松摊。同时在加热条件下糖、油具有流动性，气体受热膨胀、拉断和冲破表层，形成自然裂纹。一般入炉温度 160～170℃，出炉温度升至 200～220℃，大约烘烤 10min 即可。

(7) 冷却与包装

刚出炉的糕点温度很高，必须进行冷却，如果不冷却立即进行包装，糕点中的水分就散发不出来，影响其酥松程度，成品温度冷却到室温为好。

【生产案例】

桃酥制作

一、桃酥的制作

1. 主要设备与用具

和面机、烤箱、烤盘、台秤、案板、不锈钢盆等。

2. 配方

配方见表 5-6。

表 5-6　桃酥的配方　　单位：g

原料名称	配方	原料名称	配方
中筋面粉	1000	色拉油	500
糖粉	500	鸡蛋	150
小苏打	5	碳酸氢铵	1
芝麻	适量	泡打粉	10

3. 工艺流程

鸡蛋、白糖、色拉油、碳酸氢铵、小苏打→搅拌→面粉、泡打粉→搅拌均匀→切分→称量→成形→烘烤→冷却→成品

桃酥见彩图 5-1。

4. 操作要点

① 面团的调制　将鸡蛋、白糖、色拉油、碳酸氢铵、小苏打放入和面机内，搅拌均匀，充分乳化后，将泡打粉放入面粉中，搅拌均匀，然后将面粉加入搅拌缸中，搅拌至无干面粉即可。要控制搅拌温度和时间，防止形成大块面筋。

② 切分、成形　将面团切分，40g/个，用手搓成球形，放入烤盘中，压扁，上面撒上芝麻，即为生坯。

③ 烘烤　将烤炉温度升至面火 200℃/底火 180℃，将装有生坯的烤盘放入烤炉内烘烤，约 20min，烤至产品表面裂口不发青即可出炉冷却，经包装即成成品。

二、杏仁酥的制作

1. 主要设备与用具

烤箱、台秤、案板、不锈钢盆等。

2. 配方

配方见表 5-7。

表 5-7　杏仁酥配方　　单位：g

原料名称	配方	原料名称	配方
中筋面粉	500	猪油	250
糖粉	250	鸡蛋	50
小苏打	5	碳酸氢铵	5
杏仁	适量		

3. 工艺流程

中筋面粉、碳酸氢铵、小苏打→过筛→加入糖粉、鸡蛋→搅拌均匀→切分→称量→成形→烘烤→冷却→成品

4. 操作要点

① 面团调制　先将中筋面粉、碳酸氢铵、小苏打混合一起过筛，然后倒在案板上做成面圈，再将猪油、糖粉、鸡蛋放入面圈内，进行充分的搅拌乳化，乳化后随即加入面粉迅速混匀，反复堆叠均匀成软硬合适的面团。调制面团时不宜用力揉制，以免生成面筋，影响制品的松酥。

② 成形　将面团按量分成约 65g 的小面剂，再将小面剂放于掌心，稍加抓捏，然后在案板上搓成圆柱形，用左手拇指和食指捏着小面剂不停地旋转，同时，用右手食指对准中心戳一小洞，使洞的深度约为生坯厚度的 4/5，成形后饼坯呈扁圆柱形，直径约为 4cm、柱高 2cm、中心洞径约为 1.2cm，然后中间放一粒杏仁即成生坯，摆入烤盘待烤。

③ 烘烤　面火 180℃/底火 150℃，时间 10～15min。烤至饼坯摊成扁圆台形，表面裂成六七瓣，呈淡黄色时即可出炉。

三、茴香棍的制作

1. 主要设备与用具

和面机、烤箱、台秤、案板、不锈钢盆等。

2. 配方

配方见表 5-8。

表 5-8　茴香棍配方　　单位：g

原料名称	配方	原料名称	配方
中筋面粉	600	糖粉	240
奶粉	40	食盐	5
黄油	360	奶水	70
蛋液	100	茴香粉	适量

3. 工艺流程

中筋面粉、奶粉、食盐→过筛→加入糖粉、黄油、奶水→搅拌均匀→切分→称量→成形→烘烤→冷却→成品

4. 操作要点

① 面团调制　将中筋面粉、奶粉、食盐混合过筛倒在案板上，中间开窝，窝内加入糖粉、黄油、奶水充分搅匀至乳化，然后加入面粉反复堆叠均匀调制成软硬适度的面团。调制面团时不宜用力揉制，以免生成面筋，影响制品的松酥。

② 成形　将调制好的面团分割成小的面块，分别搓成条状，搓条时不宜搓得太粗，长度在 10cm 左右，摆入烤盘，在表面刷上蛋液然后用叉子划出线条，撒上茴香粉待烤，撒茴香粉时要均匀，不宜撒得过多。

③ 烘烤温度　面火 210℃/底火 150℃，时间约 12min。烤至产品表面呈麦黄色时，熟透即可出炉。

四、椰蓉酥的制作

1. 主要设备与用具

和面机、烤箱、案板、不锈钢盆等。

2. 配方

配方见表 5-9。

表 5-9　椰蓉酥配方　　单位：g

原料名称	配方	原料名称	配方
中筋面粉	5000	椰蓉	500
糖	1000	小苏打	15
猪油	2500	碳酸氢铵	35
蛋液	600		

3. 工艺流程

糖、猪油、蛋液、小苏打、碳酸氢铵、椰蓉→搅拌混匀→加入面粉→搅拌均匀→成形→烘烤→冷却→成品

4. 操作要点

① 面团调制　糖、猪油、蛋液、小苏打、碳酸氢铵、椰蓉加入搅拌机内，搅拌均匀，然后加入面粉，搅拌至均匀无干面即可。搅拌时间不要过长，以免生成面筋，影响制品的松酥。

② 成形　用木质模具成形。拌和后的糕粉加入木模中，用手按实，模边刮平，再磕模在烤盘上。

③ 烘烤　温度面火 210℃/底火 180℃，烤至产品表面呈微黄色，中空气层，厚度增高 1 倍左右即可出炉。

五、椒盐桃酥的制作

1. 主要设备与用具

和面机、烤箱、台秤、案板、不锈钢盆等。

2. 配方

配方见表 5-10。

表 5-10　椒盐桃酥配方　　单位：kg

原料名称	配方	原料名称	配方
中筋面粉	25	猪油	12.5
白糖	12.5	食盐	0.02
小苏打	0.15	碳酸氢铵	0.125
蛋液	3	胡椒粉	0.01

3. 工艺流程

白糖、蛋液、食盐、碳酸氢铵、小苏打、胡椒粉→搅拌均匀→加入猪油→搅拌均匀→加

入面粉→搅拌均匀→成形→烘烤→冷却→成品

4. 操作要点

① 面团调制　先将白糖、蛋液、食盐、碳酸氢铵、小苏打、胡椒粉倒入搅拌机内，搅拌至膨松。再加入猪油，搅拌混匀，最后加入面粉，充分拌匀。

② 成形　用特制的模子挤压成形，模具可制成圆形、方形及其他花形，使产品形式多样。成形后的坯子如拇指般大小。

③ 烘烤　面火180℃/底火160℃，时间10～15min。烤至桃酥呈谷黄色，表面有自然裂纹时即可出炉。

④ 冷却、包装　产品出炉后冷却至室温，即可包装入库。

【生产训练】

见《学生实践技能训练工作手册》。

【常见质量问题及解决方法】

1. 产品不酥脆、发僵

原因：和面时面团起筋，形成面筋；油酥中油量太少；烘焙时炉温太高。

解决方法：使用低筋面粉或蒸熟的面粉，和面时均匀无干粉即可，不可和制过久，防止面团上筋，在有的产品中采用开水或热水和面；包酥用的油酥面中提高油的比例，以利于防止面筋的形成；烘焙的炉温应视产品体积的大小而定，体积小的炉温应低一些，体积大的炉温可高一些，加碳酸氢铵的产品烘焙时炉温应低一些。

2. 产品青心、焦煳、表面色泽不佳

原因：烤炉温度不当造成。

解决方法：根据产品体积的大小和用料情况调整烘焙温度。

任务5-2　酥皮类糕点生产

学习目标

- 能选择生产酥皮类糕点的原辅料。
- 掌握酥皮包馅类糕点和酥层类糕点的生产工艺。
- 能处理酥皮类糕点生产中遇到的问题。
- 能进行酥皮类糕点生产和品质管理。

【知识前导】

酥皮类糕点是中式糕点的传统品种，采用夹油酥或夹油方法制成酥皮再经包馅或者不包馅，加工成形，经焙烤而制成。产品有层次，入口酥松。在我国已有上千年的历史。酥皮类糕点按其是否包馅可分为酥皮包馅类制品和酥层类制品两大类。

酥皮包馅糕点的种类很多，如京八件、苏式月饼、福建月饼、高桥松饼、宁绍式月饼等。这些产品的外皮呈多层次的酥性结构（是由水油面团包油酥面团经折叠压片后产生清晰的层次)，内包各式馅料，馅料是以各种果料配制而成的，并多以糖制或蜜制、炒馅为主，如枣泥、山楂、豆沙、百果等。

酥层制品不包馅，其加工方法与酥皮包馅制品的饼坯制法相似。但皮料可使用甜酥性面团、水油面团、发酵面团等多种类型，其酥性程度要比酥皮包馅类强一些。另外，其油酥配料也稍有不同，可在酥料中添加精盐等调味料，使制品酥松可口。这类制品有宁式苔菜千层酥、扬式香脆饼、山东罗汉饼以及小蝴蝶酥、葱油方酥（皮料为发酵面团）等。

(1) 酥皮类糕点配方

京八件配方

皮料：精粉 16kg，猪油 2.5kg，水 7.5kg。

油酥：精粉 15kg，猪油 7.5kg。

豆沙馅：豆沙馅 4.5kg，核桃仁 0.2kg，瓜子仁 0.1kg。

(2) 酥皮类糕点工艺流程

酥皮包馅产品：

酥料原料处理→油酥调制→馅料原料处理→制馅
↓
皮料原料处理→皮料面团调制→皮酥包制→包馅→成形→装饰→焙烤→冷却→包装→成品

酥层糕点：

油酥原料处理→油酥调制
↓
皮料原料处理→皮料面团调制→皮酥包制→成形→装饰→焙烤→冷却→包装→成品

【生产工艺要点】

(1) 酥皮包馅糕点生产工艺

① 水油面团和油酥调制　水油面团的典型配方见表 5-11。

表 5-11　水油面团的典型配方　　单位：kg

糕点名称＼原料	面粉	水	油脂	蛋	砂糖	淀粉糖浆	其他
京八件	100	50	45				
广式冬蓉酥(皮)	100	40	25			10	冬蓉
广式莲蓉酥	100	30	30				莲蓉
小胖酥	100	32	18	27	6.8		

调制方法在糕点加工工艺中面团调制部分已详细介绍，这里不再重述。

② 油酥面团调制　油酥面团的典型配方见表 5-12。

表 5-12　油酥面团的典型配方　　单位：kg

糕点名称＼原料	面粉	油脂	其他	糕点名称＼原料	面粉	油脂	其他
京八件	100	45		京式白果酥皮(酥料)	100	30	
广式莲蓉酥(酥料)	100	25	冬蓉	宁绍式千层酥(酥料)	100	18	莲蓉

调制方法在糕点加工工艺中面团调制部分已详细介绍，这里不再重述。

③ 皮酥包制　皮酥包制后应及时包馅，不宜久放，否则易混酥。

④ 制馅　馅料和装饰料制作在糕点加工工艺中馅料制作部分已详细介绍，这里不再重述。

⑤ 包馅　皮坯制好后即可包馅，皮馅比例大多为 6∶4、5.5∶4.5、5∶5、4∶6 等，少数品种有 7∶3 或 3.5∶6.5 的。将已分割好的皮坯压扁，要求中心部位稍厚、四周稍薄，包入馅料，收口要缓慢，以免破皮，一般在收口处贴一张小方毛边纸，以防焙烤时油、糖外溢。有的品种则在底部收口处留微孔，以便气体散发。

⑥ 成形　包馅后的饼坯一般都呈扁鼓形，如果要求制品表面起拱形，饼坯不需压得太平。大多数制品是圆形的，个别品种也有呈椭圆形的。京八件则主要用各种形状的印模成形。

⑦ 装饰　饼坯成形后，有些需要进行表面装饰，如在饼坯表面粘芝麻、涂蛋液、盖红印章等。盖印时动作要轻。有些品种还需要在表面切几条口子。

⑧ 烘烤　烘烤的条件随品种、形状而不同。饼坯厚者采用低炉温，长时间焙烤，饼坯薄者采用高炉温短时间焙烤。一般制品入炉温度为 230℃，3～4min 后升至 250℃，外皮硬结后降至 220℃，约烘 10min 左右出炉。薄型品种烘烤约 6～9min，厚型或白皮品种炉温掌握在 180℃左右，不宜高温烘烤，否则制品表面易着色，时间可延长至 10～15min。

（2）酥层糕点生产工艺

① 皮料面团（水油面团）调制　一般要求调制出的面团有较好的延展性，能轧成薄片。面团的调制方法如前所述。

② 油酥面团调制　面团的调制方法如前所述。

③ 皮酥包制　皮酥包制就是把油酥夹入皮层内，可以采用大包酥或小包酥的办法制成，然后折叠成形，根据制品要求，苔菜千层酥要求达 27 层，罗汉饼只要求 18 层。饼坯成形后，苔菜千层酥需要在饼坯表面撒上装饰料，装饰料组成为芝麻 100、苔菜粉 62.5、白糖粉 100。

④ 烘烤与冷却　烘烤原则同酥类糕点，一般要求炉温 200℃，烘烤后必须经过冷却再进行包装。

【生产案例】

三刀酥制作

一、三刀酥的制作

1. 主要设备与用具

和面机、烤箱、台秤、案板、不锈钢盆等。

2. 配方

配方见表 5-13～表 5-15。

表 5-13　三刀酥皮料配方　　单位：g

原料名称	配方	原料名称	配方
中筋面粉	1000	猪油	100
白糖	150	清水	450
鸡蛋	100		

表 5-14　三刀酥酥料配方　　单位：g

原料名称	配方	原料名称	配方
中筋面粉	800	猪油	500

表 5-15　三刀酥馅料配方　　　　单位：g

原料名称	配方	原料名称	配方
白糖	375	熟面粉	400
色拉油	175	食盐	10
饴糖	100	熟花生	100
花椒粉	2.5	熟芝麻	100
水	少量		

3. 工艺流程

(1) 水油皮的调制

白糖、鸡蛋、猪油、清水→搅拌均匀→面粉→搅拌成团→皮料面团→切块

三刀酥见彩图 5-2。

(2) 油酥的调制

面粉、猪油→搅拌→油酥面团→切块

(3) 制馅

熟面粉、食盐、白糖、熟花生、熟芝麻、花椒粉→混合均匀→色拉油、饴糖→混合均匀→水→馅料

(4) 三刀酥制作

皮酥包制→包馅→成形→装饰→焙烤→冷却→包装→成品

4. 操作要点

① 水油皮的调制　将白糖、鸡蛋、猪油、清水倒入和面机内，搅拌均匀，加入面粉，和成光滑的面团，取出，切成 25g 一个小块，放置桌面上醒发。

② 油酥的调制　将面粉和猪油倒入和面机内，搅拌至无干粉，取出，切分成 15g/个，备用。

③ 制馅　将面粉平铺在烤盘内，放入烤炉内，上火、下火均为 180℃，烤至出现裂纹，颜色微黄即可。冷却后过筛，备用。花生烤熟去皮，擀碎，备用。芝麻烤熟，擀碎，备用。用熟面粉在案板上做一面池，分别将食盐、白糖、熟花生、熟芝麻、花椒粉倒入面池，混合均匀，然后倒入饴糖混合，再一点一点加入色拉油，边加边擦拌，直至混合均匀。加入少量水，调节馅的软硬度，能手握成团即可。称取馅料每 40g 一个，备用。

④ 小包酥　取一块儿静置好的水油皮面团，按扁成为圆形。将油酥面团放在水油皮面团中心，包起来，收口朝下放置。将包好的面团用擀面杖擀开成长椭圆形。擀开后，从上而下卷起来。卷好的面团旋转 90°，再次擀开成长椭圆形，从上而下卷起来，并静置松弛 15min。

⑤ 成形　取一块儿静置好的面团，擀开成圆形，取一个馅料，包入，收口朝下放置。擀成中间厚、两边薄的长条状，两侧薄边向内收，用小刀在上面切三刀，刷上全蛋液，撒上芝麻。

⑥ 烘烤　炉温升至面火、底火均为 210℃，入炉烤制表面呈金黄色，约 40min，即可出炉。

二、层层酥的制作

1. 主要设备与用具

和面机、烤箱、台秤、案板、擀面杖、不锈钢盆等。

2. 配方

配方见表 5-16、表 5-17。

层层酥制作

表 5-16　层层酥的皮料配方　　单位：g

原料名称	配方	原料名称	配方
中筋面粉	675	色拉油	150
白糖	37.5	水	225
鸡蛋	120		

表 5-17　层层酥的酥料配方　　单位：g

原料名称	配方	原料名称	配方
中筋面粉	750	色拉油	400
白糖	375	碳酸氢铵	5

3. 工艺流程

(1) 水油皮的调制

白糖、鸡蛋、色拉油、水→搅拌均匀→面粉→搅拌成团→水油皮面团

(2) 油酥的调制

色拉油、白糖、碳酸氢铵→搅拌→面粉→油酥面团

(3) 层层酥制作

皮酥包制→两个三折→成形→装饰→焙烤→冷却→包装→成品

层层酥见彩图 5-3。

4. 操作要点

① 水油面团调制　白糖、鸡蛋、色拉油、水加入和面机内搅拌均匀，加入面粉搅拌成表面光滑的面团，平均分成两份，用保鲜膜盖上醒面约 10min。

② 油酥面团调制　将色拉油、白糖、碳酸氢铵加入和面机内，搅拌均匀，加入中筋面粉搅拌均匀成油酥面团。注意，不要上筋，无干面即可。平均分成两份。

③ 包酥、开酥　取一个水油面团、一个油酥面团，用大包酥方法将水油面团包裹油酥面团，擀成长方形，向内三折，旋转 90°，擀成长方形，再折一个三折，擀成厚约 0.5cm 的薄片，切掉边缘。

④ 成形　切成均匀的长方形，用手将两个边向内收起，压扁，刷蛋液，表面撒芝麻，放入烤盘。摆盘要注意，每个制品要留有空隙，以免烘烤后粘连。

⑤ 烘烤　烤炉升至面火、底火均为 210℃，烘烤 15min，制品上色即可。

三、葱油酥的制作

1. 主要设备与用具

和面机、烤箱、台秤、案板、擀面杖、不锈钢盆等。

2. 配方

配方见表 5-18～表 5-21。

表 5-18　葱油酥皮料配方　　单位：g

原料名称	配方	原料名称	配方
中筋面粉	600	猪油	172
饴糖	36	清水	225

表 5-19 葱油酥酥料配方 单位：g

原料名称	配方	原料名称	配方
中筋面粉	225	猪油	113

表 5-20 葱油酥馅料配方 单位：g

原料名称	配方	原料名称	配方
白糖	300	熟粉	300
生粉	300	食盐	15
香葱	113	饴糖	50
花椒粉	7.5	味精	7.5
小苏打	5	细次料	150
鸡蛋	50	熟油	150

注：细次料指烘焙生产中的边角、余料经烘干后打成的细粉。

表 5-21 葱油酥表面装饰配方 单位：g

原料名称	配方	原料名称	配方
蛋液	75	黑芝麻	35

3. 工艺流程

馅料原料处理→制馅 ↓

皮料原料处理→皮料面团调制→皮酥包制→包馅→成形→装饰→焙烤→冷却→包装→成品

↑ 酥料原料处理→油酥调制

4. 操作要点

① 水油面团调制　中筋面粉加猪油、饴糖、清水调制成水油面团。

② 油酥面团调制　中筋面粉加入猪油反复擦匀制成油酥面团。

③ 馅芯调制　将白糖、熟油及辅料混合均匀，然后加入熟粉充分拌匀即成馅料。

④ 包酥、开酥　水油面与油酥面以 3∶2 比例包酥，采用大包酥或小包酥的方法开酥制成暗酥面剂。

⑤ 包馅成形　将酥皮剂子用手掌按成中间厚、四周稍薄的圆皮，按皮与馅 1∶1 的比例把馅芯置皮坯中，捏拢收口成球形，然后搓成条形状，再用擀面杖在面坯的中间分别向两头擀成长为 10cm、宽为 2.5cm 的长扁条，两头不要擀出头，保持和中间部分厚薄相等，摆入烤盘。用 4 个蛋黄加 1 个全蛋调制蛋液，将蛋液均匀刷在生坯表面，撒上黑芝麻待烘烤。

⑥ 烘烤　面火 160℃/底火 250℃，时间 10min 左右。烤至表面呈金黄色、熟透即可出炉。

四、白绫酥的制作

1. 主要设备与用具

和面机、烤箱、台秤、案板、擀面杖、不锈钢盆等。

2. 配方

配方见表 5-22～表 5-24。

表 5-22　白绫酥皮料配方　　单位：g

原料名称	配方	原料名称	配方
中筋面粉	1000	猪油	200
清水	500		

表 5-23　白绫酥酥料配方　　单位：g

原料名称	配方	原料名称	配方
中筋面粉	550	猪油	275

表 5-24　白绫酥馅料配方　　单位：g

原料名称	配方	原料名称	配方
糕粉	380	细白糖	600
糖腌白膘丁	600	糖冬瓜条	250
瓜仁	190	杏仁	100
核桃仁	150	白芝麻	200
橘饼	50	花生油	150
清水	200		

3. 工艺流程

馅料原料处理→制馅
↓
皮料原料处理→皮料面团调制→皮酥包制→包馅→成形→装饰→焙烤→冷却→包装→成品
↑
酥料原料处理→油酥调制

4. 操作要点

① 水油面团调制　中筋面粉加猪油、清水调制成水油面团。

② 油酥面团调制　中筋面粉加入猪油反复擦匀制成油酥面团。注意调制好的水油面团与油酥面团软硬度要相当。

③ 馅芯调制　将糖冬瓜条、橘饼切成颗粒状，杏仁、核桃仁烤熟，然后将核桃仁切成颗粒，芝麻炒熟。最后将所有馅料混合均匀即可。

④ 包酥、开酥　用水油面包油酥面，水油面团与油酥面团比例为 1∶1，擀薄折叠，再擀薄成长方形，由外向内卷成圆筒状，搓成长条，用手扯揪成剂子。

⑤ 包馅成形　将酥皮剂子用手掌按成中间厚、四周稍薄的圆皮，按皮与馅 2∶3 的比例把馅芯置皮坯中，捏拢收口，成形时收口应注意左右手相互配合，边转边收紧，收口处不要粘上馅芯。搓圆后用手轻轻按扁，放入烤盘烘烤。

⑥ 烘烤　面火 160℃/底火 140℃，时间 15min。烤至表面呈洁白色，饼面飞酥，熟透即可出炉。可根据生坯的厚度、大小适当掌握烘烤的时间，保证制品表面呈洁白色，熟透。

五、菊花酥饼的制作

1. 主要设备与用具

和面机、烤箱、台秤、案板、擀面杖、不锈钢盆等。

2. 配方

配方见表 5-25～表 5-27。

表 5-25　菊花酥皮料配方　　单位：g

原料名称	配方	原料名称	配方
中筋面粉	500	猪油	125
清水	200		

表 5-26　菊花酥酥料配方　　单位：g

原料名称	配方	原料名称	配方
中筋面粉	200	猪油	100

表 5-27　菊花酥馅料配方　　单位：g

原料名称	配方
豆沙馅	800

3. 工艺流程

豆沙馅
↓
皮料原料处理→皮料面团调制→皮酥包制→包馅→成形→装饰→焙烤→冷却→包装→成品
↑
酥料原料处理→油酥调制

4. 操作要点

① 水油面团调制　中筋面粉加清水、猪油调制成团，揉搓光滑，盖上湿布饧面约 10min。面团软硬适中，不能太软，否则饼坯易变形。

② 油酥面团调制　将中筋面粉与猪油搅拌均匀成油酥面团。

③ 包酥、开酥　将上述两种面团按 3∶2 的比例包制成团，采用大包酥的方法开酥，待卷成圆筒状后下剂（每个质量为 35g），按成圆皮。

④ 包馅成形　豆沙馅应选择颜色黑亮的为好。皮、馅为 6∶5 比例。取圆皮包入馅芯，收口处向下，按成圆饼形，厚约 0.6cm，包馅时，馅芯应居中，上下左右厚薄应一致。用快刀顺圆周外围切 8～12 刀成菊花形，切时刀头向外、刀根向饼心，刀口长度约 2/3 半径，再将刀口面向上翻转，用掌根轻压成饼坯。再在饼坯中间点上一红点。

⑤ 烘烤　面火 180℃/底火 180℃，时间 10min 左右。烘烤时，炉温不宜过高，饼色要白。

六、龙眼酥的制作

1. 主要设备与用具

和面机、烤箱、台秤、案板、擀面杖、不锈钢盆等。

2. 配方

配方见表 5-28～表 5-32。

表 5-28　龙眼酥皮料配方　　单位：g

原料名称	配方	原料名称	配方
中筋面粉	500	猪油	100
清水	260		

表 5-29　龙眼酥酥料配方　　单位：g

原料名称	配方	原料名称	配方
中筋面粉	500	猪油	250

表 5-30　龙眼酥馅料配方　　单位：g

原料名称	配方	原料名称	配方
白砂糖	450	熟面粉	225
核桃仁	100	瓜片	150
蜜玫瑰	25	猪油	100
精炼油	100	饴糖	25
豆沙	800		

表 5-31　龙眼酥装饰料配方　　单位：g

原料名称	配方
蜜樱桃	少许

表 5-32　龙眼酥炸油　　单位：g

原料名称	配方
猪油	2000

3. 工艺流程

馅料原料处理→制馅
↓
皮料原料处理→皮料面团调制→皮酥包制→包馅→成形→炸制→装饰→冷却→包装→成品
↑
酥料原料处理→油酥调制

4. 操作要点

① 水油面团调制　中筋面粉加清水、猪油调制成团，揉搓光滑，盖上湿布饧面约 10min。

② 油酥面团调制　将中筋面粉与猪油擦拌均匀成油酥面团。水油面团和油酥面团软硬应一致，否则影响制品成形和成熟。

③ 馅心调制　将所有馅料称量后混合均匀，制成玫瑰馅。用豆沙 8g，逐个包入玫瑰馅 13g，使之成为"罗汉心"。

④ 包酥、开酥　用大包酥方法将水油面团包裹油酥面团，按成圆饼状，擀成牛舌形，对叠擀薄，由外向内卷成圆筒状，用刀切成圆酥剂子，将剂子竖立按成圆皮。水油面团和油酥面团比例要适当，油炸型制品水油面团和油酥面团比例为 6∶4 为宜。

⑤ 包馅成形　取圆形皮坯包入馅心，捏成半圆球形，收口朝下，在饼坯顶部中央用手指压一凹印。

⑥ 成熟　平底锅置小火上，放入猪油烧至三成热，放入饼坯炸制，炸时不断拨动饼坯并且用油勺舀油淋在浮面的饼坯表面上，待饼坯炸至不浸油、色白、起层、不软塌时起锅，在饼坯凹处嵌一颗蜜樱桃即成。

【生产训练】

见《学生实践技能训练工作手册》。

【常见质量问题及解决方法】

1. 酥皮类糕点酥层少

原因：水油皮、油酥硬度不合适；开酥方法不当。

解决方法：水油、油酥调和时硬度要适宜；开酥方法适当。

2. 跑糖、漏馅

原因：配料不当，馅中的糖、油过多，馅料中的定型熟粉过少；皮、酥、馅三者硬度不一致；开酥时，造成了“穿酥”“破酥”等情况；包馅封口不严，皮馅分配不均，厚薄不一；制成的生坯放置过久，皮料干裂；烘烤温度过低，成熟时间过长。

解决方法：配料中的糖、油、熟粉要适当；皮、酥、馅三者硬度要一致；开酥时，避免“穿酥”“破酥”等情况；包馅封口要严，皮馅分配均匀，厚薄一致；制成的生坯不要放置过久；提高烘烤温度。

任务 5-3　应季应节食品生产

学习目标

- 能理解应季应节食品的基础理论知识。
- 能选择应季应节食品生产使用的原辅材料。
- 掌握元宵、粽子、水饺等应季应节食品的生产工艺。
- 能进行元宵、粽子、水饺等应季应节食品的生产。

【知识前导】

中国糕点四时八节均有应时品种上市。苏式糕点就有“春饼、夏糕、秋酥、冬糖”的应时规律，故有“四季茶食”之称。春季：川式的鲜花活油饼，适应人们春季败火的需求；苏式的雪饼；扬式的香糖、素枣糕；潮式的春饼、春卷等。夏季：各帮式均有绿豆糕，广式的马蹄糕、伦敦糕、千层糕；苏式的薄荷糕、小方糕；扬式的潮糕、冰雪糕；绍式的玉露霜，宁式的百果糕、茯苓糕等，适应人们夏季消暑解毒、清热凉爽的需要。秋季：各式月饼，苏式的如意酥、菊花酥，扬式的月宫饼、巧果仁等。冬季：各帮式有京式的蜜三刀；苏式的芝麻酥糖，各式年糕，橘红糕；扬式的蜂糖糕、雪片糕、大京果等。这些产品均重糖、重油，以适应冬季人们抗寒的需要。此外，在中国的传统节日均有应节糕点上市，如春节的年糕、元宵节的元宵、清明节苏式的大方糕和闽式的光饼等、端午节的粽子、重阳节的重阳糕、中秋节的月饼等。

元宵是正月十五人们最喜欢吃的食品，传说吃了一年内不会生病，北京元宵是以馅为基础制作的，用机器做元宵的操作过程为，先是拌馅料，和匀后摊成大圆薄片，晾凉后再切成比乒乓球小的立方块。然后把馅块放入像大筛子似的机器里，倒上糯米粉，机器就“筛”起来了。随着馅料在互相撞击中变成球状，糯米也沾到馅料表面形成了元宵。

粽子是我国传统的节日食品，据传是人们为了纪念古代一位爱国诗人屈原而制作的一种食品，在每年的农历端午节前后食用，由于各地的口味和饮食习惯不同，粽子的用料和风味也因地而异。北京粽子个头较小，为斜四角形或三角形，目前城市供应的大多数是糯米粽，但在一些农村中，仍然习惯吃大黄米粽，少数是黏高粱粽，大黄米粽黏韧而清香，别有风味。北京粽子多用红枣、豆沙馅，也有采用果脯的。苏州粽子形状长而细，为四角形，有鲜肉、枣泥、豆沙、猪油夹沙等品种，特点是配料讲究，制作精细。嘉兴粽子矮壮长方（像小枕头），有鲜肉粽、豆沙粽、八宝粽、鸡肉粽等品种，选料精细，调味讲究。广东粽子个头大，外形别致，正面是方的，后面隆起一只尖角，状如锥形，其品种较多，除鲜肉粽、豆沙粽外，还有咸蛋黄做成的蛋黄粽，以及用鸡肉丁、鸭肉丁、叉烧肉、冬菇、绿豆蓉等调配成的什锦馅粽子。宁波粽子为四角形，有碱水粽、赤豆粽、红枣粽等品种，煮熟后糯米变为黄色，味淡雅而独特，蘸白糖清甜爽口。

饺子是中国城乡常见的传统食品，全国从东到西、由南到北、从专营饮食店到民间都有它的踪迹，流传甚广，影响颇大，尤其是年节时，人们都要吃一顿团圆饺子。饺子也是面点家族中的重要成员，制法多样，可煮可蒸，宜荤宜素，味美可口，且经济实惠，老少皆宜，有着广泛的群众基础，故千余年来长盛不衰。我国目前著名的饺子品种很多，比较突出的有：哈尔滨老独一处的三鲜水饺，沈阳老边家饺子馆的扁馅蒸饺、鸡汤煮饺，天津白记羊肉水饺，陕西西安安德发长饺子馆的大肉水饺、白云章羊肉水饺，成都的钟水饺、红油水饺，湖北的汉口水饺、米饺，扬州的蟹黄蒸饺，上海的花色蒸饺，广州的薄皮鲜虾等。

【生产工艺要点】

（1）元宵的加工

元宵的制作过程包括糯米制粉、制馅、成形三个步骤。

皮料为糯米粉 1000g；馅料为熟面粉 250g、熟芝麻 100g、白糖 500g、青红丝 50g、糖浆适量、色拉油适量。

元宵制作过程：将馅料放入容器中，搅拌均匀后倒入糖浆、色拉油调制成团，然后将其压成厚为 1.3cm 见方的长方片，放入冰箱中冻硬，用刀将冻好的糖馅切成正方体，将切好的糖馅放在漏勺中，蘸一下水后，倒入盛有糯米粉的容器中，晃动容器使糖馅滚粘一层糯米粉，再将其放在漏勺中蘸一下水后，继续滚粘成个头均匀、大小一致的制品生坯。将制品放在沸水锅中，煮熟即可食用，也可将制品生坯速冻装袋销售。

（2）粽子的加工

粽子制作时将糯米洗净，浸泡 1～2h 至用手能捏开时即可，沥干水分，将浸泡好的糯米与制好的馅料装入折成筒形或三角形等的棕叶、苇叶或竹叶中包严，棕叶、苇叶或竹叶必须用冷水泡软或用热水烫软后才能便于包裹，然后用马莲草或细绳等捆扎，捆扎时一定要捆紧，才不容易煮进水，好贮藏，如捆扎不紧易进水，影响滋味并容易变坏，将包好的粽子放入锅内用开水或蒸汽蒸煮，至糯米熟透为止，煮制时水量要足，粽子下锅后，上面要压上重物，使其不浮于水面，用旺火泡煮 2h 左右后，翻倒一次，再煮至熟透即好，不可煮干水。粽子可热食亦可放凉后加蜂蜜或白糖冷食。煮好的粽子如果要保存几天，最好用冷水浸泡，放于阴冷处并每天勤换清水，这样可以保存几天不坏。

（3）水饺的加工

水饺又称煮饺，是以水为介质，通过加热传导而使饺子成熟的，故称水饺。加工水饺有面团的调制、分剂、擀皮、制作饺馅、包制成形和熟制几个步骤。

① 面团的调制　掺水和面是面团调制的关键，掺水量一般占面粉重量的40%～50%，具体要根据面粉的干湿度和四季气温的变化而定。掺水量不能太少，否则面团僵硬，成品口感不佳，也不利于消化；掺水量也不宜过多，否则面团太软，不利于擀皮和成形，煮时易穿孔漏馅，形味俱失。手工和面时掺水不能一次掺足，一般可分三次掺。第一次用60%的水量，拌和成片状的"雪花面"；第二次加入20%～30%的水量，和成疙瘩状的"葡萄面"；第三次将剩下的水全部洒入，然后揉搓均匀，使水和面粉充分调和，以保证面粉均匀地吸收水分，达到柔软光滑无白茬的质量要求。揉面必须做到"三光"，即面光、手光、盆（案）光。如用和面机和面就不必分次加水，一次添足后开动机器让其搅拌，10～20min即成面团。

② 分剂　分剂是用手工揪摘的手法，将面团分成小剂，既便于擀皮，又可控制饺子的大小。分剂的操作手法有两种：一种是揪摘法：先从大块面团上切一小块，揉匀后搓成长条，然后左手握面，向右一截截地推出，右手同步操作，用大拇指和食指掐一疙瘩小剂，如此两手不停配合，将小块面团揪成一个个小剂，撒上面扑搓圆即可；另一种是推掐法：此法不用揪摘，而是用两手的食指和大拇指掐下面剂，即先用左手两指掐圆条的两个面，深度以两指尖基本相碰为度，后用右手两指掐另外两个面，顺手全部掐下，动作好似僧人拨念佛珠一样，此法较揪摘法动作小，用力轻，速度也快，但技术难度较大，一般不易掌握。

③ 擀皮　擀皮就是将面剂擀成饺皮，这是技术性较强的工序，擀皮要求大小厚薄均匀，形圆边窄，光洁无折皱，并注意少用面扑，以免饺子合拢时难以粘连，煮时发生破漏。擀皮有用单擀杖、双擀杖的区别，单擀杖擀皮还有两种不同方法：一是推转法，即将面剂压扁后用杖擀动，借助擀杖之力，顺势使面剂旋转，在旋转中擀成饺皮；二是转圆法，即面剂用手压扁，左手持剂慢慢转动，右手用擀杖擀饺剂的四周，逐渐擀成中间厚、四周薄的饺皮。

④ 制作饺馅　水饺有用生馅，有用熟馅，但以生馅为主，水饺还有纯肉馅、肉菜馅和素馅之分。

肉馅做之前要先加少量水拌一下，然后加入葱花、姜末、花椒面或五香粉、味素、盐、少量酱油、料酒之类的，还可以加些植物油，但如果肉馅够肥，就可不加植物油，之后朝一个方向搅拌均匀，后调节咸淡。搅好的肉馅稍放一会儿就可以包制成形。

素馅不能用排刀剁，要用刀切，刀剁将蔬菜叶绿素全剁到砧板上，刀切则减少许多，一般刀切下，维生素存留一半，而刀剁则存留不足25%。

⑤ 包制成形　水饺的形状一般有半月形、月牙形、木鱼形、扇贝形等，随各地习惯而定。

⑥ 熟制　水饺制作的最后一道工序是饺子的熟制，即煮饺子。下饺时炉火要旺，水要沸腾，如果下入后水半天开不起来，饺子的外皮不能及时凝结，则易于穿空跑馅，将严重影响饺子的质量。当饺子漂浮出水面后，此时又不能使锅中的水过于翻腾，要勤点冷水，保持似开非开、沸而不腾的状态，才能把饺子煮好。

【生产案例】

一、元宵（豆沙）的制作

1. 主要设备与用具

台秤、面筛、面盆、木板、案板、簸箕、锅等。

2. 配方

原料配方见表5-33。

表 5-33　元宵（豆沙）配料表

原辅料名称	质量/g	原辅料名称	质量/g
糯米粉	500	猪油	50
豆沙	100	青红丝	5
白糖	150	熟面粉	100

3. 工艺流程

糯米粉
↓
白糖、豆沙、猪油、青红丝、熟面粉→制馅→摇元宵→煮元宵

4. 操作要点

① 制馅　将白糖、豆沙、猪油、青红丝（碎）加熟面粉和成馅坯，再用木板在案板上压平，然后切成 30 个方块，即是豆沙馅。

② 摇元宵　将糯米粉放在簸箕中，再将豆沙馅蘸少许水放到糯米粉中滚动，边滚边蘸水，都滚成乒乓球大小，即成元宵。

③ 煮元宵　锅内放水烧沸，下元宵，用旺火煮，待元宵都浮在汤面，且能用筷子穿透即熟，带汤盛在碗中。

二、元宵（五仁）的制作

1. 主要设备与用具

冰箱、台秤、面筛、盆、漏勺等。

2. 配方

原料配方见表 5-34。

表 5-34　元宵（五仁）配料表

原辅料名称	质量/g	原辅料名称	质量/g
糯米粉	500	花生仁	100
色拉油	50	白糖	500
青红丝	50	糖浆	150
瓜仁	100	熟面粉	100

3. 工艺流程

糯米粉
↓
瓜仁、花生仁、青红丝、白糖、熟面粉、糖浆、色拉油→制馅→摇元宵→煮元宵或速冻

4. 操作要点

① 将瓜仁、花生仁、青红丝、白糖、熟面粉等馅料放入容器中，搅匀后倒入糖浆、色拉油调制后，将其压成厚 1cm 见方的长方片，放入冰箱中冻硬待用。

② 用刀将冻好的糖馅切成正方体，将切好的糖馅放在漏勺中，蘸一下水后，倒入盛有糯米粉的容器中，晃动容器使糖馅滚粘一层糯米粉，再将其放在漏勺中蘸一下水后，继续滚粘成个头均匀、大小一致的制品生坯。

③ 将制品放在沸水锅中，煮熟即可食用，也可速冻装袋销售。

三、粽子（枣粽）的制作

1. 主要设备与用具

台秤、锅、盆等。

2. 配方

原料配方见表 5-35。

表 5-35 粽子（枣粽）配料表

原辅料名称	质量/g	原辅料名称	质量/g
糯米	1000	苇叶	适量
红枣	1000	马莲草	适量

3. 工艺流程

材料准备及预处理→包粽子→煮制→成品

4. 操作要点

① 苇叶洗净在开水中煮 2h，捞出泡凉水中备用，马莲草用热水浸泡后备用，糯米使用前用温水泡 5h，红枣洗净备用。

② 取苇叶数张，由左向右错叠成扇面形，向右折回成漏斗形，捞出糯米 50g，先放入 1/3，再放三四个枣，剩下的米分散放入（枣包在中间），然后将苇叶折回包紧，用热水泡过的马莲草捆扎住，即成四角粽子。

③ 粽子包好后，投入凉水锅里，先用旺火煮 40min 后，转用小火再煮 2h 即熟。

四、粽子（肉粽）的制作

1. 主要设备与用具

台秤、锅、盆、菜刀、砧板等。

2. 配方

原料配方见表 5-36。

表 5-36 粽子（肉粽）配料表

原辅料名称	质量/g	原辅料名称	质量/g
糯米	1000	精盐	20
花生米	100	味精	20
猪瘦肉丁	100	酱油	20
五花肉丁	100	香油	30
葱头	50	苇叶	适量
水发香菇	100	马莲草	适量
萝卜干丁	50		

3. 工艺流程

材料准备及预处理→包粽子→煮制→成品

↑

制肉馅

4. 操作要点

① 苇叶洗净在开水中煮 2h，捞出泡凉水中备用，马莲草用热水浸泡后备用，糯米使用前用温水泡 5h。

② 将切好的葱头用猪油炒黄，投入水发香菇、萝卜干丁，翻炒数下，倒入炒至八成熟的五花肉丁和猪瘦肉丁，炒锅离火，加入精盐、味精、酱油，拌匀后滴入香油，撒上拍碎的花生米，搅入糯米，即成肉粽馅。

③ 先把两张粽叶的箭头对称各叠 2/3，折成三角形，放入糯米，左手理成长形，右手把没有折完的粽叶往上推，与此同时，把下边两角折好，再折上边第四角，即成四角形粽子。所有粽子均要用马莲草扎紧，扎牢后用大火蒸 1h，再用小火蒸 30min 即熟。

五、水饺的制作

1. 主要设备与用具

台秤、面筛、盆、切刀、面板、擀面杖等。

2. 配方

原料配方见表 5-37。

表 5-37　水饺配料表

原辅料名称	质量/g	原辅料名称	质量/g
高筋面粉	1000	盐	20
水	200	胡椒粉	10
酱油	10	香油	20
精肉	500	鸡精	10
白菜	100	大葱	100
花椒面	10		

3. 工艺流程

面粉、水→和面→醒面→切块→成形→熟制→成品
↑
调馅

4. 操作要点

① 和面　将过筛后的面粉放入盆内，把水倒入面粉中，充分搅拌和匀至面团表面发光不粘手为止。

② 醒面　面和好后，静置 1h 左右。

③ 切块　面醒好后，用刀切成均匀的小面剂子，再擀成薄面饼，即饺皮。

④ 调馅　将猪肉切碎成丁，加入花椒面、盐、鸡精、胡椒粉、香油、酱油、大葱后加入少量水做成肉馅，把白菜洗净切碎，加入盐放 2min，然后对白菜攥水，将其放入已切碎的肉馅中搅拌均匀即可。

⑤ 成形　将肉馅放在饺皮上，合折，用手捏住口，双手合拢轻压即可。

⑥ 熟制　水锅烧开，陆续将水饺下锅，边下边用勺子慢慢推转，保持水面沸而不腾的状态。待水饺上浮、表面鼓起、馅心发硬时即为成熟。

【生产训练】

见《学生实践技能训练工作手册》。

自 测 题

一、判断题（在题前括号中划“√”或“×”）

（　）1. 切剂的要领是：上刀准确，刀刃锋利，切剂后剂子的截面成圆形。

（　）2. 清洗面案时，案子上的面粉应过筛后倒回面桶。

（　）3. 擦拭地面时，要注意擦拭案台、机械设备、物品柜的下面，不留死角。

（　）4. 煮饺子时应用平铲推动水面，以免饺子生坯粘贴锅底。

（　）5. 粽子的原料除了可选用糯米外，也可选用黏性大的黏小米。

二、填空题

1. 糕点按投入的原料和制作风格可分为（　　）和（　　）。

2. 糕点生产的工艺过程包括四个主要步骤（　　　）、（　　　）、（　　　）、（　　　）。

3. 糕点成形的方法有（　　　）和（　　　）。

4.（　　）是生坯在烤炉中经热传递而定型、成熟并具有一定的色泽的熟制方式。

5. 熟制完毕的糕点要经过（　　）、（　　）、（　　）和（　　）等环节才能最终被消费。

三、选择题

1. 中式糕点松酥面团调制一般不使用下列哪种膨松剂？（　　）

A. 酵母　B. 小苏打　C. 发酵粉　D. 碳酸氢铵

2. 中式糕点松酥面团在搅拌均匀后，宜采用何种方法使之结合成团？（　　）

A. 揉　B. 搓　C. 复叠　D. 反复揉搓

3. 调制好的松酥面团应何时分割成形？（　　）

A. 立即分割成形

B. 放置一段时间后分割成形

C. 适当松弛后分割成形

D. 放置时间长短都无关系，随时分割成形

4. 发酵面团主要适用于下列何种糕点？（　　）

A. 酥类糕点　B. 起酥类糕点　C. 油炸类糕点

5. 下列哪种膨松剂受热后分解为二氧化碳和氨气两种气体？（　　）

A. 臭碱　B. 小苏打　C. 发酵粉　D. 鲜酵母

6. 配制的松酥面团软硬度为（　　）。

A. 硬　B. 软

C. 过软　D. 不能过硬和过软

7. 调制松酥面团时如操作间温度过高，加油量如何调节？（　　）

A. 增加　B. 减少　C. 无需改变

8. 松酥面团的筋力如何？（　　）

A. 筋力大　B. 筋力中等　C. 筋力较小　D. 没有筋力

9. 调制饺子馅打水时，（　　）搅拌，直至肉馅呈黏稠状。

A. 要顺时针方向　B. 要逆时针方向　C. 要顺一个方向　D. 可随意

10. 煮饺子应（　　）下锅。

A. 冷水　B. 温水　C. 沸水　D. 热水

四、分析题

1. 酥类糕点为什么焙烤后不立即包装？
2. 擦馅料和炒馅有何区别？
3. 糕点面团调制方法有哪些？
4. 请分析酥皮类糕点跑糖、漏馅的原因。如何解决？

学习情境六

西式糕点生产

【知识储备】

西式糕点是西方饮食文化中的一颗璀璨明珠，它同东方烹饪一样，在世界上享有很高的声誉。欧洲是西式糕点的主要发源地。西点制作在英国、法国、德国、意大利、奥地利、俄罗斯等国家已有相当长的历史，并在发展中取得显著成就。制作西点的主要原料是面粉、糖、奶油、牛奶、巧克力、香草粉、椰子丝等。由于西点的脂肪、蛋白质含量较高，味道香甜而不腻口，样式美观，近年来销售量逐年上升。

一、西式糕点的分类及产品特点

1. 西式糕点的分类

(1) 按照生产地域分类

根据世界各国糕点的特点，可分为法式、德式、美式、瑞士式等，这些糕点都是各国传统的糕点。

(2) 按照面团（面糊）分类

① 泡沫面团（面糊）制品　主要包括乳沫蛋糕、戚风蛋糕和面糊类蛋糕等。

② 哈斗（泡夫糕点、烫面面糊点心）　哈斗面糊是在沸腾的油和水中加入面粉，使面粉中的淀粉糊化，产生胶凝性，再加入较多的鸡蛋搅打成的面糊，用于制作巧克斯点心，国内称为搅面类点心，又称气鼓、爱克力、奶油空心饼等。

③ 混酥类点心（奶油混酥糕点）　混酥面团是以面粉、油脂和砂糖为主要原料，以水（或牛奶）、鸡蛋、香料等为辅料，制成的一类不分层次的酥松点心。产品品种富于变化，口感松酥。用混酥面团加工出的西点主要有部分饼干、小西饼、塔等。

④ 清酥类点心（奶油起酥糕点）　清酥面团是用水油面团（或水调面团）包入油脂（或油面团），再经反复擀制折叠，形成一层面与一层油脂交替排列的多层结构，最多可达1000多层（层极薄），如帕夫酥皮点心、派等。

⑤ 发酵面团（酵母面团）制品　如点心面包、比萨饼、小西饼等。

⑥ 其他面团（面糊）制品　上述各类制品以外的糕点。

(3) 按照生产工艺特点和商业经营习惯分类

传统的西式糕点可分为四大类，即面包、蛋糕、饼干和点心。

(4) 从制品加工工艺及面团性质分类

可分为蛋糕类、混酥类、清酥类、面包类、饼干类、布丁类、冷冻甜食类、哈斗类等。

(5) 从点心温度来分类

可分为常温点心、冷点心和热点心。

(6) 从西点的用途上分类

可分为零售点心、宴会点心、酒会点心、自助餐点心和茶点等。

2. 西式糕点产品特点

与中式糕点相比，西式糕点最突出的特点是：用料讲究，西式糕点的选料范围广，生产所用的原料都有各自的选料标准，各种原料之间都有合适的比例，并且要求原料称量准确；工艺性强，西式糕点的加工工艺从配料到产品，包括投料的顺序、搅拌温度和时间、操作熟练程度、成熟的温度与时间以及成形装饰等，都有一套规范的工艺要求；口味清香、甜咸酥松，西式糕点的口味是由品种、使用的原辅料和加工工艺决定的，乳制品、干果、香料等具有芳香的味道以及糖、蛋品等加热后产生的风味物质赋予了西式糕点的特有风味，尤其是西式糕点的生产工艺和原料的特点使产品甜咸分明，酥松可口；营养丰富，西式糕点常用的原辅料为面粉、糖、油脂、蛋品、乳制品、干果、鲜水果、巧克力、香料和调味料等，特别是奶、糖、蛋比重较大，这些原料含有丰富的蛋白质、脂肪、糖、维生素等营养成分，它们是人体所必需的营养素，因此说西式糕点具有较高的营养价值。

二、西式糕点生产基本工艺流程

原辅料准备→混料→成形→烘烤→冷却→装饰。

(1) 原辅料准备

按配方和产量要求准确称取所需原辅料并进行预处理，如面粉过筛、打蛋、果料与果仁的清洗加工、装饰配件制作和馅料的制备等。

(2) 混料

按生产要求依次投料，同时通过搅打或搅拌的方式将原辅料充分混合，调制成要求的面团或浆料。

(3) 成形

除切块成形外，西点的成形一般都在烘烤前，即将调制好的面团或浆料加工制作成一定的形状。成形的方式有手工成形、模具成形、器具成形等。成形工序中有时也包括馅料的填装。不宜烘烤的馅料如新鲜水果、膏状馅料等，一般应在烘烤后填装。

(4) 烘烤

西式糕点的熟制一般是在具有一定温度和湿度的烤炉中完成，无需装饰的制品烘烤后即为成品。

(5) 冷却

将烘烤后的制品经人工或自然冷却至室温，以利于装饰、切块、包装等工序的操作。

(6) 装饰

多数西点的装饰是在烘烤后，即选用适当的装饰料对制品做进一步的美化加工。

任务 6-1　清酥类糕点生产

学习目标

- 能选择和处理清酥类糕点生产使用的原辅材料。
- 熟练使用与维护清酥类糕点生产机械设备与用具。
- 掌握清酥类糕点的生产工艺流程和操作要点。
- 能进行清酥类糕点生产管理。

【知识前导】

清酥类糕点是由水油面团包裹油脂，再经反复擀制折叠，形成一层面与一层油交替排列的多层结构。其产品质轻、分层、酥松而爽口，也称为奶油起酥糕点，清酥类面团是西式面点制作中常用的面坯之一。

清酥类糕点一般不选用低筋粉，宜选择蛋白质含量为12%～15%的面粉。因为制作过程中面团需要包裹油脂进行折叠，如果面团筋力不够，在折叠过程中容易将面皮穿破，油和面层破坏，导致成品体积变小，层次不明显。使用蛋白质含量高的面粉可使制品烘烤时体积增大，面筋的韧性能够承受拉伸。但如果面粉筋力太强，面团在操作时韧性太强，产品容易变形，烘烤后会明显收缩。

清酥类糕点所选择的油脂必须具有一定的可塑性、硬度和较高的熔点。可以选用奶油、人造奶油、起酥油或其他固体动物油脂。

水以冰水为宜，冰水使面团与油的硬度一致，搅拌面团时不粘手，容易操作，同时面团吸水量多。

食盐可以增加产品的风味，通常食盐用量为面粉量的1.5%，如果使用的油脂中含有食盐，应根据具体情况酌情减量。

清酥类糕点生产工艺流程如图 6-1 所示。

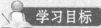

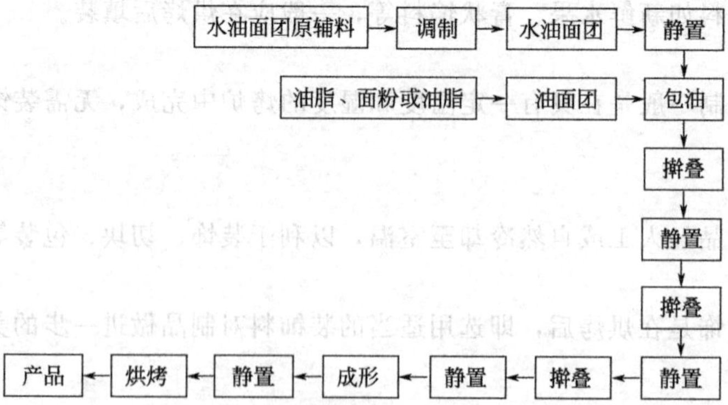

图 6-1　清酥类糕点生产工艺流程

【生产工艺要点】

(1) 面团的调制

① 水油面团调制　首先将面粉与食盐、油脂一起放在搅拌机中搅拌，然后加水，搅拌至面团柔软、光滑、不粘手为止，然后取出面团放案板上，将面团分割、滚圆，进行静置。

水油面团宜采用高筋面粉或中筋面粉调制，调制的面团中含有较多的湿面筋，使面团具有较好的保气性能。面团调制时要使用冷水，而且冷水量要适当，调制好的面团软硬要同人的耳垂软硬度相似。

② 油面团（或油脂）调制　将油脂软化后放在搅拌机中慢速搅拌，然后加入面粉搅拌成均匀的油面团，将油面团取出放在工作台上，再将油面团擀成所需的正方形或长方形，放入冰箱冷藏。油面团中的面粉与油脂要充分混合均匀，不能有油脂疙瘩或干面粉。如果使用专用的酥皮油，按照生产所需要的数量擀薄即可。

(2) 包油

① 英式包油法　将水油面团擀成长方形，将油面团（或油脂）擀成宽与皮面相同、长约皮面 2/3 的长方形，把擀好的油脂放在皮面上，并正好盖住皮面的 2/3，将皮面未盖有油脂的部分往中间折叠，再将另一端余下的 1/3 油脂和皮面一起往中间折叠，最后包好的面团即形成了一层面、一层油（面三层、油二层）交替重叠的五层结构。

② 法式包油法　将调制好的水油面团用刀切成“十”字形裂口，放在工作台上，松弛 15min 左右。面团经扩展后裂口向四周扩张，使展开的面团变成了正方形，再用走槌在裂口四角向外擀，擀成面团中央部分厚、四角较薄的状态。将油面团（或油脂）擀成和面团中央大小相同的正方形，将油面团（或油脂）放在皮面上，油面团（或油脂）的四条边正好与面团中央正方形的四条边重合。再分别把四角的面皮一次包向中央的油面团（或油脂），每片面皮必须完全覆盖油面团（或油脂）。这样，包好的面团就形成了二层面、一层油的三层结构。

③ 对折法　把水油面团擀成长方形，大小为油面团（或油脂）的两倍，将擀制或整形的油面团（或油脂）放在皮面的一半上，皮面以对折的方式把油脂完全包住，再将四周封闭捏紧，即形成了二层面、一层油的三层结构。

不论采用哪种包油方法，都应该注意水油面团调制后要静置一段时间才能包油，且油面团（或油脂）的硬度与水油面团的硬度应尽量一致，否则会影响到产品的分层。

(3) 折叠

① 三折法　三折法是将长方形面团沿长边方向分为三等分，两端的部分分别往中间折叠。折成的小长方形面团，宽度为原长的 1/3，呈三折状。

② 四折法　四折法是将长方形沿长边方向分为四等分，两端的两部分均往当中折叠，折至中线外，再沿中线折叠一次。最后折成的小长方形面团，其宽度为原长的 1/4，呈四折状。

(4) 擀制

将静置后的面坯，放在撒有少许干面粉的工作台上，先用走槌均匀地压一遍，使油面团（或油脂）在水油面团分布均匀，然后从面坯中间部分向前后擀开，当面坯擀至长度与宽度为 3∶2时，使用三折法将面坯叠成三折，然后将面坯静置 20min 左右。第二次擀制时，将面坯横过来，擀制成长方形面坯，按三折法将面坯叠成三折，再将面坯静置 20min 左右。按以上方法，如此共折叠 3 次或 4 次，用湿布盖好放入冰箱备用。也可以使用酥皮机来擀面，将折叠好的面团置于酥皮机的传送带上，调节上下压轮间的间距，逐次擀至所需要的厚度即可。

擀制过程中面团要保持低温，操作室的温度不能太高，最好在有空调的房间里进行操作；

每次擀叠时，干面粉的使用量不可过多；为了保证擀好的面坯有一定的形状，每次擀时要先擀出面坯的宽度，再擀出长度；每次擀面坯时不要擀得太薄，厚度不能小于0.5cm，避免层与层之间黏结，成形时，面坯最后擀成的厚度为0.2～0.5cm；擀制好的面团在静置时应盖上湿布，防止表面发干；成品品质与折叠次数有关，折叠次数不宜过少也不宜过多，折叠次数少，产品成熟时容易油脂外溢，产品层次好但酥性差，折叠次数过多，产品酥性好，但层次差。

(5) 成形

将折叠冷却完毕的面坯，放在工作台上用酥皮机压薄压平，或用走槌擀薄擀平，面皮的厚度应按产品的种类不同而异，一般在0.2～0.5cm，然后将面坯切割成形，或运用卷、包、码、捏或借助模具等成形方法，制成所需产品的形状。面坯成形后烘烤前应置于凉爽处或冰箱中静置20min左右才能入炉烘烤，这样会让面坯得到松弛，减少收缩。

用于成形工艺的面坯不可冷冻得太硬，如过硬应放在室温下使其恢复到适宜的软硬度再进行成形操作；切割时面坯要又凉又密实，如果面皮太软切割时面皮各层就会粘在一起而影响面坯的膨胀；切割应使用锋利的刀具或模具，切割时应竖直、有力、均匀；成形后的面皮薄厚要一致，否则制作出的产品形状不端正；面团接合处可使用蛋液或清水黏结，但不能太多，以免其滴落在切口处，影响产品的起发性和层次。

(6) 烘烤

将成形后的半成品放烤盘中，静置20min左右，然后放入已经预热好的烤箱中，使制品成熟。

清酥制品的烘烤温度和时间根据产品的要求而定，对于烘烤体积较小的清酥制品宜用较高的炉温烘烤，适当缩短烘烤时间。对于体积较大的清酥制品，要采用稍微偏低的炉温烘烤，既保证了产品的成熟和松酥度，又可以防止产品表面上色过度。烤箱的温度一般在200～220℃，时间20min左右。温度太低，不能产生足够的水蒸气，那么面坯也不容易膨胀得很好；温度太高，会使面坯过早定型，抑制了膨胀程度。烘烤过程中，不要随意将炉门打开，以免热气散失，影响制品的膨胀。要确认制品完全成熟后才可将制品出炉，否则制品内部未完全成熟，出炉后会很快收缩，内部形成橡皮一样的胶质，严重影响成品质量。

【生产案例】

一、冰花蝴蝶酥的制作

1. 主要设备与用具

烤炉、台秤、面筛、面盆、烤盘、刀、通锤等。

2. 配方

配方见表6-1。

表6-1 冰花蝴蝶酥配料表

原料名称		质量/g
水油面团	面粉	250
	白糖	25
	猪油	50
	水	125
油面团	面粉	250
	奶油	350

3. 工艺流程

水油面团调制→包油→成形→烘烤→冷却→包装→成品

↑

油面团调制

4. 操作要点

① 水油面团调制　将面粉置于工作台上，围成圈，中间放入白糖、猪油、水，搅拌均匀后再和面粉一起拌匀，和成面团，用手按成方块，放入冰箱冷冻。

② 油面团调制　将面粉置于工作台上，围成圈，加入奶油，混合擦匀，擦匀后的油面团用手按成方块，放入冰箱冷冻。

③ 包油　冷冻至稍硬的水油面团和油面团取出进行包油操作。将水油面团擀长至比油面团大一倍的长方形，盖在油面团上，底面撒少许面粉，再用通锤顺长擀成长40cm、宽23.3cm的面块，然后将面块折叠成三幅，用通锤擀长，再折叠成三幅，如此反复三次，即为酥皮。

④ 成形　将白糖分成两份，取一份撒在酥皮底面，再用通锤顺长擀至33.3cm长，把上边和下边的酥皮向面上中央折叠，中间留一些空隙，再把两边的酥皮折叠，成四叠，便成为粘有白糖的生酥坯，用利刀将酥坯切成20件，每切1件，面部粘上少许白糖，放入刷油的烤盘中。

⑤ 烘烤　烘烤温度180℃，烤至酥层呈现、底部略呈微黄色时，取出烤盘，把每件蝴蝶酥翻转，再送入炉内烘烤，至底部略呈微黄色、酥面色泽金黄时，便可出炉。

二、美人腰的制作

1. 主要设备与用具

搅拌机、开酥机、烤炉、台秤、面筛、面盆、毛刷等。

2. 配方

配方见表6-2。

表6-2　美人腰配料表

原料名称		质量/g
水油面团	低筋面粉	625
	中筋面粉	125
	白糖	75
	猪油	75
	水	375
油面团(或油脂)	片状酥油	500
馅料	白莲蓉	375
装饰	鸡蛋黄	适量

3. 工艺流程

水油面团调制→包油→成形→烘烤→冷却→包装→成品

↑

片状酥油

4. 操作要点

① 水油面团调制　先将白糖与水放入搅拌机中，中速溶糖，然后加入过筛的面粉，慢搅 2min，然后中速搅拌 3min，加入猪油，搅拌至面团有扩展性，即为水油面团。

② 包油　将水油面团擀成薄的方形，再包入片状酥油，在开酥机上三折两次、四折一次开酥成厚度为 1cm 左右的薄皮。

③ 成形　将 1cm 厚的酥皮分割成 ϕ10cm×1cm 厚的单个小酥皮坯，每个重 71g 左右，然后在每个小酥皮坯上一半的半圆中心放入馅料 15g 左右，再将酥皮坯沿中心对折，包入馅料做成一个半圆的“美人腰”形状。

④ 烤前装饰　在半圆形的美人腰上表面刷两次鸡蛋黄。

⑤ 烘烤　烘烤温度 170℃，时间 20～25min。

⑥ 冷却、包装　烘烤结束后冷却至室温包装即为成品美人腰。

三、柠檬吧地的制作

1. 主要设备与用具

搅拌机、开酥机、烤炉、台秤、面筛、面盆、毛刷等。

2. 配方

配方见表 6-3。

表 6-3　柠檬吧地配料表

原料名称		质量/g
水油面团	低筋面粉	625
	中筋面粉	125
	白糖	75
	猪油	75
	水	375
	麦黄粉	2.5
油面团(或油脂)	片状酥油	500
馅料	柠檬馅	300
装饰	鸡蛋黄	适量

3. 工艺流程

水油面团调制→包油→成形→烘烤→冷却→包装→成品

↑

片状酥油

4. 操作要点

① 水油面团调制　先将白糖与水放入搅拌机中，中速溶糖，然后加入过筛的面粉、麦黄粉，慢搅 2min，然后中速搅拌 3min，加入猪油，搅拌至面团有扩展性，即为水油面团。

② 包油　将水油面团擀成薄的方形，再包入片状酥油，在开酥机上三折两次、四折一次开酥成厚度为 1cm 左右的薄皮。

③ 成形　将 1cm 厚的酥皮分割成 ϕ10cm×1cm 厚的单个圆形薄饼，每两个薄形圆饼上下起叠，上面一个圆形薄饼中心挖去直径为 3cm 的空洞。

④ 烤前装饰　在上面一个圆形薄饼表面刷两次鸡蛋黄。

⑤ 烘烤　烘烤温度170℃，时间20～25min。

⑥ 烤后装饰　上面一个圆形薄饼中心的空洞处，放入柠檬馅料，即为成品柠檬吧地。

四、椰子酥条的制作

1. 主要设备与用具

搅拌机、烤炉、台秤、面筛、面盆、毛刷、擀面杖等。

2. 配方

配方见表6-4。

表6-4　椰子酥条配料表

原料名称	质量/g	
水油面团	中筋面粉	300
	砂糖	10
	食盐	3
	酥油	30
	水	170
油面团(或油脂)	片状酥油	250
装饰	椰蓉	适量
装饰	鸡蛋液	适量

3. 工艺流程

水油面团调制→包油→成形→烘烤→冷却→包装→成品

↑（包油）

片状酥油

4. 操作要点

① 水油面团调制　将面粉、砂糖、食盐和水放入搅拌机中，用慢速搅拌至稍有筋度，加入酥油继续用慢速搅拌至混合均匀，再改为中速搅拌至面筋扩展，取出面团用保鲜膜包好，放入冷藏柜中松弛30min。

② 包油　将松弛好的面团擀成长方形，包入片状酥油，包严后用手按压结实，中间不要有空气，然后将面团擀成长方形，进行四折，松弛30min后再四折一次松弛30min，面团共进行三次四折，然后放入冷藏柜里松弛30min，松弛结束后将面团擀压成0.3～0.4cm厚度的薄皮。

③ 成形　将0.3～0.4cm厚的酥皮用小刀裁成长条形，在长条形的面片表面刷上蛋液，粘上椰蓉，拧成麻花形均匀码入烤盘。

④ 烘烤　烘烤温度面火210℃/底火170℃，时间20min。

【生产训练】

见《学生实践技能训练工作手册》。

【常见质量问题及解决方法】

1. 产品层次不清晰

原因：油脂使用不当，可塑性不佳；调制时间长，面团温度过高；面团过硬，油脂过软；面粉的质量差，面团无法承受擀压；成形时刀具不锋利，切割动作不规范；折叠次数过多；制品太薄；烘烤温度不当；烘烤过程中，多次打开炉门。

解决方法：选用熔点高、可塑性强的油脂；面团调制时间要适当，夏天通过冰箱来调整面团温度；面团与油脂的软硬应一致；选用中筋粉或高筋粉，或在低筋粉中掺入适当的高筋粉或中筋粉；选用较为锋利的成形刀具，切割应竖直、有力、均匀；减少折叠次数；不要将制品擀得太薄；掌握好烘烤温度，对表面有糖的面坯，宜适当降低烘烤温度；烘烤过程中，不要随意打开炉门。

2. 产品膨胀不均匀或形状不规则

原因：水油面团太硬；水油面团与油面团（或油脂）软硬度不一致；油面团（或油脂）包入前分布不均匀或厚薄不一；包油方法不正确；擀制不匀，面坯厚薄不均匀；折叠不齐，面坯薄厚不一致，最后成形不当；烘烤之前，面坯没有松弛或松弛不够；面团在烤炉中受热不均匀。

解决方法：调制时适当增加水分，调整面团的软硬度；水油面团与油面团（或油脂）软硬度要一致；油面团包入前要混合均匀，不能有干面粉或油脂疙瘩，油面团（或油脂）要擀成厚薄一致的形状；采用正确的包油方法；擀制时用力要均匀；折叠整齐，最后成形时制品形状要端正，大小、薄厚要均匀；面坯要松弛 20min 左右再入炉烘烤；面坯摆放要整齐，烘烤时不要随意打开炉门。

3. 产品口感不好

原因：油脂质量不好；食盐用量太少；包入的油脂与面团比例失调；烤盘不洁净。

解决方法：不能使用过期和变质的油脂，选用口感较好的油脂，有条件的尽量使用黄油；增加食盐的用量；面粉与油脂的比例要适当；烤盘应保持洁净。

4. 烘烤时油脂溢出

原因：油脂太多；折叠次数不够；烘烤炉温太低。

解决方法：减少油脂用量；增加折叠次数；提高烘烤温度。

任务 6-2 混酥类糕点生产

学习目标

- 选择和处理混酥类糕点生产使用的原辅材料。
- 使用与维护混酥类糕点生产机械设备与用具。
- 能进行混酥类糕点生产及品质管理。
- 掌握混酥类糕点的质量标准。

【知识前导】

混酥类糕点是以面粉、油脂、糖为主要原料制成的一类不分层的酥点心。它的主要类型有挞和派。挞为敞开的盆状，派为有加盖面的双面挞。这种类型的糕点主要通过馅心的不同来变化品种，形态多变，风味各异。

混酥类糕点面粉应选用筋力较小的中低筋粉，操作时应尽量避免面筋水化作用，以免产品发硬。如果使用高筋粉，在面团调制和成形过程中容易产生较多的面筋，使制品在烘烤中发生收缩现象，导致产品脆硬，失去应有的松酥品质。

生产混酥类糕点的油脂必须具有较高的熔点、良好的可塑性和起酥性，如猪油、黄油、人造奶油、起酥油等。合格的混酥类糕点不能使用液体植物油来制造，液体植物油过于分散；也不能使用很硬的油脂来制造，很硬的油脂完全不能分散。

生产混酥类糕点使用的糖以细砂糖、糖粉、绵白糖为好，糖的晶体不能太大，否则搅拌时不易溶化，面团擀制困难，烘烤后表皮出现斑点。

牛奶使混酥类点心营养更加丰富，且在烘烤中迅速变色，但会使产品表皮的松脆性降低，同时增加成本。

食盐的主要作用是调节混酥类糕点的风味，使用时要将食盐溶解在液体原料中，再与其他原料混合。

鸡蛋在混酥面团调制时起韧性作用，有利于面团的形成，鸡蛋可增加产品的风味和色泽。

混酥类糕点生产工艺流程如图 6-2 所示。

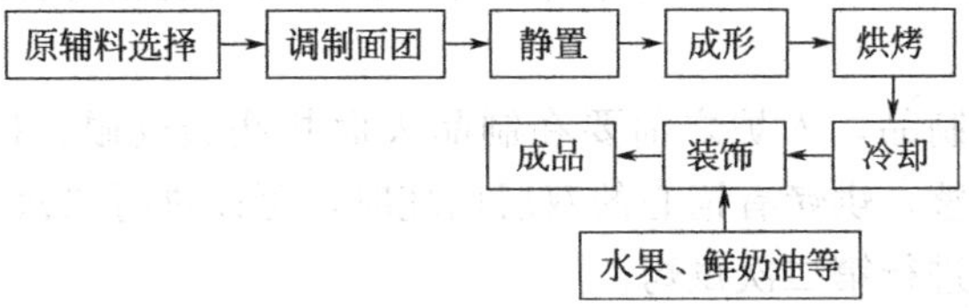

图 6-2 混酥类糕点生产工艺流程图

【生产工艺要点】

(1) 面团调制

① 糖油法 糖油法是先将油脂与糖粉一起放入搅拌机，搅打成蓬松而细腻的膏状。再分数次加入蛋液、水、牛奶等其他液体，最后加入过筛的面粉和疏松剂，搅打成光滑的面团。

这种方法适于高糖甜酥面团的调制，可以制作各种混酥类甜点，如各种派类、挞类及饼干类混酥甜点等。

② 粉油法 粉油法是将油脂与等量的面粉一起放入搅拌机，搅打成蓬松的膏状，再加入糖粉搅拌打匀后渐渐加入蛋液，搅拌均匀，最后加入剩余的面粉和其他原料调制成面团。调制过程中面坯中的油脂要完全渗透到面粉中，这样才能使烘烤后的产品具有酥性特点，而且成品表面较平整光滑。

这种方法适于高脂甜酥面团的调制。用此方法制成的混酥面团广泛应用于各类肉馅饼、酒会三文鱼小挞等。

(2) 静置、成形

① 静置 将面团置于工作台上，用手轻轻将面团捏紧、滚圆，再将其放入冰箱中冷藏 0.5h，目的是使面团内部水分被充分均匀地吸收，使油脂凝固，并使上劲的面团得到松弛，易于成形。

② 成形 冷藏后的面团放置在有干粉的工作台上，用擀面杖从面团中央向前、向后均匀推擀，擀成薄厚一致的面片。在擀制过程中，用力需均匀一致，同时注意面片下面需有干粉，否则面片易粘工作台，面片不完整。然后采用印模扣压或刀具切制的方法，制成所需的坯料。

（3）烘烤

将成形后的面坯摆放在烤盘上，间距恰当。对于块形较小的混酥面坯，由于烘烤胀发能力小，在摆放制品时要相应地紧凑一点，否则烤炉会将产品边缘烤焦，颜色不均匀；至于烘烤胀发能力较大的面坯，在摆放制品时要相应地稀疏一点，以免制品经过焙烤胀发后相互粘连。

由于混酥面坯属于油糖类面团，产品种类较多，所以在烘烤成熟过程中，需要根据不同产品采用适宜的炉温和烘烤时间。

在通常情况下，烘烤混酥类点心时，一般采用中温烘烤。但由于混酥类点心品种繁多，大小、薄厚各异，要根据产品的要求和特点灵活掌握烘烤温度和时间。对于那些体积较大、较厚的制品，需要低温长时间的烘烤，如在烘烤派类制品时，烤炉需180℃的温度，而且上下温度也有差异，一般情况下，烤箱的底火温度要高于面火5～10℃，这样才能保证制品面部、底部完全成熟。而对于小型的混酥类制品，像酥皮果挞、酥皮饼干等，在烘烤时，使用200℃左右的中火，待制品表面呈淡黄色时即可出炉。

一般情况下，烤箱的温度较高，烘烤制品所需要的时间就相对较短；温度较低所需的时间就相对较长。

对于有馅心的混酥制品，入炉之前要在制品表面扎些透气眼，以利于烘烤时水汽的溢出，保持制品表面的平整；烘烤有馅心的双层面坯时，可以进行二次烘烤，先将底坯烤到七八成熟，将馅心放入后进行第二次烘烤。

（4）装饰

根据不同的品种采用不同的材料进行装饰。但无论怎样装饰，其效果都要淡雅、清新、自然。

【生产案例】

一、核桃塔的制作

1. 主要设备与用具

搅拌机、烤炉、蛋塔模具、烤盘、台秤、面筛、面盆、勺子、裱花袋等。

2. 配方

配方见表6-5。

表6-5　核桃塔配料表

原料名称		质量/g
塔皮	低筋面粉	500
	奶油	250
	糖粉	175
	食盐	5
	鸡蛋	120
	奶粉	150
核桃馅	蛋白	250
	细糖	100
	奶粉	75
	碎核桃	300
	葡萄干	100

续表

原料名称		质量/g
塔面	蛋黄	400
	细糖	60
	鸡蛋	80

3. 工艺流程

蛋白、细糖、奶粉、碎核桃及葡萄干→拌匀→核桃馅

↓

奶油、糖粉、食盐→拌匀→拌匀→混酥面团→面坯→入模成形→装馅→挤面→

↑ ↑ ↑

蛋液 面粉、奶粉 蛋黄、细糖、鸡蛋→塔面

烘烤→冷却→包装→成品

4. 操作要点

① 蛋塔皮制作　先将奶油、糖粉、食盐加入搅拌缸中，用桨状拌打器慢速搅匀，然后快速搅拌，直到搅至发松；将一半鸡蛋加入搅拌缸中，慢速搅匀；将另一半鸡蛋加入搅拌缸中，慢速搅匀再继续打至绒毛状；将过筛面粉、奶粉加入搅拌缸，慢速拌匀成均匀的面团；将面团分成小块，用双手将面团捏入蛋塔模中，厚度要均匀一致。

② 核桃馅制作　将蛋白、细糖搅拌至糖溶化后，再将奶粉、碎核桃及葡萄干加入拌匀，用勺子将馅装入捏好的塔模中备用。

③ 塔面制作　将蛋黄、细糖、鸡蛋放入搅拌缸中用中速打发，至挺发浓稠即可，然后装入裱花袋挤在蛋塔的表面，均匀码入烤盘。

④ 烘烤　烘烤温度面火 180℃/底火 200℃，时间 20min 左右。

二、苹果派的制作

1. 主要设备与用具

搅拌机、烤炉、派模具、烤盘、台秤、面筛、面盆、擀面杖、锅、扎孔器等。

2. 配方

配方见表 6-6。

表 6-6　苹果派配料表

原料名称		质量/g
派皮	低筋面粉	600
	奶油	300
	糖粉	300
	食盐	8
	鸡蛋	150
	吉士粉	20

续表

原料名称		质量/g
苹果馅	苹果	3个
	细砂糖	70
	食盐	2
	黄油	50
	玉米淀粉	25
	柠檬汁	适量

3. 工艺流程

玉米淀粉 ↓

苹果块、黄油、糖、盐、柠檬汁→翻炒熟透→苹果馅 ↓

奶油、糖粉、食盐→拌匀→拌匀→混酥面团→面坯→入模成形→装馅→烘烤→

↑ 蛋液（→ 第一个拌匀） ↑ 面粉、吉士粉（→ 第二个拌匀）

冷却→包装→成品

4. 操作要点

① 派皮制作　先将奶油、糖粉、食盐加入搅拌缸中，用浆状拌打器慢速搅匀，然后快速搅拌，直到搅至发松；将一半鸡蛋加入搅拌缸中，慢速搅匀；将另一半鸡蛋加入搅拌缸中，慢速搅匀再继续打至绒毛状；将过筛面粉、吉士粉加入搅拌缸，慢速拌匀成均匀的面团；将面团擀成0.5cm厚的片状，盖在派模上将多余的面团去掉，然后用手工将面片均匀铺在派模中，用扎孔器在面团上扎孔。

② 苹果馅制作　苹果切块，放入融化的黄油中翻炒，加入糖、盐、柠檬汁炒至苹果熟透，最后加入玉米淀粉搅匀后离火，待冷却后装入模具。

③ 烘烤　烘烤温度面火180℃/底火200℃，时间20～30min。

【生产训练】

见《学生实践技能训练工作手册》。

【常见质量问题及解决方法】

1. 产品收缩变形

原因：面粉筋性太强；油脂用量不足；液体物料用量过多；面团静置时间短；生坯拉扯过度；面团揉制和擀制过度。

解决方法：使用低筋面粉，最好使用糕点专用粉；增加油脂用量；减少液体物料用量，特别是配方中使用鸡蛋时要减少水的用量；延长面团静置时间；当面团长度或宽度不够时，尽量不要拉扯；不要过度揉制面团，尽量使用折叠方法调制，擀制时要一次性擀好面坯。

2. 产品疏松性差

原因：面粉筋性太强；面粉用量过多，油脂用量不足；鸡蛋用量过少；面团中液体物料用量较多；膨松剂用量不足或失效，添加方法不当；使用碎料过多；面团搅拌时间过长或整型时揉搓过多；烘烤时间太短没有烤熟。

解决方法：使用低筋面粉，最好使用糕点专用粉；掌握好面粉与油脂的比例，一般油脂占面粉的50%～60%；增加鸡蛋用量；减少液体物料用量；增加膨松剂的用量，选用保质期内的膨松剂，并正确添加；减少碎料用量；缩短面团的搅拌时间，以免面团上劲；延长烘烤时间，要烤熟烤透。

3. 成品易散落，形状不完整

原因：面粉筋力过低；油脂选用不当或油脂用量过多；液体物料用量不足或过多；膨松剂和糖用量过多；面团经过反复揉搓擀制；整型操作不当，引起面片散落；烘烤温度过低或烘烤时间不足。

解决方法：在筋力过低的面粉中添加适量高筋粉或中筋粉；选用熔点高、可塑性好的油脂，减少油脂用量；调整好配方中液体物料的比例；减少膨松剂和糖用量；尽量一次成形，切勿反复操作；操作要细致，尤其是擀制和翻转面坯时；提高烘烤温度或适当增加烘烤时间。

4. 成品颜色过浅

原因：面坯中的糖分含量少；反复揉搓面团；面团擀制时，干面粉使用量过大；烘烤温度过低；烘烤时间太短，没有烤熟。

解决方法：增加糖用量；尽量一次成形，不要反复操作；擀制时干面粉用量要少；提高烤箱的温度；延长烘烤时间。

任务 6-3　哈斗类点心生产

学习目标

- 能够选择和处理哈斗类点心生产使用的原辅材料。
- 能够使用与维护哈斗类点心生产机械设备与用具。
- 掌握哈斗类点心加工工艺流程和操作要点。
- 能进行哈斗类点心生产及品质管理。
- 处理哈斗类点心生产中出现的问题并提出解决方案。

【知识前导】

哈斗也叫气鼓、空心脆饼，是用烫制面团制成的一类点心。哈斗面糊是在沸腾的油和水中加入面粉，使面粉中的淀粉糊化，产生胶凝性，再加入较多的鸡蛋搅打成的团糊，用于制作巧克斯点心。哈斗制品具有内空、外表松脆、色泽金黄、形状美观、食用方便、品味可口的特点，本身没有味道，主要依靠馅心来调味。

哈斗有圆形和长形两种，圆形的叫泡芙（puff），长形的叫爱克来（éclair）。

生产哈斗类点心最好使用高筋面粉，但也可以使用低筋粉、中筋粉。

生产哈斗使用的油脂主要起面糊松发、柔软和润滑的作用，可以使用奶油、猪油或植物油等。

生产哈斗面糊需借助鸡蛋的发泡力，使烘烤时制品体积膨胀，同时在制品内部形成较大的空洞结构。所以，调制哈斗面糊一般要选用新鲜鸡蛋。

在调制哈斗面糊时必须添加适量的水分，使面糊具有一定的稠度；如果面糊太稀，容易导致产品出现塌陷、底部内凹、外形差等质量问题，可减少水或牛奶的用量；面糊太干，会影响面团的膨胀效果，使得产品厚重，可增加水或牛奶的用量。

哈斗类点心的生产工艺流程如图 6-3 所示。

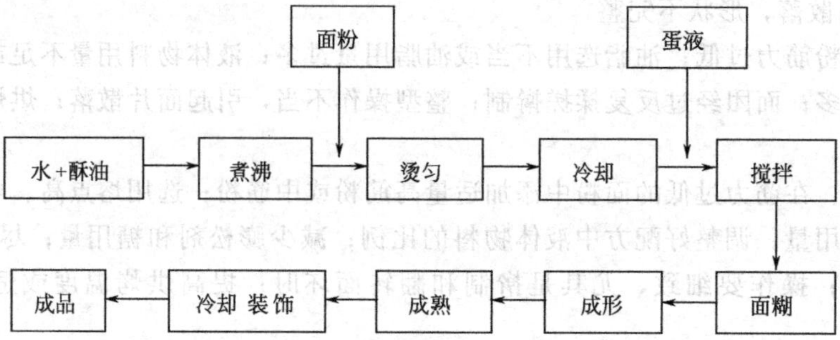

图 6-3　哈斗类糕点生产工艺流程图

【生产工艺要点】

(1) 烫面

将液体、油脂等原料放入锅中煮沸。继续加热，煮至锅中水大滚为止。将锅从火上移开，立即加入所有的面粉（面粉要过筛，以免面糊中出现疙瘩），并用木勺快速搅拌，再用中火将锅子加热，边加热边用木勺搅拌，直至面糊形成团、不粘锅为止，面糊一定要烫透、烫熟，而且不能出现糊底的现象。

(2) 冷却搅糊

将烫好的面糊倒入搅拌机内，低速搅拌至面糊不烫手为止（约 60℃）。在中速搅拌情况下，逐渐加入鸡蛋，每次最多加 1/4，待所有鸡蛋完全被面糊吸收后，再加下一次。在搅糊过程中，要根据面糊的稠度，决定鸡蛋放入量。面糊稠度是否合适的检验方法是：用木勺将面糊挑起，当面糊能均匀缓慢地向下流时，即达到质量要求。若面糊流得过快，说明糊稀；相反，说明鸡蛋量不够。面糊的稠稀要适当，太稠或太稀都会影响制品的起发度。

(3) 面糊成形

将调制好的哈斗面糊装入带有挤嘴的裱花袋中，根据制品需要的形状和大小，将哈斗面糊挤在烤盘上，间隔要适当、均匀，大小合宜。烤盘要提前清洗干净、刷油，再在上面撒薄薄的一层面粉，烤盘不能涂油过多，否则面糊过于扩散而使产品塌陷、扁平。

(4) 成熟

成形后的面糊要及时进行熟制，哈斗类点心一般分为烘烤和油炸两种成熟方式。

① 烘烤　哈斗成形后，即可放入烘烤箱内烘烤。开始时，以 220℃高温烘烤 15min，以便形成大量蒸汽，然后将温度降到 190℃至烘烤结束，待产品变硬、干燥后再从烤炉中取出。烘烤时，炉温要适当，过高会造成表面上色、内部不熟；炉温过低造成制品不易起发和上色，同时应避免振动和过早出炉，15min 以前不能开炉门，防止制品回缩。

② 油炸　将调好的哈斗面糊用餐勺或挤袋加工成圆形或长条形，放入六七成热的油锅里，慢慢地炸制，待制品炸成金黄色后捞出，沥干油分，趁热撒上或蘸上所需调味料和装饰料。

(5) 哈斗的填馅与装饰

将长条形哈斗侧面切一刀口，挤入馅料；将圆形哈斗底部扎一圆孔，将馅料从孔内挤入；填加馅料的哈斗表面用糖粉装饰或翻砂糖、巧克力装饰。

【生产案例】

一、奶油泡芙的制作

1. 主要设备与用具

烤炉、台秤、面筛、面盆、毛刷、裱花嘴、烤盘、汤匙等。

2. 配方

配方见表 6-7、表 6-8。

表 6-7　奶油泡芙配料表

原料名称	质量/g	原料名称	质量/g
面粉	100	水	100
奶油	75	奶油布丁馅	1 份
蛋液	180	糖粉	适量

表 6-8　奶油布丁馅配料表

原料名称	质量/g	原料名称	质量/g
牛奶	1000	奶油	30
糖	150	香草香精	10
玉米淀粉	80	朗姆酒	50
鸡蛋	100		

3. 工艺流程

鸡蛋、奶油、朗姆酒、香草香精
↓
牛奶、糖、玉米淀粉→拌匀→煮沸→拌匀→奶油布丁馅
↓
水、奶油→煮沸→拌匀→冷却→拌匀→面糊→成形→烘烤→冷却→填馅→装饰→
↑ 面粉（煮沸）　↑ 蛋液（冷却）　↑ 糖粉（装饰）

包装→成品

4. 操作要点

① 奶油布丁馅制作　将牛奶、糖、玉米淀粉搅拌均匀，用中火煮到浓稠沸腾，一沸腾就加入鸡蛋、奶油、朗姆酒和香草香精拌匀即可熄火。

② 烫面、搅糊　将水和奶油放入小锅内，用小火煮沸；加入过筛面粉搅拌均匀，熄火；待面团稍冷后加入蛋液，用力搅拌至完全融合，再继续加一些蛋液搅拌，直到加完并搅拌均匀即是面糊。

③ 成形　用曲奇花嘴将面糊挤成所需形状。

④ 烘烤　烘烤温度 220℃，时间 30min。

⑤ 填馅、装饰　烤好后的泡芙冷却后横切一刀打开，填满奶油布丁馅，在上面撒些糖粉即可食用。

二、天鹅泡芙的制作

1. 主要设备与用具

烤炉、台秤、面筛、面盆、毛刷、裱花嘴、烤盘、汤匙等。

2. 配方

配方见表 6-9～表 6-11。

表 6-9　天鹅泡芙配料表

原料名称	质量/g	原料名称	质量/g
奶油泡芙面糊	1000	巧克力	少许
奶油布丁馅	500	鲜奶油	1 杯

表 6-10　奶油泡芙面糊配料表

原料名称	质量/g	原料名称	质量/g
面粉	100	蛋液	180
奶油	75	水	100

表 6-11　奶油布丁馅配料表

原料名称	质量/g	原料名称	质量/g
牛奶	1000	奶油	30
糖	150	香草香精	10
玉米淀粉	80	朗姆酒	50
鸡蛋	100		

3. 工艺流程

鸡蛋、奶油、朗姆酒、香草香精
↓
牛奶、糖、玉米淀粉→拌匀→煮沸→拌匀→奶油布丁馅
↓
水、奶油→煮沸→拌匀→冷却→拌匀→面糊→成形→烘烤→冷却→填馅→装饰→包装→成品
↑（煮沸）面粉　↑（冷却）蛋液

4. 操作要点

① 奶油布丁馅制作　将牛奶、糖、玉米淀粉搅拌均匀，用中火煮到浓稠沸腾，一沸腾就加入鸡蛋、奶油、朗姆酒和香草香精拌匀即可熄火。

② 奶油泡芙面糊制作　将水和奶油放入小锅内，用小火煮沸；加入过筛面粉搅拌均匀，熄火；待面团稍冷后加入蛋液，用力搅拌至完全融合，再继续加一些蛋液搅拌，直到加完并搅拌均匀即是面糊。

③ 天鹅泡芙成形　用最小的挤花圆嘴将奶油泡芙面糊挤出 16 个 S 形当天鹅的颈部；用挤的力量来控制面糊的粗细，形成头和嘴的样子；剩余的面糊挤成 16 个圆锥当身体。

④ 烘烤　烘烤温度 220℃，烘烤头部时间约 10min，烘烤身体时间约 30min。

⑤ 填馅、装饰　身体横切开填入奶油布丁馅，上片再对切为二，插在身上当翅膀，头部插在前面，用熔化的巧克力点眼睛，鲜奶油打发挤在尾部做装饰。

【生产训练】

见《学生实践技能训练工作手册》。

【常见质量问题及解决方法】

1. 产品起发不好

原因：配方不正确，操作不正确；面糊没烫熟和烫透；油温太低或烤箱温度太低；加蛋液时，面糊温度太低或太高；蛋液温度太低；制品烘烤时跑气；烤制时间不足；面糊成形后没有及时成熟。

解决方法：调整配方，按要求操作；面糊要烫熟烫透；提高油炸的油温或烤箱的烘烤温度；面糊温度适中，鸡蛋要分次加入，每次须搅拌均匀上劲；不使用温度过低的蛋液；烘烤过程中不要随意打开烤箱门，以防制品膨胀时跑气；掌握好烘烤时间，制品烤熟后方可出炉；面糊成形后及时成熟。

2. 产品塌陷

原因：面糊太稀，面粉含量过少；烘烤过程中烤盘受到振动或过早过多地打开炉门；没有烤透，内部水分太多。

解决方法：调整配方；烘烤过程中避免烤盘受到振动，不要过早打开炉门，尽量少打开炉门；调整烘烤条件。

3. 产品表面颜色太深或太浅

原因：烤箱温度或油炸的油温过高、过低；烘烤或油炸时间太长或太短。

解决方法：调整好烘烤温度，温度一般在220℃左右；或调整油炸的油温；调整烘烤或油炸时间。

自　测　题

一、判断题（在题前括号中划“√”或“×”）

（　　）1. 制作混酥面团所使用的糖的晶体颗粒太粗，制品成熟后表皮会出现一些斑点。

（　　）2. 现代西式面点的主要发源地是欧洲。

（　　）3. 当混酥面坯加入面粉后，要反复揉搓、揉透。

（　　）4. 炸制泡芙应在九十成热的油温下进行。

（　　）5. 清酥制品成形后，必须马上进行烘烤。

二、填空题

1. 清酥点心宜采用蛋白质含量为（　　）的高筋面粉。

2. 清酥面团的折叠方法有（　　）和（　　）。

3. 蝴蝶酥是采用（　　）的手法成形的。

4. 泡芙成形的方法一般采用（　　）成形。

5. 清酥制品出炉后在其上淋糖露、刷糖浆、撒糖粉，称为（　　）。

三、选择题

1. 西式糕点混酥面团调制时应使用下列何种砂糖？（　　）

A. 粗砂糖　　B. 中砂糖　　C. 细砂糖

2. 清酥类制品的主要特点是（　　）。

A. 层次分明，入口香酥　　B. 松软可口

C. 外表松脆　　D. 组织膨大，富有弹性

3. 调制西点混酥面团应选用下列哪种油脂？（　　）

A. 奶油　　B. 花生油　　C. 棕榈油　　D. 大豆油

4. 为了防止烘烤清酥制品时表面过早凝结而使制品膨胀充分，应（　　）。

A. 降低炉温　　B. 炉内增加水蒸气

C. 在制品表面刷些蛋液　　D. 打开烤箱的风门

5. 清酥面团成形时经常在擀好面坯后抖动几下，其目的是（　　）。

A. 防止制品收缩　　B. 使面皮薄厚一致

C. 防止与面板粘连　　D. 使成品起发更好

四、分析题

1. 混酥面团调制过程中，应注意哪些问题？

2. 哈斗类点心制作的关键有哪些？

3. 清酥面团的包油方法有哪些？

4. 折叠次数对清酥类点心的质量有什么影响？

5. 清酥类西点在焙烤过程中有时会出现收缩、油脂从层次中漏出、产品不够酥松及酥皮层次不清，应如何解决？

参 考 文 献

[1] 贾君等．焙烤食品加工技术．北京：中国农业出版社，2008.
[2] 钟志惠等．面包生产技术与配方．北京：化学工业出版社，2009.
[3] 钟志惠等．中式糕点生产技术与配方．北京：化学工业出版社，2009.
[4] 钟志惠．西点生产技术大全．北京：化学工业出版社，2012.
[5] 钟志惠．蛋糕生产技术与配方．北京：化学工业出版社，2009.
[6] 刘清．实用中西糕点生产技术与配方．北京：化学工业出版社，2007.
[7] 刘钟栋等．新版糕点配方．北京：中国轻工业出版社，2002.
[8] 李琳等．现代饼干甜点生产技术．北京：中国轻工业出版社，2001.
[9] 马涛．焙烤食品工艺．第2版．北京：化学工业出版社，2012.
[10] 马涛．西式糕点生产技术与配方精选．北京：化学工业出版社，2008.
[11] 马涛．糕点生产工艺与配方．北京：化学工业出版社，2008.
[12] 马涛．饼干生产工艺与配方．北京：化学工业出版社，2008.
[13] 蔺毅峰等．焙烤食品加工工艺与配方．第2版．北京：化学工业出版社，2011.
[14] 蔡晓雯等．焙烤食品加工技术．北京：科学出版社，2011.
[15] 顾宗珠．焙烤食品生产技术．北京：化学工业出版社，2012.
[16] 彭亚峰．焙烤食品科学与技术．北京：中国质检出版社，2011.
[17] 肖志刚等．食品焙烤原理及技术．北京：化学工业出版社，2008.
[18] 朱珠等．焙烤食品生产技术．第2版．北京：中国轻工业出版社，2012.
[19] 张妍等．焙烤食品加工技术．北京：化学工业出版社，2006.
[20] 贡汉坤．焙烤食品生产技术．北京：科学出版社，2004.
[21] 苏东海等．面包生产工艺与配方．北京：化学工业出版社，2008.
[22] 曾洁．月饼生产工艺与配方．北京：中国轻工业出版社，2009.
[23] 李里特．焙烤食品工艺学．第2版．北京：中国轻工业出版社，2010.
[24] 刘江汉．焙烤工业实用手册．北京：中国轻工业出版社，2003.
[25] 张守文．面包科学与加工工艺．北京：中国轻工业出版社，1996.
[26] 张政衡等．中国糕点大全．第2版．上海：上海科学技术出版社，2005.
[27] 农业部农民科技教育培训中心、中央农业广播电视学校组编．烘焙工．北京：中国农业大学出版社，2009.
[28] 人力资源和社会保障部教材办公室组织编写．烘焙工．北京：中国劳动社会保障出版社，2010.
[29] 赵晋府．食品工艺学．第2版．北京：中国轻工业出版社，2007.
[30] 李新华等．粮油加工工艺学．成都：成都科技大学出版社，1996.
[31] 沈建福．粮油食品工艺学．北京：中国轻工业出版社，2002.
[32] 王丽琼．粮油加工技术．北京：中国农业出版社，2008.
[33] 刘科元．蛋糕裱花创意．北京：化学工业出版社，2008.
[34] 李孟静．新手轻松做西点．北京：中国纺织出版社，2010.
[35] 刘建设等．零失败！焙烤宝典．北京：化学工业出版社，2012.
[36] 李国雄．点心王中王丛书：焙烤．长沙：湖南美术出版社，2010.
[37] 吴志明等．西式面点制作．北京：化学工业出版社，2011.
[38] 李威娜．焙烤食品加工技术．北京：中国轻工业出版社，2013.
[39] 李祥睿等．中式糕点配方与工艺．北京：中国纺织出版社，2013.
[40] 杨玉龙．粮油食品加工技术．北京：中国劳动社会保障出版社，2014.
[41] 于海杰．焙烤食品加工技术．北京：中国农业大学出版社，2015.
[42] 张海臣．粮油食品加工学．北京：中国商业出版社，2015.
[43] 段丽丽．焙烤食品检验技术．北京：机械工业出版社，2015.
[44] 蔡晓雯等．焙烤食品加工技术．北京：科学出版社，2016.
[45] 洪文龙等．焙烤食品加工与生产管理．北京：北京师范大学出版社，2016.
[46] 李书丰等．焙烤食品加工技术．北京：中国水利水电出版社，2016.
[47] 高海燕等．中式糕点生产工艺与配方．北京：化学工业出版社，2016.
[48] 李新华等．粮油加工学．第3版．北京：中国农业大学出版社，2016.

焙烤食品生产

学生实践技能训练工作手册

工作任务 1-1　快速发酵法面包生产训练

任　务　资　讯　单

学习情境一	面包生产	工作任务 1-1	快速发酵法面包生产	学时	6
资讯方式	利用学习角进行书籍查找、网络精品课程学习、网络搜索、观看音像				
资讯引导					
1. 快速发酵法面包原料如何选用？					
2. 快速发酵法面包生产工艺流程、操作要点及注意事项有哪些？					
3. 快速发酵法面包生产需要哪些用具和机械设备？如何使用与维护？					
4. 如何解决快速发酵法面包生产中出现的质量问题？					

任务计划单

<table>
<tr><td>学习情境一</td><td colspan="5">面包生产</td></tr>
<tr><td>工作任务 1-1</td><td colspan="3">快速发酵法面包生产</td><td>学时</td><td>6</td></tr>
<tr><td>序号</td><td colspan="5">实施步骤</td></tr>
<tr><td></td><td colspan="5"></td></tr>
<tr><td></td><td colspan="5"></td></tr>
<tr><td></td><td colspan="5"></td></tr>
<tr><td></td><td colspan="5"></td></tr>
<tr><td></td><td colspan="5"></td></tr>
<tr><td></td><td colspan="5"></td></tr>
<tr><td rowspan="3">计划评价</td><td>班　　级</td><td></td><td>第　　组</td><td>组长签字</td><td></td></tr>
<tr><td>教师签字</td><td colspan="2"></td><td>日　　期</td><td></td></tr>
<tr><td colspan="5">评语：</td></tr>
</table>

任务记录单

<table>
<tr><td>学习情境一</td><td colspan="6">面包生产</td></tr>
<tr><td>工作任务 1-1</td><td colspan="4">快速发酵法面包生产</td><td>学时</td><td>6</td></tr>
<tr><td colspan="7"></td></tr>
<tr><td rowspan="3">记录评价</td><td>班　　级</td><td></td><td>第　　组</td><td>组长签字</td><td colspan="2"></td></tr>
<tr><td>教师签字</td><td colspan="2"></td><td>日　　期</td><td colspan="2"></td></tr>
<tr><td colspan="6">评语：</td></tr>
</table>

任务评价单

学习情境一	面包生产						
工作任务 1-1	快速发酵法面包生产					学时	6
序号	评价项目	评价内容	参考分值	个人评价20%	组内互评20%	组间评价20%	教师评价40%
1	资讯20%	任务认知程度	2				
		资源利用与获取知识情况	5				
		快速发酵法面包生产工艺流程及操作要点	8				
		生产机械设备的使用与维护	5				
2	决策计划20%	整理、分析、归纳信息资料	4				
		工作计划的设计与制订	5				
		确定快速发酵法面包生产方法和工作步骤	5				
		进行生产的组织准备	4				
		解决问题的方法	2				
3	实施30%	生产方案确定的合理性	5				
		生产方案的可操作性	4				
		原辅料选择的正确性	8				
		生产的规范性	4				
		完成任务训练单和记录单全面	5				
		团队分工与协作的合理性	4				
4	检查评估30%	任务完成步骤的规范性	5				
		任务完成的熟练程度和准确性	5				
		教学资源运用情况	5				
		产品的质量	5				
		表述的全面、流畅与条理性	5				
		学习纪律与敬业精神	5				
评语	班级		姓名		学号	总评	
	教师签字		第　组	组长签字		日期	
	评语：						

工作任务 1-2　一次发酵法面包生产训练

任　务　资　讯　单

学习情境一	面包生产	工作任务 1-2	一次发酵法面包生产	学时	8
资讯方式	利用学习角进行书籍查找、网络精品课程学习、网络搜索、观看音像				
资讯引导					
1. 一次发酵法面包加工的原理是什么？					
2. 一次发酵法面包生产工艺流程、操作要点及注意事项有哪些？					
3. 如何解决一次发酵法面包生产中出现的质量问题？					
4. 面包的一次发酵法与快速发酵法各有哪些优缺点？					

任务计划单

<table>
<tr><td>学习情境一</td><td colspan="5">面包生产</td></tr>
<tr><td>工作任务 1-2</td><td colspan="2">一次发酵法面包生产</td><td>学时</td><td colspan="2">8</td></tr>
<tr><td>序号</td><td colspan="5">实施步骤</td></tr>
<tr><td></td><td colspan="5"></td></tr>
<tr><td></td><td colspan="5"></td></tr>
<tr><td></td><td colspan="5"></td></tr>
<tr><td></td><td colspan="5"></td></tr>
<tr><td></td><td colspan="5"></td></tr>
<tr><td></td><td colspan="5"></td></tr>
<tr><td rowspan="3">计划评价</td><td>班　　级</td><td></td><td>第　　组</td><td>组长签字</td><td></td></tr>
<tr><td>教师签字</td><td colspan="2"></td><td>日　　期</td><td></td></tr>
<tr><td colspan="5">评语：</td></tr>
</table>

任 务 记 录 单

<table>
<tr><td>学习情境一</td><td colspan="5">面包生产</td></tr>
<tr><td>工作任务 1-2</td><td colspan="3">一次发酵法面包生产</td><td>学时</td><td>8</td></tr>
<tr><td colspan="6"></td></tr>
<tr><td rowspan="3">记录评价</td><td>班　　级</td><td></td><td>第　　组</td><td>组长签字</td><td></td></tr>
<tr><td>教师签字</td><td colspan="2"></td><td>日　　期</td><td></td></tr>
<tr><td colspan="5">评语：</td></tr>
</table>

任 务 评 价 单

<table>
<tr><td colspan="2">学习情境一</td><td colspan="6">面包生产</td></tr>
<tr><td colspan="2">工作任务 1-2</td><td colspan="4">一次发酵法面包生产</td><td>学时</td><td>8</td></tr>
<tr><td>序号</td><td>评价项目</td><td>评价内容</td><td>参考分值</td><td>个人评价 20%</td><td>组内互评 20%</td><td>组间评价 20%</td><td>教师评价 40%</td></tr>
<tr><td rowspan="4">1</td><td rowspan="4">资讯 20%</td><td>任务认知程度</td><td>2</td><td></td><td></td><td></td><td></td></tr>
<tr><td>资源利用与获取知识情况</td><td>5</td><td></td><td></td><td></td><td></td></tr>
<tr><td>一次发酵法面包生产工艺流程及操作要点</td><td>8</td><td></td><td></td><td></td><td></td></tr>
<tr><td>生产机械设备的使用与维护</td><td>5</td><td></td><td></td><td></td><td></td></tr>
<tr><td rowspan="5">2</td><td rowspan="5">决策计划 20%</td><td>整理、分析、归纳信息资料</td><td>4</td><td></td><td></td><td></td><td></td></tr>
<tr><td>工作计划的设计与制订</td><td>5</td><td></td><td></td><td></td><td></td></tr>
<tr><td>确定一次发酵法面包生产方法和工作步骤</td><td>5</td><td></td><td></td><td></td><td></td></tr>
<tr><td>进行生产的组织准备</td><td>4</td><td></td><td></td><td></td><td></td></tr>
<tr><td>解决问题的方法</td><td>2</td><td></td><td></td><td></td><td></td></tr>
<tr><td rowspan="6">3</td><td rowspan="6">实施 30%</td><td>生产方案确定的合理性</td><td>5</td><td></td><td></td><td></td><td></td></tr>
<tr><td>生产方案的可操作性</td><td>4</td><td></td><td></td><td></td><td></td></tr>
<tr><td>原辅料选择的正确性</td><td>8</td><td></td><td></td><td></td><td></td></tr>
<tr><td>生产的规范性</td><td>4</td><td></td><td></td><td></td><td></td></tr>
<tr><td>完成任务训练单和记录单全面</td><td>5</td><td></td><td></td><td></td><td></td></tr>
<tr><td>团队分工与协作的合理性</td><td>4</td><td></td><td></td><td></td><td></td></tr>
<tr><td rowspan="6">4</td><td rowspan="6">检查评估 30%</td><td>任务完成步骤的规范性</td><td>5</td><td></td><td></td><td></td><td></td></tr>
<tr><td>任务完成的熟练程度和准确性</td><td>5</td><td></td><td></td><td></td><td></td></tr>
<tr><td>教学资源运用情况</td><td>5</td><td></td><td></td><td></td><td></td></tr>
<tr><td>产品的质量</td><td>5</td><td></td><td></td><td></td><td></td></tr>
<tr><td>表述的全面、流畅与条理性</td><td>5</td><td></td><td></td><td></td><td></td></tr>
<tr><td>学习纪律与敬业精神</td><td>5</td><td></td><td></td><td></td><td></td></tr>
<tr><td rowspan="3">评语</td><td>班 级</td><td></td><td>姓名</td><td></td><td>学号</td><td>总评</td><td></td></tr>
<tr><td>教师签字</td><td></td><td>第 组</td><td>组长签字</td><td></td><td>日期</td><td></td></tr>
<tr><td colspan="7">评语：</td></tr>
</table>

工作任务 1-3　二次发酵法面包生产训练

任务资讯单

学习情境一	面包生产	工作任务 1-3	二次发酵法面包生产	学时	8
资讯方式	利用学习角进行书籍查找、网络精品课程学习、网络搜索、观看音像				
资讯引导					
1. 二次发酵法面包加工的原理是什么？					
2. 二次发酵法面包原料如何选用？					
3. 二次发酵法面包生产工艺流程、操作要点及注意事项有哪些？					
4. 如何解决快速发酵法面包生产中出现的质量问题？					

任 务 计 划 单

学习情境一	面包生产				
工作任务 1-3	二次发酵法面包生产			学时	8

序号	实施步骤

计划评价	班　　级		第　　组	组长签字	
	教师签字			日　　期	
	评语：				

任 务 记 录 单

<table>
<tr><td>学习情境一</td><td colspan="5">面包生产</td></tr>
<tr><td>工作任务 1-3</td><td colspan="3">二次发酵法面包生产</td><td>学时</td><td>8</td></tr>
<tr><td colspan="6"></td></tr>
<tr><td rowspan="3">记录评价</td><td>班　　级</td><td></td><td>第　　组</td><td>组长签字</td><td></td></tr>
<tr><td>教师签字</td><td colspan="2"></td><td>日　　期</td><td></td></tr>
<tr><td colspan="5">评语：</td></tr>
</table>

任务评价单

学习情境一	面包生产						
工作任务 1-3	二次发酵法面包生产				学时		8
序号	评价项目	评价内容	参考分值	个人评价 20%	组内互评 20%	组间评价 20%	教师评价 40%
1	资讯 20%	任务认知程度	2				
		资源利用与获取知识情况	5				
		二次发酵法面包生产工艺流程及操作要点	8				
		生产机械设备的使用与维护	5				
2	决策计划 20%	整理、分析、归纳信息资料	4				
		工作计划的设计与制订	5				
		确定二次发酵法面包生产方法和工作步骤	5				
		进行生产的组织准备	4				
		解决问题的方法	2				
3	实施 30%	生产方案确定的合理性	5				
		生产方案的可操作性	4				
		原辅料选择的正确性	8				
		生产的规范性	4				
		完成任务训练单和记录单全面	5				
		团队分工与协作的合理性	4				
4	检查评估 30%	任务完成步骤的规范性	5				
		任务完成的熟练程度和准确性	5				
		教学资源运用情况	5				
		产品的质量	5				
		表述的全面、流畅与条理性	5				
		学习纪律与敬业精神	5				

评语								
	班级		姓名		学号		总评	
	教师签字		第 组	组长签字			日期	
	评语：							

工作任务 1-4 冷冻面团法面包生产训练

任 务 资 讯 单

学习情境一	面包生产	工作任务 1-4	冷冻面团法面包生产	学时	6
资讯方式	利用学习角进行书籍查找、网络精品课程学习、网络搜索、观看音像				
资讯引导					
1. 冷冻面团法面包加工的原理是什么？					
2. 冷冻面团法面包生产工艺流程、操作要点及注意事项有哪些？					
3. 冷冻面团法如何进行解冻？					
4. 冷冻面团法生产面包有哪些优缺点？					

任务计划单

学习情境一	面包生产		
工作任务 1-4	冷冻面团法面包生产	学时	6

序号	实施步骤

<table>
<tr><td rowspan="3">计划评价</td><td>班　　级</td><td></td><td>第　　组</td><td>组长签字</td><td></td></tr>
<tr><td>教师签字</td><td colspan="2"></td><td>日　　期</td><td></td></tr>
<tr><td colspan="5">评语：</td></tr>
</table>

任 务 记 录 单

<table>
<tr><td>学习情境一</td><td colspan="5">面包生产</td></tr>
<tr><td>工作任务 1-4</td><td colspan="3">冷冻面团法面包生产</td><td>学时</td><td>6</td></tr>
<tr><td colspan="6"></td></tr>
<tr><td rowspan="3">记录评价</td><td>班　　级</td><td></td><td>第　　组</td><td>组长签字</td><td></td></tr>
<tr><td>教师签字</td><td colspan="2"></td><td>日　　期</td><td></td></tr>
<tr><td colspan="5">评语：</td></tr>
</table>

任务评价单

<table>
<tr><td colspan="2">学习情境一</td><td colspan="7">面包生产</td></tr>
<tr><td colspan="2">工作任务 1-4</td><td colspan="4">冷冻面团法面包生产</td><td colspan="2">学时</td><td>6</td></tr>
<tr><td>序号</td><td>评价项目</td><td>评价内容</td><td>参考分值</td><td>个人评价 20%</td><td>组内互评 20%</td><td>组间评价 20%</td><td>教师评价 40%</td></tr>
<tr><td rowspan="4">1</td><td rowspan="4">资讯 20%</td><td>任务认知程度</td><td>2</td><td></td><td></td><td></td><td></td></tr>
<tr><td>资源利用与获取知识情况</td><td>5</td><td></td><td></td><td></td><td></td></tr>
<tr><td>冷冻面团法面包生产工艺流程及操作要点</td><td>8</td><td></td><td></td><td></td><td></td></tr>
<tr><td>生产机械设备的使用与维护</td><td>5</td><td></td><td></td><td></td><td></td></tr>
<tr><td rowspan="5">2</td><td rowspan="5">决策计划 20%</td><td>整理、分析、归纳信息资料</td><td>4</td><td></td><td></td><td></td><td></td></tr>
<tr><td>工作计划的设计与制订</td><td>5</td><td></td><td></td><td></td><td></td></tr>
<tr><td>确定冷冻面团法面包生产方法和工作步骤</td><td>5</td><td></td><td></td><td></td><td></td></tr>
<tr><td>进行生产的组织准备</td><td>4</td><td></td><td></td><td></td><td></td></tr>
<tr><td>解决问题的方法</td><td>2</td><td></td><td></td><td></td><td></td></tr>
<tr><td rowspan="6">3</td><td rowspan="6">实施 30%</td><td>生产方案确定的合理性</td><td>5</td><td></td><td></td><td></td><td></td></tr>
<tr><td>生产方案的可操作性</td><td>4</td><td></td><td></td><td></td><td></td></tr>
<tr><td>原辅料选择的正确性</td><td>8</td><td></td><td></td><td></td><td></td></tr>
<tr><td>生产的规范性</td><td>4</td><td></td><td></td><td></td><td></td></tr>
<tr><td>完成任务训练单和记录单全面</td><td>5</td><td></td><td></td><td></td><td></td></tr>
<tr><td>团队分工与协作的合理性</td><td>4</td><td></td><td></td><td></td><td></td></tr>
<tr><td rowspan="6">4</td><td rowspan="6">检查评估 30%</td><td>任务完成步骤的规范性</td><td>5</td><td></td><td></td><td></td><td></td></tr>
<tr><td>任务完成的熟练程度和准确性</td><td>5</td><td></td><td></td><td></td><td></td></tr>
<tr><td>教学资源运用情况</td><td>5</td><td></td><td></td><td></td><td></td></tr>
<tr><td>产品的质量</td><td>5</td><td></td><td></td><td></td><td></td></tr>
<tr><td>表述的全面、流畅与条理性</td><td>5</td><td></td><td></td><td></td><td></td></tr>
<tr><td>学习纪律与敬业精神</td><td>5</td><td></td><td></td><td></td><td></td></tr>
<tr><td rowspan="3">评语</td><td>班 级</td><td></td><td>姓名</td><td></td><td>学号</td><td></td><td>总评</td><td></td></tr>
<tr><td>教师签字</td><td></td><td>第　组</td><td>组长签字</td><td></td><td>日期</td><td></td><td></td></tr>
<tr><td colspan="8">评语：</td></tr>
</table>

工作任务 2-1　乳沫蛋糕生产训练

任　务　资　讯　单

学习情境二	蛋糕生产	工作任务 2-1	乳沫蛋糕生产	学时	6
资讯方式	利用学习角进行书籍查找、网络精品课程学习、网络搜索、观看音像				
资讯引导					
1. 乳沫蛋糕原料如何选用？					
2. 乳沫蛋糕生产工艺流程、操作要点及注意事项有哪些？					
3. 乳沫蛋糕生产需要哪些用具和机械设备？如何使用与维护？					
4. 对蛋糕如何进行感官评价？					

任 务 计 划 单

学习情境二	蛋糕生产					
工作任务 2-1	乳沫蛋糕生产				学时	6
序号	实施步骤					
计划评价	班 级		第 组	组长签字		
	教师签字			日 期		
	评语：					

任务记录单

<table>
<tr><td>学习情境二</td><td colspan="5">蛋糕生产</td></tr>
<tr><td>工作任务 2-1</td><td colspan="3">乳沫蛋糕生产</td><td>学时</td><td>6</td></tr>
<tr><td colspan="6"></td></tr>
<tr><td rowspan="3">记录评价</td><td>班　　级</td><td></td><td>第　　组</td><td>组长签字</td><td></td></tr>
<tr><td>教师签字</td><td colspan="2"></td><td>日　　期</td><td></td></tr>
<tr><td colspan="5">评语：</td></tr>
</table>

任务评价单

学习情境二	蛋糕生产						
工作任务 2-1	乳沫蛋糕生产				学时		6
序号	评价项目	评价内容	参考分值	个人评价 20%	组内互评 20%	组间评价 20%	教师评价 40%
1	资讯 20%	任务认知程度	2				
		资源利用与获取知识情况	5				
		乳沫蛋糕生产工艺流程及操作要点	8				
		生产机械设备的使用与维护	5				
2	决策计划 20%	整理、分析、归纳信息资料	4				
		工作计划的设计与制订	5				
		确定乳沫蛋糕生产方法和工作步骤	5				
		进行蛋糕生产的组织准备	4				
		解决问题的方法	2				
3	实施 30%	蛋糕生产方案确定的合理性	5				
		蛋糕生产方案的可操作性	4				
		原辅料选择的正确性	8				
		蛋糕生产的规范性	4				
		完成任务训练单和记录单全面	5				
		团队分工与协作的合理性	4				
4	检查评估 30%	任务完成步骤的规范性	5				
		任务完成的熟练程度和准确性	5				
		教学资源运用情况	5				
		产品的质量	5				
		表述的全面、流畅与条理性	5				
		学习纪律与敬业精神	5				

评语	班 级		姓名		学号		总评	
	教师签字		第　组	组长签字			日期	
	评语：							

工作任务2-2 重奶油蛋糕生产训练

任 务 资 讯 单

学习情境二	蛋糕生产	工作任务 2-2	重奶油蛋糕生产	学时	6
资讯方式	利用学习角进行书籍查找、网络精品课程学习、网络搜索、观看音像				
资讯引导					
1. 重奶油蛋糕加工的原理是什么?					
2. 重奶油蛋糕原料如何选用?					
3. 重奶油蛋糕生产工艺流程、操作要点及注意事项有哪些?					
4. 重奶油蛋糕生产需要哪些用具和机械设备? 如何使用与维护?					

任务计划单

<table>
<tr><td>学习情境二</td><td colspan="6">蛋糕生产</td></tr>
<tr><td>工作任务 2-2</td><td colspan="4">重奶油蛋糕生产</td><td>学时</td><td>6</td></tr>
<tr><td>序号</td><td colspan="6">实施步骤</td></tr>
<tr><td></td><td colspan="6"></td></tr>
<tr><td></td><td colspan="6"></td></tr>
<tr><td></td><td colspan="6"></td></tr>
<tr><td></td><td colspan="6"></td></tr>
<tr><td></td><td colspan="6"></td></tr>
<tr><td></td><td colspan="6"></td></tr>
<tr><td rowspan="3">计划评价</td><td>班　　级</td><td></td><td>第　　组</td><td>组长签字</td><td colspan="2"></td></tr>
<tr><td>教师签字</td><td colspan="2"></td><td>日　　期</td><td colspan="2"></td></tr>
<tr><td colspan="6">评语：</td></tr>
</table>

任 务 记 录 单

<table>
<tr><td>学习情境二</td><td colspan="5">蛋糕生产</td></tr>
<tr><td>工作任务 2-2</td><td colspan="3">重奶油蛋糕生产</td><td>学时</td><td>6</td></tr>
<tr><td colspan="6"></td></tr>
<tr><td rowspan="3">记录评价</td><td>班　　级</td><td></td><td>第　　组</td><td>组长签字</td><td></td></tr>
<tr><td>教师签字</td><td colspan="2"></td><td>日　　期</td><td></td></tr>
<tr><td colspan="5">评语：</td></tr>
</table>

任 务 评 价 单

<table>
<tr><td colspan="2">学习情境二</td><td colspan="6">蛋糕生产</td></tr>
<tr><td colspan="2">工作任务 2-2</td><td colspan="3">重奶油蛋糕生产</td><td colspan="2">学时</td><td>6</td></tr>
<tr><td>序号</td><td>评价项目</td><td>评价内容</td><td>参考分值</td><td>个人评价 20%</td><td>组内互评 20%</td><td>组间评价 20%</td><td>教师评价 40%</td></tr>
<tr><td rowspan="4">1</td><td rowspan="4">资讯 20%</td><td>任务认知程度</td><td>2</td><td></td><td></td><td></td><td></td></tr>
<tr><td>资源利用与获取知识情况</td><td>5</td><td></td><td></td><td></td><td></td></tr>
<tr><td>重奶油蛋糕生产工艺流程及操作要点</td><td>8</td><td></td><td></td><td></td><td></td></tr>
<tr><td>生产机械设备的使用与维护</td><td>5</td><td></td><td></td><td></td><td></td></tr>
<tr><td rowspan="5">2</td><td rowspan="5">决策计划 20%</td><td>整理、分析、归纳信息资料</td><td>4</td><td></td><td></td><td></td><td></td></tr>
<tr><td>工作计划的设计与制订</td><td>5</td><td></td><td></td><td></td><td></td></tr>
<tr><td>确定重奶油蛋糕生产方法和工作步骤</td><td>5</td><td></td><td></td><td></td><td></td></tr>
<tr><td>进行蛋糕生产的组织准备</td><td>4</td><td></td><td></td><td></td><td></td></tr>
<tr><td>解决问题的方法</td><td>2</td><td></td><td></td><td></td><td></td></tr>
<tr><td rowspan="6">3</td><td rowspan="6">实施 30%</td><td>蛋糕生产方案确定的合理性</td><td>5</td><td></td><td></td><td></td><td></td></tr>
<tr><td>蛋糕生产方案的可操作性</td><td>4</td><td></td><td></td><td></td><td></td></tr>
<tr><td>原辅料选择的正确性</td><td>8</td><td></td><td></td><td></td><td></td></tr>
<tr><td>蛋糕生产的规范性</td><td>4</td><td></td><td></td><td></td><td></td></tr>
<tr><td>完成任务训练单和记录单全面</td><td>5</td><td></td><td></td><td></td><td></td></tr>
<tr><td>团队分工与协作的合理性</td><td>4</td><td></td><td></td><td></td><td></td></tr>
<tr><td rowspan="6">4</td><td rowspan="6">检查评估 30%</td><td>任务完成步骤的规范性</td><td>5</td><td></td><td></td><td></td><td></td></tr>
<tr><td>任务完成的熟练程度和准确性</td><td>5</td><td></td><td></td><td></td><td></td></tr>
<tr><td>教学资源运用情况</td><td>5</td><td></td><td></td><td></td><td></td></tr>
<tr><td>产品的质量</td><td>5</td><td></td><td></td><td></td><td></td></tr>
<tr><td>表述的全面、流畅与条理性</td><td>5</td><td></td><td></td><td></td><td></td></tr>
<tr><td>学习纪律与敬业精神</td><td>5</td><td></td><td></td><td></td><td></td></tr>
<tr><td rowspan="3">评语</td><td>班 级</td><td></td><td>姓名</td><td></td><td>学号</td><td>总评</td><td></td></tr>
<tr><td>教师签字</td><td></td><td>第 组</td><td>组长签字</td><td></td><td>日期</td><td></td></tr>
<tr><td colspan="7">评语：</td></tr>
</table>

工作任务2-3 戚风蛋糕生产训练

任 务 资 讯 单

学习情境二	蛋糕生产	工作任务 2-3	戚风蛋糕生产	学时	6
资讯方式	利用学习角进行书籍查找、网络精品课程学习、网络搜索、观看音像				
资讯引导					
1. 戚风蛋糕加工的原理是什么?					
2. 戚风蛋糕原料如何选用?					
3. 戚风蛋糕生产工艺流程、操作要点及注意事项有哪些?					
4. 戚风蛋糕生产需要哪些用具和机械设备? 如何使用与维护?					

任 务 计 划 单

学习情境二	蛋糕生产				
工作任务 2-3	戚风蛋糕生产			学时	6

序号	实施步骤

计划评价	班　　级		第　　组	组长签字	
	教师签字			日　　期	
	评语：				

任 务 记 录 单

学习情境二	蛋糕生产				
工作任务 2-3	戚风蛋糕生产			学时	6
记录评价	班　　级		第　　组	组长签字	
	教师签字			日　　期	
	评语：				

任 务 评 价 单

学习情境二		蛋糕生产					
工作任务 2-3		戚风蛋糕生产				学时	6
序号	评价项目	评价内容	参考分值	个人评价 20%	组内互评 20%	组间评价 20%	教师评价 40%
1	资讯 20%	任务认知程度	2				
		资源利用与获取知识情况	5				
		戚风蛋糕生产工艺流程及操作要点	8				
		生产机械设备的使用与维护	5				
2	决策计划 20%	整理、分析、归纳信息资料	4				
		工作计划的设计与制订	5				
		确定戚风蛋糕生产方法和工作步骤	5				
		进行蛋糕生产的组织准备	4				
		解决问题的方法	2				
3	实施 30%	蛋糕生产方案确定的合理性	5				
		蛋糕生产方案的可操作性	4				
		原辅料选择的正确性	8				
		蛋糕生产的规范性	4				
		完成任务训练单和记录单全面	5				
		团队分工与协作的合理性	4				
4	检查评估 30%	任务完成步骤的规范性	5				
		任务完成的熟练程度和准确性	5				
		教学资源运用情况	5				
		产品的质量	5				
		表述的全面、流畅与条理性	5				
		学习纪律与敬业精神	5				

评语	班 级		姓名		学号		总评	
	教师签字		第 组	组长签字			日期	
	评语：							

工作任务2-4 裱花蛋糕生产训练

任 务 资 讯 单

学习情境二	蛋糕生产	工作任务 2-4	裱花蛋糕生产	学时	8
资讯方式	利用学习角进行书籍查找、网络精品课程学习、网络搜索、观看音像				
资讯引导					
1. 蛋糕裱花常用的装饰材料有哪些?					
2. 裱花蛋糕制作要点及注意事项有哪些?					
3. 裱花蛋糕制作需要哪些用具?有何用途?					

任 务 计 划 单

学习情境二	蛋糕生产					
工作任务 2-4	裱花蛋糕生产(设计一款奶油裱花蛋糕)				学时	8
序号	实施步骤					
计划评价	班　　级		第　　组	组长签字		
	教师签字			日　　期		
	评语:					

任　务　记　录　单

<table>
<tr><td>学习情境二</td><td colspan="5">蛋糕生产</td></tr>
<tr><td>工作任务 2-4</td><td colspan="3">裱花蛋糕生产</td><td>学时</td><td>8</td></tr>
<tr><td colspan="6"></td></tr>
<tr><td rowspan="3">记录评价</td><td>班　　级</td><td></td><td>第　　组</td><td>组长签字</td><td></td></tr>
<tr><td>教师签字</td><td colspan="2"></td><td>日　　期</td><td></td></tr>
<tr><td colspan="5">评语：</td></tr>
</table>

任务评价单

<table>
<tr><td colspan="2">学习情境二</td><td colspan="6">蛋糕生产</td></tr>
<tr><td colspan="2">工作任务 2-4</td><td colspan="4">裱花蛋糕生产</td><td>学时</td><td>8</td></tr>
<tr><td>序号</td><td>评价项目</td><td>评价内容</td><td>参考分值</td><td>个人评价 20%</td><td>组内互评 20%</td><td>组间评价 20%</td><td>教师评价 40%</td></tr>
<tr><td rowspan="4">1</td><td rowspan="4">资讯
20%</td><td>任务认知程度</td><td>2</td><td></td><td></td><td></td><td></td></tr>
<tr><td>资源利用与获取知识情况</td><td>5</td><td></td><td></td><td></td><td></td></tr>
<tr><td>裱花蛋糕生产工艺流程及操作要点</td><td>8</td><td></td><td></td><td></td><td></td></tr>
<tr><td>生产用具的使用与维护</td><td>5</td><td></td><td></td><td></td><td></td></tr>
<tr><td rowspan="5">2</td><td rowspan="5">决策计划
20%</td><td>整理、分析、归纳信息资料</td><td>4</td><td></td><td></td><td></td><td></td></tr>
<tr><td>工作计划的设计与制订</td><td>5</td><td></td><td></td><td></td><td></td></tr>
<tr><td>确定裱花蛋糕生产方法和工作步骤</td><td>5</td><td></td><td></td><td></td><td></td></tr>
<tr><td>进行蛋糕生产的组织准备</td><td>4</td><td></td><td></td><td></td><td></td></tr>
<tr><td>解决问题的方法</td><td>2</td><td></td><td></td><td></td><td></td></tr>
<tr><td rowspan="6">3</td><td rowspan="6">实施
30%</td><td>蛋糕生产方案确定的合理性</td><td>5</td><td></td><td></td><td></td><td></td></tr>
<tr><td>蛋糕生产方案的可操作性</td><td>4</td><td></td><td></td><td></td><td></td></tr>
<tr><td>原辅料选择的正确性</td><td>8</td><td></td><td></td><td></td><td></td></tr>
<tr><td>蛋糕生产的规范性</td><td>4</td><td></td><td></td><td></td><td></td></tr>
<tr><td>完成任务训练单和记录单全面</td><td>5</td><td></td><td></td><td></td><td></td></tr>
<tr><td>团队分工与协作的合理性</td><td>4</td><td></td><td></td><td></td><td></td></tr>
<tr><td rowspan="6">4</td><td rowspan="6">检查评估
30%</td><td>任务完成步骤的规范性</td><td>5</td><td></td><td></td><td></td><td></td></tr>
<tr><td>任务完成的熟练程度和准确性</td><td>5</td><td></td><td></td><td></td><td></td></tr>
<tr><td>教学资源运用情况</td><td>5</td><td></td><td></td><td></td><td></td></tr>
<tr><td>产品的质量</td><td>5</td><td></td><td></td><td></td><td></td></tr>
<tr><td>表述的全面、流畅与条理性</td><td>5</td><td></td><td></td><td></td><td></td></tr>
<tr><td>学习纪律与敬业精神</td><td>5</td><td></td><td></td><td></td><td></td></tr>
<tr><td rowspan="3">评语</td><td>班 级</td><td></td><td>姓名</td><td></td><td>学号</td><td>总评</td><td></td></tr>
<tr><td>教师签字</td><td></td><td>第　组</td><td>组长签字</td><td></td><td>日期</td><td></td></tr>
<tr><td colspan="7">评语：</td></tr>
</table>

工作任务3-1 韧性饼干生产训练

任 务 资 讯 单

学习情境三	饼干生产	工作任务3-1	韧性饼干生产	学时	6
资讯方式	利用学习角进行书籍查找、网络精品课程学习、网络搜索、观看音像				
资讯引导					
1. 韧性饼干加工的原理是什么？					
2. 韧性饼干原料如何选用？					
3. 韧性饼干生产工艺流程、操作要点及注意事项有哪些？					
4. 韧性饼干生产需要使用哪些机械设备？如何使用与维护？					

任务计划单

<table>
<tr><td colspan="2">学习情境三</td><td colspan="4">饼干生产</td></tr>
<tr><td colspan="2">工作任务 3-1</td><td colspan="2">韧性饼干生产</td><td>学时</td><td>6</td></tr>
<tr><td>序号</td><td colspan="5">实施步骤</td></tr>
<tr><td></td><td colspan="5"></td></tr>
<tr><td></td><td colspan="5"></td></tr>
<tr><td></td><td colspan="5"></td></tr>
<tr><td></td><td colspan="5"></td></tr>
<tr><td></td><td colspan="5"></td></tr>
<tr><td></td><td colspan="5"></td></tr>
<tr><td rowspan="3">计划评价</td><td>班　　级</td><td></td><td>第　　组</td><td>组长签字</td><td></td></tr>
<tr><td>教师签字</td><td colspan="2"></td><td>日　　期</td><td></td></tr>
<tr><td colspan="5">评语：</td></tr>
</table>

任务记录单

<table>
<tr><td>学习情境三</td><td colspan="5">饼干生产</td></tr>
<tr><td>工作任务 3-1</td><td colspan="3">韧性饼干生产</td><td>学时</td><td>6</td></tr>
<tr><td colspan="6"></td></tr>
<tr><td rowspan="3">记录评价</td><td>班　　级</td><td></td><td>第　　组</td><td>组长签字</td><td></td></tr>
<tr><td>教师签字</td><td colspan="2"></td><td>日　　期</td><td></td></tr>
<tr><td colspan="5">评语：</td></tr>
</table>

任 务 评 价 单

<table>
<tr><td colspan="2">学习情境三</td><td colspan="7">饼干生产</td></tr>
<tr><td colspan="2">工作任务 3-1</td><td colspan="5">韧性饼干生产</td><td>学时</td><td>6</td></tr>
<tr><td>序号</td><td>评价项目</td><td colspan="2">评价内容</td><td>参考分值</td><td>个人评价 20%</td><td>组内互评 20%</td><td>组间评价 20%</td><td>教师评价 40%</td></tr>
<tr><td rowspan="4">1</td><td rowspan="4">资讯 20%</td><td colspan="2">任务认知程度</td><td>2</td><td></td><td></td><td></td><td></td></tr>
<tr><td colspan="2">资源利用与获取知识情况</td><td>5</td><td></td><td></td><td></td><td></td></tr>
<tr><td colspan="2">韧性饼干生产工艺流程及操作要点</td><td>8</td><td></td><td></td><td></td><td></td></tr>
<tr><td colspan="2">生产设备的使用与维护</td><td>5</td><td></td><td></td><td></td><td></td></tr>
<tr><td rowspan="5">2</td><td rowspan="5">决策计划 20%</td><td colspan="2">整理、分析、归纳信息资料</td><td>4</td><td></td><td></td><td></td><td></td></tr>
<tr><td colspan="2">工作计划的设计与制订</td><td>5</td><td></td><td></td><td></td><td></td></tr>
<tr><td colspan="2">确定韧性饼干生产方法和工作步骤</td><td>5</td><td></td><td></td><td></td><td></td></tr>
<tr><td colspan="2">进行饼干生产的组织准备</td><td>4</td><td></td><td></td><td></td><td></td></tr>
<tr><td colspan="2">解决问题的方法</td><td>2</td><td></td><td></td><td></td><td></td></tr>
<tr><td rowspan="6">3</td><td rowspan="6">实施 30%</td><td colspan="2">饼干生产方案确定的合理性</td><td>5</td><td></td><td></td><td></td><td></td></tr>
<tr><td colspan="2">饼干生产方案的可操作性</td><td>4</td><td></td><td></td><td></td><td></td></tr>
<tr><td colspan="2">原辅料选择的正确性</td><td>8</td><td></td><td></td><td></td><td></td></tr>
<tr><td colspan="2">饼干生产的规范性</td><td>4</td><td></td><td></td><td></td><td></td></tr>
<tr><td colspan="2">完成任务训练单和记录单全面</td><td>5</td><td></td><td></td><td></td><td></td></tr>
<tr><td colspan="2">团队分工与协作的合理性</td><td>4</td><td></td><td></td><td></td><td></td></tr>
<tr><td rowspan="6">4</td><td rowspan="6">检查评估 30%</td><td colspan="2">任务完成步骤的规范性</td><td>5</td><td></td><td></td><td></td><td></td></tr>
<tr><td colspan="2">任务完成的熟练程度和准确性</td><td>5</td><td></td><td></td><td></td><td></td></tr>
<tr><td colspan="2">教学资源运用情况</td><td>5</td><td></td><td></td><td></td><td></td></tr>
<tr><td colspan="2">产品的质量</td><td>5</td><td></td><td></td><td></td><td></td></tr>
<tr><td colspan="2">表述的全面、流畅与条理性</td><td>5</td><td></td><td></td><td></td><td></td></tr>
<tr><td colspan="2">学习纪律与敬业精神</td><td>5</td><td></td><td></td><td></td><td></td></tr>
<tr><td rowspan="3">评语</td><td>班 级</td><td></td><td>姓名</td><td></td><td>学号</td><td></td><td>总评</td><td></td></tr>
<tr><td>教师签字</td><td></td><td>第 组</td><td>组长签字</td><td></td><td></td><td>日期</td><td></td></tr>
<tr><td colspan="8">评语：</td></tr>
</table>

工作任务 3-2　酥性饼干生产训练

任　务　资　讯　单

学习情境三	饼干生产	工作任务 3-2	酥性饼干生产	学时	6
资讯方式	利用学习角进行书籍查找、网络精品课程学习、网络搜索、观看音像				
资讯引导					
1. 酥性饼干原料如何选用？					
2. 酥性饼干生产工艺流程、操作要点及注意事项有哪些？					
3. 酥性饼干生产需要哪些机械设备？如何使用与维护？					
4. 对酥性饼干如何进行感官评价？					

任 务 计 划 单

学习情境三	饼干生产		
工作任务 3-2	酥性饼干生产	学时	6

序号	实施步骤

计划评价					
	班　　级		第　　组	组长签字	
	教师签字			日　　期	
	评语：				

任务记录单

<table>
<tr><td>学习情境三</td><td colspan="5">饼干生产</td></tr>
<tr><td>工作任务 3-2</td><td colspan="3">酥性饼干生产</td><td>学时</td><td>6</td></tr>
<tr><td colspan="6"></td></tr>
<tr><td rowspan="3">记录评价</td><td>班　　级</td><td></td><td>第　　组</td><td>组长签字</td><td></td></tr>
<tr><td>教师签字</td><td></td><td></td><td>日　　期</td><td></td></tr>
<tr><td colspan="5">评语：</td></tr>
</table>

任 务 评 价 单

<table>
<tr><td colspan="2">学习情境三</td><td colspan="6">饼干生产</td></tr>
<tr><td colspan="2">工作任务 3-2</td><td colspan="3">酥性饼干生产</td><td>学时</td><td colspan="2">6</td></tr>
<tr><td>序号</td><td>评价项目</td><td>评价内容</td><td>参考分值</td><td>个人评价 20%</td><td>组内互评 20%</td><td>组间评价 20%</td><td>教师评价 40%</td></tr>
<tr><td rowspan="4">1</td><td rowspan="4">资讯 20%</td><td>任务认知程度</td><td>2</td><td></td><td></td><td></td><td></td></tr>
<tr><td>资源利用与获取知识情况</td><td>5</td><td></td><td></td><td></td><td></td></tr>
<tr><td>酥性饼干生产工艺流程及操作要点</td><td>8</td><td></td><td></td><td></td><td></td></tr>
<tr><td>生产设备的使用与维护</td><td>5</td><td></td><td></td><td></td><td></td></tr>
<tr><td rowspan="5">2</td><td rowspan="5">决策计划 20%</td><td>整理、分析、归纳信息资料</td><td>4</td><td></td><td></td><td></td><td></td></tr>
<tr><td>工作计划的设计与制订</td><td>5</td><td></td><td></td><td></td><td></td></tr>
<tr><td>确定酥性饼干生产方法和工作步骤</td><td>5</td><td></td><td></td><td></td><td></td></tr>
<tr><td>进行饼干生产的组织准备</td><td>4</td><td></td><td></td><td></td><td></td></tr>
<tr><td>解决问题的方法</td><td>2</td><td></td><td></td><td></td><td></td></tr>
<tr><td rowspan="6">3</td><td rowspan="6">实施 30%</td><td>饼干生产方案确定的合理性</td><td>5</td><td></td><td></td><td></td><td></td></tr>
<tr><td>饼干生产方案的可操作性</td><td>4</td><td></td><td></td><td></td><td></td></tr>
<tr><td>原辅料选择的正确性</td><td>8</td><td></td><td></td><td></td><td></td></tr>
<tr><td>饼干生产的规范性</td><td>4</td><td></td><td></td><td></td><td></td></tr>
<tr><td>完成任务训练单和记录单全面</td><td>5</td><td></td><td></td><td></td><td></td></tr>
<tr><td>团队分工与协作的合理性</td><td>4</td><td></td><td></td><td></td><td></td></tr>
<tr><td rowspan="6">4</td><td rowspan="6">检查评估 30%</td><td>任务完成步骤的规范性</td><td>5</td><td></td><td></td><td></td><td></td></tr>
<tr><td>任务完成的熟练程度和准确性</td><td>5</td><td></td><td></td><td></td><td></td></tr>
<tr><td>教学资源运用情况</td><td>5</td><td></td><td></td><td></td><td></td></tr>
<tr><td>产品的质量</td><td>5</td><td></td><td></td><td></td><td></td></tr>
<tr><td>表述的全面、流畅与条理性</td><td>5</td><td></td><td></td><td></td><td></td></tr>
<tr><td>学习纪律与敬业精神</td><td>5</td><td></td><td></td><td></td><td></td></tr>
<tr><td rowspan="3">评语</td><td>班 级</td><td></td><td>姓名</td><td></td><td>学号</td><td></td><td>总评</td></tr>
<tr><td>教师签字</td><td></td><td>第　组</td><td>组长签字</td><td></td><td>日期</td><td></td></tr>
<tr><td colspan="7">评语：</td></tr>
</table>

工作任务 3-3　发酵饼干生产训练

任　务　资　讯　单

学习情境三	饼干生产	工作任务 3-3	发酵饼干生产	学时	10
资讯方式	利用学习角进行书籍查找、网络精品课程学习、网络搜索、观看音像				
资讯引导					
1. 发酵饼干加工的原理是什么？如何选用原料？					
2. 发酵饼干生产工艺流程、操作要点及注意事项有哪些？					
3. 发酵饼干生产需要使用哪些机械设备？如何使用与维护？					
4. 对发酵饼干如何进行感官评价？					

任 务 计 划 单

<table>
<tr><td>学习情境三</td><td colspan="5">饼干生产</td></tr>
<tr><td>工作任务 3-3</td><td colspan="3">发酵饼干生产</td><td>学时</td><td>10</td></tr>
<tr><td>序号</td><td colspan="5">实施步骤</td></tr>
<tr><td></td><td colspan="5"></td></tr>
<tr><td></td><td colspan="5"></td></tr>
<tr><td></td><td colspan="5"></td></tr>
<tr><td></td><td colspan="5"></td></tr>
<tr><td></td><td colspan="5"></td></tr>
<tr><td></td><td colspan="5"></td></tr>
<tr><td rowspan="3">计划评价</td><td>班　　级</td><td></td><td>第　　组</td><td>组长签字</td><td></td></tr>
<tr><td>教师签字</td><td colspan="2"></td><td>日　　期</td><td></td></tr>
<tr><td colspan="5">评语：</td></tr>
</table>

任 务 记 录 单

<table>
<tr><td>学习情境三</td><td colspan="5">饼干生产</td></tr>
<tr><td>工作任务 3-3</td><td colspan="3">发酵饼干生产</td><td>学时</td><td>10</td></tr>
<tr><td colspan="6"></td></tr>
<tr><td rowspan="3">记录评价</td><td>班　　级</td><td></td><td>第　　组</td><td>组长签字</td><td></td></tr>
<tr><td>教师签字</td><td colspan="2"></td><td>日　　期</td><td></td></tr>
<tr><td colspan="5">评语：</td></tr>
</table>

任 务 评 价 单

学习情境三	饼干生产						
工作任务 3-3	发酵饼干生产				学时		10
序号	评价项目	评价内容	参考分值	个人评价 20%	组内互评 20%	组间评价 20%	教师评价 40%
1	资讯 20%	任务认知程度	2				
		资源利用与获取知识情况	5				
		发酵饼干生产工艺流程及操作要点	8				
		生产设备的使用与维护	5				
2	决策计划 20%	整理、分析、归纳信息资料	4				
		工作计划的设计与制订	5				
		确定发酵饼干生产方法和工作步骤	5				
		进行饼干生产的组织准备	4				
		解决问题的方法	2				
3	实施 30%	饼干生产方案确定的合理性	5				
		饼干生产方案的可操作性	4				
		原辅料选择的正确性	8				
		饼干生产的规范性	4				
		完成任务训练单和记录单全面	5				
		团队分工与协作的合理性	4				
4	检查评估 30%	任务完成步骤的规范性	5				
		任务完成的熟练程度和准确性	5				
		教学资源运用情况	5				
		产品的质量	5				
		表述的全面、流畅与条理性	5				
		学习纪律与敬业精神	5				
评语	班 级		姓名		学号		总评
	教师签字		第 组	组长签字		日期	
	评语：						

工作任务3-4 曲奇饼干生产训练

任 务 资 讯 单

学习情境三	饼干生产	工作任务3-4	曲奇饼干生产	学时	6
资讯方式	利用学习角进行书籍查找、网络精品课程学习、网络搜索、观看音像				
资讯引导					
1. 曲奇饼干原料如何选用？					
2. 曲奇饼干生产工艺流程、操作要点及注意事项有哪些？					
3. 曲奇饼干生产需要使用哪些机械设备？如何使用与维护？					
4. 对曲奇饼干如何进行感官评价？					

任 务 计 划 单

<table>
<tr><td>学习情境三</td><td colspan="5">饼干生产</td></tr>
<tr><td>工作任务 3-4</td><td colspan="3">曲奇饼干生产</td><td>学时</td><td>6</td></tr>
<tr><td>序号</td><td colspan="5">实施步骤</td></tr>
<tr><td></td><td colspan="5"></td></tr>
<tr><td></td><td colspan="5"></td></tr>
<tr><td></td><td colspan="5"></td></tr>
<tr><td></td><td colspan="5"></td></tr>
<tr><td></td><td colspan="5"></td></tr>
<tr><td></td><td colspan="5"></td></tr>
<tr><td rowspan="3">计划评价</td><td>班　级</td><td></td><td>第　组</td><td>组长签字</td><td></td></tr>
<tr><td>教师签字</td><td colspan="2"></td><td>日　期</td><td></td></tr>
<tr><td colspan="5">评语：</td></tr>
</table>

任务记录单

学习情境三	饼干生产				
工作任务 3-4	曲奇饼干生产			学时	6
记录评价	班　　级		第　　组	组长签字	
	教师签字		日　　期		
	评语：				

任　务　评　价　单

<table>
<tr><td colspan="2">学习情境三</td><td colspan="6">饼干生产</td></tr>
<tr><td colspan="2">工作任务 3-4</td><td colspan="4">曲奇饼干生产</td><td>学时</td><td>6</td></tr>
<tr><td>序号</td><td>评价项目</td><td>评价内容</td><td>参考分值</td><td>个人评价 20%</td><td>组内互评 20%</td><td>组间评价 20%</td><td>教师评价 40%</td></tr>
<tr><td rowspan="4">1</td><td rowspan="4">资讯 20%</td><td>任务认知程度</td><td>2</td><td></td><td></td><td></td><td></td></tr>
<tr><td>资源利用与获取知识情况</td><td>5</td><td></td><td></td><td></td><td></td></tr>
<tr><td>曲奇饼干生产工艺流程及操作要点</td><td>8</td><td></td><td></td><td></td><td></td></tr>
<tr><td>生产设备的使用与维护</td><td>5</td><td></td><td></td><td></td><td></td></tr>
<tr><td rowspan="5">2</td><td rowspan="5">决策计划 20%</td><td>整理、分析、归纳信息资料</td><td>4</td><td></td><td></td><td></td><td></td></tr>
<tr><td>工作计划的设计与制订</td><td>5</td><td></td><td></td><td></td><td></td></tr>
<tr><td>确定曲奇饼干生产方法和工作步骤</td><td>5</td><td></td><td></td><td></td><td></td></tr>
<tr><td>进行饼干生产的组织准备</td><td>4</td><td></td><td></td><td></td><td></td></tr>
<tr><td>解决问题的方法</td><td>2</td><td></td><td></td><td></td><td></td></tr>
<tr><td rowspan="6">3</td><td rowspan="6">实施 30%</td><td>饼干生产方案确定的合理性</td><td>5</td><td></td><td></td><td></td><td></td></tr>
<tr><td>饼干生产方案的可操作性</td><td>4</td><td></td><td></td><td></td><td></td></tr>
<tr><td>原辅料选择的正确性</td><td>8</td><td></td><td></td><td></td><td></td></tr>
<tr><td>饼干生产的规范性</td><td>4</td><td></td><td></td><td></td><td></td></tr>
<tr><td>完成任务训练单和记录单全面</td><td>5</td><td></td><td></td><td></td><td></td></tr>
<tr><td>团队分工与协作的合理性</td><td>4</td><td></td><td></td><td></td><td></td></tr>
<tr><td rowspan="6">4</td><td rowspan="6">检查评估 30%</td><td>任务完成步骤的规范性</td><td>5</td><td></td><td></td><td></td><td></td></tr>
<tr><td>任务完成的熟练程度和准确性</td><td>5</td><td></td><td></td><td></td><td></td></tr>
<tr><td>教学资源运用情况</td><td>5</td><td></td><td></td><td></td><td></td></tr>
<tr><td>产品的质量</td><td>5</td><td></td><td></td><td></td><td></td></tr>
<tr><td>表述的全面、流畅与条理性</td><td>5</td><td></td><td></td><td></td><td></td></tr>
<tr><td>学习纪律与敬业精神</td><td>5</td><td></td><td></td><td></td><td></td></tr>
<tr><td rowspan="3">评语</td><td>班 级</td><td></td><td>姓名</td><td></td><td>学号</td><td>总评</td><td></td></tr>
<tr><td>教师签字</td><td></td><td>第　组</td><td>组长签字</td><td></td><td>日期</td><td></td></tr>
<tr><td colspan="7">评语：</td></tr>
</table>

工作任务4-1　混糖月饼生产训练

任　务　资　讯　单

<table>
<tr><td>学习情境四</td><td>月饼生产</td><td>工作任务4-1</td><td>混糖月饼生产</td><td>学时</td><td>6</td></tr>
<tr><td>资讯方式</td><td colspan="5">利用学习角进行书籍查找、网络精品课程学习、网络搜索、观看音像</td></tr>
<tr><td>资讯引导</td><td colspan="5"></td></tr>
<tr><td colspan="6">1. 混糖月饼原料如何选用？</td></tr>
<tr><td colspan="6">2. 混糖月饼生产工艺流程、操作要点及注意事项有哪些？</td></tr>
<tr><td colspan="6">3. 混糖月饼生产需要哪些用具和机械设备？如何使用与维护？</td></tr>
<tr><td colspan="6">4. 对混糖月饼如何进行感官评价？</td></tr>
</table>

任 务 计 划 单

学习情境四	月饼生产				
工作任务 4-1	混糖月饼生产			学时	6
序号	实施步骤				
计划评价	班　　级		第　　组	组长签字	
	教师签字			日　　期	
	评语：				

任 务 记 录 单

<table>
<tr><td>学习情境四</td><td colspan="6">月饼生产</td></tr>
<tr><td>工作任务 4-1</td><td colspan="4">混糖月饼生产</td><td>学时</td><td>6</td></tr>
<tr><td colspan="7"></td></tr>
<tr><td rowspan="3">记录评价</td><td>班　　级</td><td></td><td>第　　组</td><td>组长签字</td><td colspan="2"></td></tr>
<tr><td>教师签字</td><td></td><td></td><td>日　　期</td><td colspan="2"></td></tr>
<tr><td colspan="6">评语：</td></tr>
</table>

任 务 评 价 单

<table>
<tr><td colspan="2">学习情境四</td><td colspan="7">月饼生产</td></tr>
<tr><td colspan="2">工作任务 4-1</td><td colspan="3">混糖月饼生产</td><td colspan="2">学时</td><td colspan="2">6</td></tr>
<tr><td>序号</td><td>评价项目</td><td colspan="2">评价内容</td><td>参考分值</td><td>个人评价 20%</td><td>组内互评 20%</td><td>组间评价 20%</td><td>教师评价 40%</td></tr>
<tr><td rowspan="4">1</td><td rowspan="4">资讯 20%</td><td colspan="2">任务认知程度</td><td>2</td><td></td><td></td><td></td><td></td></tr>
<tr><td colspan="2">资源利用与获取知识情况</td><td>5</td><td></td><td></td><td></td><td></td></tr>
<tr><td colspan="2">混糖月饼生产工艺流程及操作要点</td><td>8</td><td></td><td></td><td></td><td></td></tr>
<tr><td colspan="2">生产机械设备的使用与维护</td><td>5</td><td></td><td></td><td></td><td></td></tr>
<tr><td rowspan="5">2</td><td rowspan="5">决策计划 20%</td><td colspan="2">整理、分析、归纳信息资料</td><td>4</td><td></td><td></td><td></td><td></td></tr>
<tr><td colspan="2">工作计划的设计与制订</td><td>5</td><td></td><td></td><td></td><td></td></tr>
<tr><td colspan="2">确定混糖月饼生产方法和工作步骤</td><td>5</td><td></td><td></td><td></td><td></td></tr>
<tr><td colspan="2">进行生产的组织准备</td><td>4</td><td></td><td></td><td></td><td></td></tr>
<tr><td colspan="2">解决问题的方法</td><td>2</td><td></td><td></td><td></td><td></td></tr>
<tr><td rowspan="6">3</td><td rowspan="6">实施 30%</td><td colspan="2">生产方案确定的合理性</td><td>5</td><td></td><td></td><td></td><td></td></tr>
<tr><td colspan="2">生产方案的可操作性</td><td>4</td><td></td><td></td><td></td><td></td></tr>
<tr><td colspan="2">原辅料选择的正确性</td><td>8</td><td></td><td></td><td></td><td></td></tr>
<tr><td colspan="2">生产的规范性</td><td>4</td><td></td><td></td><td></td><td></td></tr>
<tr><td colspan="2">完成任务训练单和记录单全面</td><td>5</td><td></td><td></td><td></td><td></td></tr>
<tr><td colspan="2">团队分工与协作的合理性</td><td>4</td><td></td><td></td><td></td><td></td></tr>
<tr><td rowspan="6">4</td><td rowspan="6">检查评估 30%</td><td colspan="2">任务完成步骤的规范性</td><td>5</td><td></td><td></td><td></td><td></td></tr>
<tr><td colspan="2">任务完成的熟练程度和准确性</td><td>5</td><td></td><td></td><td></td><td></td></tr>
<tr><td colspan="2">教学资源运用情况</td><td>5</td><td></td><td></td><td></td><td></td></tr>
<tr><td colspan="2">产品的质量</td><td>5</td><td></td><td></td><td></td><td></td></tr>
<tr><td colspan="2">表述的全面、流畅与条理性</td><td>5</td><td></td><td></td><td></td><td></td></tr>
<tr><td colspan="2">学习纪律与敬业精神</td><td>5</td><td></td><td></td><td></td><td></td></tr>
<tr><td rowspan="3">评语</td><td>班 级</td><td></td><td>姓名</td><td></td><td>学号</td><td></td><td>总评</td><td></td></tr>
<tr><td>教师签字</td><td></td><td>第 组</td><td>组长签字</td><td></td><td></td><td>日期</td><td></td></tr>
<tr><td colspan="8">评语：</td></tr>
</table>

工作任务 4-2　提浆月饼生产训练

任　务　资　讯　单

学习情境四	月饼生产	工作任务 4-2	提浆月饼生产	学时	6
资讯方式	利用学习角进行书籍查找、网络精品课程学习、网络搜索、观看音像				
资讯引导					
1. 提浆月饼原料如何选用？					
2. 提浆月饼生产工艺流程、操作要点及注意事项有哪些？					
3. 提浆月饼生产需要哪些用具和机械设备？如何使用与维护？					
4. 如何解决提浆月饼生产中出现的质量问题？					

任 务 计 划 单

<table>
<tr><td>学习情境四</td><td colspan="4">月饼生产</td></tr>
<tr><td>工作任务 4-2</td><td colspan="2">提浆月饼生产</td><td>学时</td><td>6</td></tr>
<tr><td>序号</td><td colspan="4">实施步骤</td></tr>
<tr><td></td><td colspan="4"></td></tr>
<tr><td></td><td colspan="4"></td></tr>
<tr><td></td><td colspan="4"></td></tr>
<tr><td></td><td colspan="4"></td></tr>
<tr><td></td><td colspan="4"></td></tr>
<tr><td></td><td colspan="4"></td></tr>
</table>

<table>
<tr><td rowspan="3">计划评价</td><td>班　　级</td><td></td><td>第　　组</td><td>组长签字</td><td></td></tr>
<tr><td>教师签字</td><td colspan="2"></td><td>日　　期</td><td></td></tr>
<tr><td colspan="5">评语：</td></tr>
</table>

任 务 记 录 单

<table>
<tr><td>学习情境四</td><td colspan="5">月饼生产</td></tr>
<tr><td>工作任务 4-2</td><td colspan="3">提浆月饼生产</td><td>学时</td><td>6</td></tr>
<tr><td colspan="6"></td></tr>
<tr><td rowspan="3">记录评价</td><td>班　　级</td><td></td><td>第　　组</td><td>组长签字</td><td></td></tr>
<tr><td>教师签字</td><td colspan="2"></td><td>日　　期</td><td></td></tr>
<tr><td colspan="5">评语：</td></tr>
</table>

任 务 评 价 单

<table>
<tr><td colspan="2">学习情境四</td><td colspan="7">月饼生产</td></tr>
<tr><td colspan="2">工作任务 4-2</td><td colspan="5">提浆月饼生产</td><td>学时</td><td>6</td></tr>
<tr><td>序号</td><td>评价项目</td><td>评价内容</td><td>参考分值</td><td>个人评价 20%</td><td>组内互评 20%</td><td>组间评价 20%</td><td colspan="2">教师评价 40%</td></tr>
<tr><td rowspan="4">1</td><td rowspan="4">资讯 20%</td><td>任务认知程度</td><td>2</td><td></td><td></td><td></td><td colspan="2"></td></tr>
<tr><td>资源利用与获取知识情况</td><td>5</td><td></td><td></td><td></td><td colspan="2"></td></tr>
<tr><td>提浆月饼生产工艺流程及操作要点</td><td>8</td><td></td><td></td><td></td><td colspan="2"></td></tr>
<tr><td>生产机械设备的使用与维护</td><td>5</td><td></td><td></td><td></td><td colspan="2"></td></tr>
<tr><td rowspan="5">2</td><td rowspan="5">决策计划 20%</td><td>整理、分析、归纳信息资料</td><td>4</td><td></td><td></td><td></td><td colspan="2"></td></tr>
<tr><td>工作计划的设计与制订</td><td>5</td><td></td><td></td><td></td><td colspan="2"></td></tr>
<tr><td>确定提浆月饼生产方法和工作步骤</td><td>5</td><td></td><td></td><td></td><td colspan="2"></td></tr>
<tr><td>进行生产的组织准备</td><td>4</td><td></td><td></td><td></td><td colspan="2"></td></tr>
<tr><td>解决问题的方法</td><td>2</td><td></td><td></td><td></td><td colspan="2"></td></tr>
<tr><td rowspan="6">3</td><td rowspan="6">实施 30%</td><td>生产方案确定的合理性</td><td>5</td><td></td><td></td><td></td><td colspan="2"></td></tr>
<tr><td>生产方案的可操作性</td><td>4</td><td></td><td></td><td></td><td colspan="2"></td></tr>
<tr><td>原辅料选择的正确性</td><td>8</td><td></td><td></td><td></td><td colspan="2"></td></tr>
<tr><td>生产的规范性</td><td>4</td><td></td><td></td><td></td><td colspan="2"></td></tr>
<tr><td>完成任务训练单和记录单全面</td><td>5</td><td></td><td></td><td></td><td colspan="2"></td></tr>
<tr><td>团队分工与协作的合理性</td><td>4</td><td></td><td></td><td></td><td colspan="2"></td></tr>
<tr><td rowspan="6">4</td><td rowspan="6">检查评估 30%</td><td>任务完成步骤的规范性</td><td>5</td><td></td><td></td><td></td><td colspan="2"></td></tr>
<tr><td>任务完成的熟练程度和准确性</td><td>5</td><td></td><td></td><td></td><td colspan="2"></td></tr>
<tr><td>教学资源运用情况</td><td>5</td><td></td><td></td><td></td><td colspan="2"></td></tr>
<tr><td>产品的质量</td><td>5</td><td></td><td></td><td></td><td colspan="2"></td></tr>
<tr><td>表述的全面、流畅与条理性</td><td>5</td><td></td><td></td><td></td><td colspan="2"></td></tr>
<tr><td>学习纪律与敬业精神</td><td>5</td><td></td><td></td><td></td><td colspan="2"></td></tr>
</table>

<table>
<tr><td rowspan="3">评语</td><td>班 级</td><td></td><td>姓名</td><td></td><td>学号</td><td></td><td>总评</td><td></td></tr>
<tr><td>教师签字</td><td></td><td>第　组</td><td>组长签字</td><td colspan="2"></td><td>日期</td><td></td></tr>
<tr><td colspan="8">评语：</td></tr>
</table>

工作任务 4-3　广式月饼生产训练

任　务　资　讯　单

学习情境四	月饼生产	工作任务 4-3	广式月饼生产	学时	6
资讯方式	利用学习角进行书籍查找、网络精品课程学习、网络搜索、观看音像				
资讯引导					
1. 广式月饼原料如何选用？					
2. 广式月饼生产工艺流程、操作要点及注意事项有哪些？					
3. 广式月饼生产需要哪些用具和机械设备？如何使用与维护？					
4. 对广式月饼如何进行感官评价？					

任 务 计 划 单

学习情境四	月饼生产			
工作任务 4-3	广式月饼生产		学时	6
序号	实施步骤			

计划评价	班　　级		第　　组		组长签字	
	教师签字				日　　期	
	评语：					

任 务 记 录 单

学习情境四	月饼生产				
工作任务 4-3	广式月饼生产			学时	6
记录评价	班 级		第 组	组长签字	
	教师签字			日 期	
	评语：				

任 务 评 价 单

<table>
<tr><td colspan="2">学习情境四</td><td colspan="6">月饼生产</td></tr>
<tr><td colspan="2">工作任务 4-3</td><td colspan="3">广式月饼生产</td><td>学时</td><td colspan="2">6</td></tr>
<tr><td>序号</td><td>评价项目</td><td>评价内容</td><td>参考分值</td><td>个人评价 20%</td><td>组内互评 20%</td><td>组间评价 20%</td><td>教师评价 40%</td></tr>
<tr><td rowspan="4">1</td><td rowspan="4">资讯 20%</td><td>任务认知程度</td><td>2</td><td></td><td></td><td></td><td></td></tr>
<tr><td>资源利用与获取知识情况</td><td>5</td><td></td><td></td><td></td><td></td></tr>
<tr><td>广式月饼生产工艺流程及操作要点</td><td>8</td><td></td><td></td><td></td><td></td></tr>
<tr><td>生产机械设备的使用与维护</td><td>5</td><td></td><td></td><td></td><td></td></tr>
<tr><td rowspan="5">2</td><td rowspan="5">决策计划 20%</td><td>整理、分析、归纳信息资料</td><td>4</td><td></td><td></td><td></td><td></td></tr>
<tr><td>工作计划的设计与制订</td><td>5</td><td></td><td></td><td></td><td></td></tr>
<tr><td>确定广式月饼生产方法和工作步骤</td><td>5</td><td></td><td></td><td></td><td></td></tr>
<tr><td>进行生产的组织准备</td><td>4</td><td></td><td></td><td></td><td></td></tr>
<tr><td>解决问题的方法</td><td>2</td><td></td><td></td><td></td><td></td></tr>
<tr><td rowspan="6">3</td><td rowspan="6">实施 30%</td><td>生产方案确定的合理性</td><td>5</td><td></td><td></td><td></td><td></td></tr>
<tr><td>生产方案的可操作性</td><td>4</td><td></td><td></td><td></td><td></td></tr>
<tr><td>原辅料选择的正确性</td><td>8</td><td></td><td></td><td></td><td></td></tr>
<tr><td>生产的规范性</td><td>4</td><td></td><td></td><td></td><td></td></tr>
<tr><td>完成任务训练单和记录单全面</td><td>5</td><td></td><td></td><td></td><td></td></tr>
<tr><td>团队分工与协作的合理性</td><td>4</td><td></td><td></td><td></td><td></td></tr>
<tr><td rowspan="6">4</td><td rowspan="6">检查评估 30%</td><td>任务完成步骤的规范性</td><td>5</td><td></td><td></td><td></td><td></td></tr>
<tr><td>任务完成的熟练程度和准确性</td><td>5</td><td></td><td></td><td></td><td></td></tr>
<tr><td>教学资源运用情况</td><td>5</td><td></td><td></td><td></td><td></td></tr>
<tr><td>产品的质量</td><td>5</td><td></td><td></td><td></td><td></td></tr>
<tr><td>表述的全面、流畅与条理性</td><td>5</td><td></td><td></td><td></td><td></td></tr>
<tr><td>学习纪律与敬业精神</td><td>5</td><td></td><td></td><td></td><td></td></tr>
<tr><td rowspan="3">评语</td><td>班级</td><td></td><td>姓名</td><td></td><td>学号</td><td>总评</td><td></td></tr>
<tr><td>教师签字</td><td></td><td>第 组</td><td>组长签字</td><td></td><td>日期</td><td></td></tr>
<tr><td colspan="7">评语：</td></tr>
</table>

工作任务 4-4　苏式月饼生产训练

任　务　资　讯　单

学习情境四	月饼生产	工作任务 4-4	苏式月饼生产	学时	6
资讯方式	利用学习角进行书籍查找、网络精品课程学习、网络搜索、观看音像				
资讯引导					
1. 苏式月饼原料如何选用？					
2. 苏式月饼生产工艺流程、操作要点及注意事项有哪些？					
3. 苏式月饼生产需要哪些用具和机械设备？如何使用与维护？					
4. 如何解决苏式月饼生产中出现的质量问题？					

任务计划单

<table>
<tr><td colspan="2">学习情境四</td><td colspan="5">月饼生产</td></tr>
<tr><td colspan="2">工作任务 4-4</td><td colspan="3">苏式月饼生产</td><td>学时</td><td>6</td></tr>
<tr><td>序号</td><td colspan="6">实施步骤</td></tr>
<tr><td></td><td colspan="6"></td></tr>
<tr><td></td><td colspan="6"></td></tr>
<tr><td></td><td colspan="6"></td></tr>
<tr><td></td><td colspan="6"></td></tr>
<tr><td></td><td colspan="6"></td></tr>
<tr><td></td><td colspan="6"></td></tr>
<tr><td colspan="2" rowspan="3">计划评价</td><td>班　　级</td><td></td><td>第　　组</td><td>组长签字</td><td></td></tr>
<tr><td>教师签字</td><td colspan="2"></td><td>日　　期</td><td></td></tr>
<tr><td colspan="5">评语：</td></tr>
</table>

任　务　记　录　单

<table>
<tr><td>学习情境四</td><td colspan="5">月饼生产</td></tr>
<tr><td>工作任务 4-4</td><td colspan="3">苏式月饼生产</td><td>学时</td><td>6</td></tr>
<tr><td colspan="6"></td></tr>
<tr><td rowspan="3">记录评价</td><td>班　　级</td><td></td><td>第　　组</td><td>组长签字</td><td></td></tr>
<tr><td>教师签字</td><td colspan="2"></td><td>日　　期</td><td></td></tr>
<tr><td colspan="5">评语：</td></tr>
</table>

任 务 评 价 单

学习情境四		月饼生产					
工作任务 4-4		苏式月饼生产			学时		6
序号	评价项目	评价内容	参考分值	个人评价 20%	组内互评 20%	组间评价 20%	教师评价 40%
1	资讯 20%	任务认知程度	2				
		资源利用与获取知识情况	5				
		苏式月饼生产工艺流程及操作要点	8				
		生产机械设备的使用与维护	5				
2	决策计划 20%	整理、分析、归纳信息资料	4				
		工作计划的设计与制订	5				
		确定苏式月饼生产方法和工作步骤	5				
		进行生产的组织准备	4				
		解决问题的方法	2				
3	实施 30%	生产方案确定的合理性	5				
		生产方案的可操作性	4				
		原辅料选择的正确性	8				
		生产的规范性	4				
		完成任务训练单和记录单全面	5				
		团队分工与协作的合理性	4				
4	检查评估 30%	任务完成步骤的规范性	5				
		任务完成的熟练程度和准确性	5				
		教学资源运用情况	5				
		产品的质量	5				
		表述的全面、流畅与条理性	5				
		学习纪律与敬业精神	5				

评语	班 级		姓名		学号		总评	
	教师签字		第 组	组长签字			日期	
	评语：							

工作任务4-5　京式月饼生产训练

任　务　资　讯　单

学习情境四	月饼生产	工作任务 4-5	京式月饼生产	学时	6
资讯方式	利用学习角进行书籍查找、网络精品课程学习、网络搜索、观看音像				
资讯引导					
1. 京式月饼原料如何选用？					
2. 京式月饼生产工艺流程、操作要点及注意事项有哪些？					
3. 京式月饼如何进行感官评价？					

任务计划单

<table>
<tr><td>学习情境四</td><td colspan="5">月饼生产</td></tr>
<tr><td>工作任务 4-5</td><td colspan="3">京式月饼生产</td><td>学时</td><td>6</td></tr>
<tr><td>序号</td><td colspan="5">实施步骤</td></tr>
<tr><td></td><td colspan="5"></td></tr>
<tr><td></td><td colspan="5"></td></tr>
<tr><td></td><td colspan="5"></td></tr>
<tr><td></td><td colspan="5"></td></tr>
<tr><td></td><td colspan="5"></td></tr>
<tr><td></td><td colspan="5"></td></tr>
<tr><td rowspan="3">计划评价</td><td>班　　级</td><td></td><td>第　　组</td><td>组长签字</td><td></td></tr>
<tr><td>教师签字</td><td colspan="2"></td><td>日　　期</td><td></td></tr>
<tr><td colspan="5">评语：</td></tr>
</table>

任务记录单

学习情境四	月饼生产				
工作任务 4-5	京式月饼生产			学时	6
记录评价	班　　级		第　　组	组长签字	
	教师签字			日　期	
	评语：				

任 务 评 价 单

<table>
<tr><td colspan="2">学习情境四</td><td colspan="6">月饼生产</td></tr>
<tr><td colspan="2">工作任务 4-5</td><td colspan="3">京式月饼生产</td><td colspan="2">学时</td><td>6</td></tr>
<tr><td>序号</td><td>评价项目</td><td>评价内容</td><td>参考分值</td><td>个人评价 20%</td><td>组内互评 20%</td><td>组间评价 20%</td><td>教师评价 40%</td></tr>
<tr><td rowspan="4">1</td><td rowspan="4">资讯 20%</td><td>任务认知程度</td><td>2</td><td></td><td></td><td></td><td></td></tr>
<tr><td>资源利用与获取知识情况</td><td>5</td><td></td><td></td><td></td><td></td></tr>
<tr><td>京式月饼生产工艺流程及操作要点</td><td>8</td><td></td><td></td><td></td><td></td></tr>
<tr><td>生产机械设备的使用与维护</td><td>5</td><td></td><td></td><td></td><td></td></tr>
<tr><td rowspan="5">2</td><td rowspan="5">决策计划 20%</td><td>整理、分析、归纳信息资料</td><td>4</td><td></td><td></td><td></td><td></td></tr>
<tr><td>工作计划的设计与制订</td><td>5</td><td></td><td></td><td></td><td></td></tr>
<tr><td>确定京式月饼生产方法和工作步骤</td><td>5</td><td></td><td></td><td></td><td></td></tr>
<tr><td>进行生产的组织准备</td><td>4</td><td></td><td></td><td></td><td></td></tr>
<tr><td>解决问题的方法</td><td>2</td><td></td><td></td><td></td><td></td></tr>
<tr><td rowspan="6">3</td><td rowspan="6">实施 30%</td><td>生产方案确定的合理性</td><td>5</td><td></td><td></td><td></td><td></td></tr>
<tr><td>生产方案的可操作性</td><td>4</td><td></td><td></td><td></td><td></td></tr>
<tr><td>原辅料选择的正确性</td><td>8</td><td></td><td></td><td></td><td></td></tr>
<tr><td>生产的规范性</td><td>4</td><td></td><td></td><td></td><td></td></tr>
<tr><td>完成任务训练单和记录单全面</td><td>5</td><td></td><td></td><td></td><td></td></tr>
<tr><td>团队分工与协作的合理性</td><td>4</td><td></td><td></td><td></td><td></td></tr>
<tr><td rowspan="6">4</td><td rowspan="6">检查评估 30%</td><td>任务完成步骤的规范性</td><td>5</td><td></td><td></td><td></td><td></td></tr>
<tr><td>任务完成的熟练程度和准确性</td><td>5</td><td></td><td></td><td></td><td></td></tr>
<tr><td>教学资源运用情况</td><td>5</td><td></td><td></td><td></td><td></td></tr>
<tr><td>产品的质量</td><td>5</td><td></td><td></td><td></td><td></td></tr>
<tr><td>表述的全面、流畅与条理性</td><td>5</td><td></td><td></td><td></td><td></td></tr>
<tr><td>学习纪律与敬业精神</td><td>5</td><td></td><td></td><td></td><td></td></tr>
<tr><td rowspan="3">评语</td><td>班 级</td><td></td><td>姓名</td><td></td><td>学号</td><td>总评</td><td></td></tr>
<tr><td>教师签字</td><td></td><td>第 组</td><td>组长签字</td><td></td><td>日期</td><td></td></tr>
<tr><td colspan="7">评语：</td></tr>
</table>

工作任务5-1 酥类糕点生产训练

任 务 资 讯 单

学习情境五	中式糕点生产	工作任务 5-1	酥类糕点生产	学时	6
资讯方式	利用学习角进行书籍查找、网络精品课程学习、网络搜索、观看音像				
资讯引导					
1. 酥类糕点原料如何选用？					
2. 酥类糕点生产工艺流程、操作要点及注意事项有哪些？					
3. 酥类糕点生产需要使用哪些用具和机械设备？如何使用与维护？					
4. 酥类糕点生产中常见问题有哪些？如何解决？					

任务计划单

<table>
<tr><td>学习情境五</td><td colspan="6">中式糕点生产</td></tr>
<tr><td>工作任务 5-1</td><td colspan="4">酥类糕点生产</td><td>学时</td><td>6</td></tr>
<tr><td>序号</td><td colspan="6">实施步骤</td></tr>
<tr><td></td><td colspan="6"></td></tr>
<tr><td></td><td colspan="6"></td></tr>
<tr><td></td><td colspan="6"></td></tr>
<tr><td></td><td colspan="6"></td></tr>
<tr><td></td><td colspan="6"></td></tr>
<tr><td></td><td colspan="6"></td></tr>
<tr><td rowspan="3">计划评价</td><td>班　　级</td><td></td><td>第　　组</td><td>组长签字</td><td colspan="2"></td></tr>
<tr><td>教师签字</td><td colspan="2"></td><td>日　　期</td><td colspan="2"></td></tr>
<tr><td colspan="6">评语：</td></tr>
</table>

任务记录单

<table>
<tr><td>学习情境五</td><td colspan="5">中式糕点生产</td></tr>
<tr><td>工作任务 5-1</td><td colspan="3">酥类糕点生产</td><td>学时</td><td>6</td></tr>
<tr><td colspan="6"></td></tr>
<tr><td rowspan="3">记录评价</td><td>班　　级</td><td></td><td>第　　组</td><td>组长签字</td><td></td></tr>
<tr><td>教师签字</td><td colspan="2"></td><td>日　　期</td><td></td></tr>
<tr><td colspan="5">评语：</td></tr>
</table>

任务评价单

学习情境五	中式糕点生产						
工作任务 5-1	酥类糕点生产				学时		6
序号	评价项目	评价内容	参考分值	个人评价 20%	组内互评 20%	组间评价 20%	教师评价 40%
1	资讯 20%	任务认知程度	2				
		资源利用与获取知识情况	5				
		酥类糕点生产工艺流程及操作要点	8				
		生产机械设备的使用与维护	5				
2	决策计划 20%	整理、分析、归纳信息资料	4				
		工作计划的设计与制订	5				
		确定酥类糕点生产方法和工作步骤	5				
		进行生产的组织准备	4				
		解决问题的方法	2				
3	实施 30%	生产方案确定的合理性	5				
		生产方案的可操作性	4				
		原辅料选择的正确性	8				
		生产的规范性	4				
		完成任务训练单和记录单全面	5				
		团队分工与协作的合理性	4				
4	检查评估 30%	任务完成步骤的规范性	5				
		任务完成的熟练程度和准确性	5				
		教学资源运用情况	5				
		产品的质量	5				
		表述的全面、流畅与条理性	5				
		学习纪律与敬业精神	5				

评语	班 级		姓名		学号		总评	
	教师签字		第　组	组长签字			日期	
	评语：							

工作任务5-2 酥皮类糕点生产训练

任 务 资 讯 单

学习情境五	中式糕点生产	工作任务 5-2	酥皮类糕点生产	学时	6
资讯方式	利用学习角进行书籍查找、网络精品课程学习、网络搜索、观看音像				
资讯引导					
1. 酥皮类糕点原料如何选用?					
2. 酥皮类糕点生产工艺流程、操作要点及注意事项有哪些?					
3. 酥皮类糕点生产需要哪些用具和机械设备? 如何使用与维护?					
4. 酥皮类糕点生产中出现的常见问题有哪些? 有何解决方法?					

任务计划单

<table>
<tr><td>学习情境五</td><td colspan="6">中式糕点生产</td></tr>
<tr><td>工作任务 5-2</td><td colspan="3">酥皮类糕点生产</td><td colspan="2">学时</td><td>6</td></tr>
<tr><td>序号</td><td colspan="6">实施步骤</td></tr>
<tr><td></td><td colspan="6"></td></tr>
<tr><td></td><td colspan="6"></td></tr>
<tr><td></td><td colspan="6"></td></tr>
<tr><td></td><td colspan="6"></td></tr>
<tr><td></td><td colspan="6"></td></tr>
<tr><td></td><td colspan="6"></td></tr>
<tr><td rowspan="3">计划评价</td><td>班　　级</td><td></td><td>第　　组</td><td>组长签字</td><td colspan="2"></td></tr>
<tr><td>教师签字</td><td colspan="2"></td><td>日　　期</td><td colspan="2"></td></tr>
<tr><td colspan="6">评语：</td></tr>
</table>

任 务 记 录 单

<table>
<tr><td>学习情境五</td><td colspan="5">中式糕点生产</td></tr>
<tr><td>工作任务 5-2</td><td colspan="3">酥皮类糕点生产</td><td>学时</td><td>6</td></tr>
<tr><td colspan="6"></td></tr>
<tr><td rowspan="3">记录评价</td><td>班　　级</td><td></td><td>第　　组</td><td>组长签字</td><td></td></tr>
<tr><td>教师签字</td><td colspan="2"></td><td>日　　期</td><td></td></tr>
<tr><td colspan="5">评语：</td></tr>
</table>

任务评价单

学习情境五	中式糕点生产		
工作任务 5-2	酥皮类糕点生产	学时	6

序号	评价项目	评价内容	参考分值	个人评价 20%	组内互评 20%	组间评价 20%	教师评价 40%
1	资讯 20%	任务认知程度	2				
		资源利用与获取知识情况	5				
		酥皮类糕点生产工艺流程及操作要点	8				
		生产机械设备的使用与维护	5				
2	决策计划 20%	整理、分析、归纳信息资料	4				
		工作计划的设计与制订	5				
		确定酥皮类糕点生产方法和工作步骤	5				
		进行生产的组织准备	4				
		解决问题的方法	2				
3	实施 30%	生产方案确定的合理性	5				
		生产方案的可操作性	4				
		原辅料选择的正确性	8				
		生产的规范性	4				
		完成任务训练单和记录单全面	5				
		团队分工与协作的合理性	4				
4	检查评估 30%	任务完成步骤的规范性	5				
		任务完成的熟练程度和准确性	5				
		教学资源运用情况	5				
		产品的质量	5				
		表述的全面、流畅与条理性	5				
		学习纪律与敬业精神	5				

评语	班 级		姓名		学号		总评	
	教师签字		第　组	组长签字			日期	
	评语：							

工作任务5-3 应季应节食品生产训练

任 务 资 讯 单

学习情境五	中式糕点生产	工作任务 5-3	应季应节食品生产(根据授课季节选择)	学时	4
资讯方式	利用学习角进行书籍查找、网络精品课程学习、网络搜索、观看音像				
资讯引导					
1. 应季应节食品(具体产品)原料如何选用?					
2. 应季应节食品(具体产品)生产工艺流程是什么?					
3. 应季应节食品(具体产品)生产操作要点及注意事项有哪些?					
4. 应季应节食品(具体产品)出现的问题及解决方法是什么?					

任务计划单

学习情境五	中式糕点生产					
工作任务 5-3	应季应节食品生产(根据授课季节选择)				学时	4
序号	实施步骤					
计划评价	班 级		第 组	组长签字		
	教师签字			日 期		
	评语:					

任 务 记 录 单

学习情境五	中式糕点生产				
工作任务 5-3	应季应节食品生产(根据授课季节选择)			学时	4

记录评价	班　　级		第　　组	组长签字	
	教师签字			日　　期	
	评语:				

任务评价单

学习情境五		中式糕点生产					
工作任务5-3		应季应节食品生产(根据授课季节选择)				学时	4
序号	评价项目	评价内容	参考分值	个人评价 20%	组内互评 20%	组间评价 20%	教师评价 40%
1	资讯 20%	任务认知程度	2				
		资源利用与获取知识情况	5				
		应季应节食品(具体品种)生产工艺流程及操作要点	8				
		生产机械设备的使用与维护	5				
2	决策计划 20%	整理、分析、归纳信息资料	4				
		工作计划的设计与制订	5				
		确定应季应节食品(具体品种)生产方法和工作步骤	5				
		进行生产的组织准备	4				
		解决问题的方法	2				
3	实施 30%	生产方案确定的合理性	5				
		生产方案的可操作性	4				
		原辅料选择的正确性	8				
		生产的规范性	4				
		完成任务训练单和记录单全面	5				
		团队分工与协作的合理性	4				
4	检查评估 30%	任务完成步骤的规范性	5				
		任务完成的熟练程度和准确性	5				
		教学资源运用情况	5				
		产品的质量	5				
		表述的全面、流畅与条理性	5				
		学习纪律与敬业精神	5				
评语	班级		姓名		学号		总评
	教师签字		第 组	组长签字		日期	
	评语:						

工作任务6-1 清酥类糕点生产训练

任 务 资 讯 单

学习情境六	西式糕点生产	工作任务6-1	清酥类糕点生产	学时	6
资讯方式	利用学习角进行书籍查找、网络精品课程学习、网络搜索、观看音像				
资讯引导					
1. 清酥类糕点原料如何选用？					
2. 清酥类糕点生产工艺流程、操作要点及注意事项有哪些？					
3. 清酥类糕点生产需要使用哪些用具和机械设备？如何使用与维护？					
4. 清酥类糕点生产中常见的问题有哪些？有何解决方法？					

任务计划单

<table>
<tr><td>学习情境六</td><td colspan="5">西式糕点生产</td></tr>
<tr><td>工作任务 6-1</td><td colspan="3">清酥类糕点生产</td><td>学时</td><td>6</td></tr>
<tr><td>序号</td><td colspan="5">实施步骤</td></tr>
<tr><td></td><td colspan="5"></td></tr>
<tr><td></td><td colspan="5"></td></tr>
<tr><td></td><td colspan="5"></td></tr>
<tr><td></td><td colspan="5"></td></tr>
<tr><td></td><td colspan="5"></td></tr>
<tr><td></td><td colspan="5"></td></tr>
<tr><td rowspan="3">计划评价</td><td>班　　级</td><td></td><td>第　　组</td><td>组长签字</td><td></td></tr>
<tr><td>教师签字</td><td colspan="2"></td><td>日　　期</td><td></td></tr>
<tr><td colspan="5">评语：</td></tr>
</table>

任务记录单

<table>
<tr><td>学习情境六</td><td colspan="5">西式糕点生产</td></tr>
<tr><td>工作任务 6-1</td><td colspan="3">清酥类糕点生产</td><td>学时</td><td>6</td></tr>
<tr><td colspan="6"></td></tr>
<tr><td rowspan="3">记录评价</td><td>班　　级</td><td></td><td>第　　组</td><td>组长签字</td><td></td></tr>
<tr><td>教师签字</td><td colspan="2"></td><td>日　　期</td><td></td></tr>
<tr><td colspan="5">评语：</td></tr>
</table>

任务评价单

<table>
<tr><td colspan="2">学习情境六</td><td colspan="6">西式糕点生产</td></tr>
<tr><td colspan="2">工作任务 6-1</td><td colspan="3">清酥类糕点生产</td><td colspan="2">学时</td><td>6</td></tr>
<tr><td>序号</td><td>评价项目</td><td>评价内容</td><td>参考分值</td><td>个人评价 20%</td><td>组内互评 20%</td><td>组间评价 20%</td><td>教师评价 40%</td></tr>
<tr><td rowspan="4">1</td><td rowspan="4">资讯 20%</td><td>任务认知程度</td><td>2</td><td></td><td></td><td></td><td></td></tr>
<tr><td>资源利用与获取知识情况</td><td>5</td><td></td><td></td><td></td><td></td></tr>
<tr><td>清酥类糕点生产工艺流程及操作要点</td><td>8</td><td></td><td></td><td></td><td></td></tr>
<tr><td>生产机械设备的使用与维护</td><td>5</td><td></td><td></td><td></td><td></td></tr>
<tr><td rowspan="5">2</td><td rowspan="5">决策计划 20%</td><td>整理、分析、归纳信息资料</td><td>4</td><td></td><td></td><td></td><td></td></tr>
<tr><td>工作计划的设计与制订</td><td>5</td><td></td><td></td><td></td><td></td></tr>
<tr><td>确定清酥类糕点生产方法和工作步骤</td><td>5</td><td></td><td></td><td></td><td></td></tr>
<tr><td>进行生产的组织准备</td><td>4</td><td></td><td></td><td></td><td></td></tr>
<tr><td>解决问题的方法</td><td>2</td><td></td><td></td><td></td><td></td></tr>
<tr><td rowspan="6">3</td><td rowspan="6">实施 30%</td><td>生产方案确定的合理性</td><td>5</td><td></td><td></td><td></td><td></td></tr>
<tr><td>生产方案的可操作性</td><td>4</td><td></td><td></td><td></td><td></td></tr>
<tr><td>原辅料选择的正确性</td><td>8</td><td></td><td></td><td></td><td></td></tr>
<tr><td>生产的规范性</td><td>4</td><td></td><td></td><td></td><td></td></tr>
<tr><td>完成任务训练单和记录单全面</td><td>5</td><td></td><td></td><td></td><td></td></tr>
<tr><td>团队分工与协作的合理性</td><td>4</td><td></td><td></td><td></td><td></td></tr>
<tr><td rowspan="6">4</td><td rowspan="6">检查评估 30%</td><td>任务完成步骤的规范性</td><td>5</td><td></td><td></td><td></td><td></td></tr>
<tr><td>任务完成的熟练程度和准确性</td><td>5</td><td></td><td></td><td></td><td></td></tr>
<tr><td>教学资源运用情况</td><td>5</td><td></td><td></td><td></td><td></td></tr>
<tr><td>产品的质量</td><td>5</td><td></td><td></td><td></td><td></td></tr>
<tr><td>表述的全面、流畅与条理性</td><td>5</td><td></td><td></td><td></td><td></td></tr>
<tr><td>学习纪律与敬业精神</td><td>5</td><td></td><td></td><td></td><td></td></tr>
<tr><td rowspan="3">评语</td><td>班 级</td><td></td><td>姓名</td><td></td><td>学号</td><td>总评</td><td></td></tr>
<tr><td>教师签字</td><td></td><td>第　组</td><td>组长签字</td><td></td><td>日期</td><td></td></tr>
<tr><td colspan="7">评语：</td></tr>
</table>

工作任务6-2 混酥类糕点生产训练

任 务 资 讯 单

学习情境六	西式糕点生产	工作任务 6-2	混酥类糕点生产	学时	6
资讯方式	利用学习角进行书籍查找、网络精品课程学习、网络搜索、观看音像				
资讯引导					
1. 混酥类糕点原料如何选用?					
2. 混酥类糕点生产工艺流程、操作要点及注意事项有哪些?					
3. 混酥类糕点生产需要哪些用具和机械设备?如何使用与维护?					
4. 混酥类糕点生产中常见问题有哪些?如何解决?					

任 务 计 划 单

<table>
<tr><td>学习情境六</td><td colspan="5">西式糕点生产</td></tr>
<tr><td>工作任务 6-2</td><td colspan="3">混酥类糕点生产</td><td>学时</td><td>6</td></tr>
<tr><td>序号</td><td colspan="5">实施步骤</td></tr>
<tr><td></td><td colspan="5"></td></tr>
<tr><td></td><td colspan="5"></td></tr>
<tr><td></td><td colspan="5"></td></tr>
<tr><td></td><td colspan="5"></td></tr>
<tr><td></td><td colspan="5"></td></tr>
<tr><td></td><td colspan="5"></td></tr>
<tr><td rowspan="3">计划评价</td><td>班　　级</td><td></td><td>第　　组</td><td>组长签字</td><td></td></tr>
<tr><td>教师签字</td><td colspan="2"></td><td>日　　期</td><td></td></tr>
<tr><td colspan="5">评语：</td></tr>
</table>

任 务 记 录 单

<table>
<tr><td>学习情境六</td><td colspan="5">西式糕点生产</td></tr>
<tr><td>工作任务 6-2</td><td colspan="3">混酥类糕点生产</td><td>学时</td><td>6</td></tr>
<tr><td colspan="6"></td></tr>
<tr><td rowspan="3">记录评价</td><td>班　　级</td><td></td><td>第　　组</td><td>组长签字</td><td></td></tr>
<tr><td>教师签字</td><td colspan="2"></td><td>日　　期</td><td></td></tr>
<tr><td colspan="5">评语：</td></tr>
</table>

任 务 评 价 单

学习情境六	西式糕点生产						
工作任务 6-2	混酥类糕点生产				学时		6
序号	评价项目	评价内容	参考分值	个人评价 20%	组内互评 20%	组间评价 20%	教师评价 40%
1	资讯 20%	任务认知程度	2				
		资源利用与获取知识情况	5				
		混酥类糕点生产工艺流程及操作要点	8				
		生产机械设备的使用与维护	5				
2	决策计划 20%	整理、分析、归纳信息资料	4				
		工作计划的设计与制订	5				
		确定混酥类糕点生产方法和工作步骤	5				
		进行生产的组织准备	4				
		解决问题的方法	2				
3	实施 30%	生产方案确定的合理性	5				
		生产方案的可操作性	4				
		原辅料选择的正确性	8				
		生产的规范性	4				
		完成任务训练单和记录单全面	5				
		团队分工与协作的合理性	4				
4	检查评估 30%	任务完成步骤的规范性	5				
		任务完成的熟练程度和准确性	5				
		教学资源运用情况	5				
		产品的质量	5				
		表述的全面、流畅与条理性	5				
		学习纪律与敬业精神	5				
评语	班 级		姓名		学号		总评
	教师签字		第　组	组长签字		日期	
	评语：						

工作任务6-3　哈斗类点心生产训练

任　务　资　讯　单

<table>
<tr><td>学习情境六</td><td>西式糕点生产</td><td>工作任务 6-3</td><td>哈斗类点心生产</td><td>学时</td><td>6</td></tr>
<tr><td>资讯方式</td><td colspan="5">利用学习角进行书籍查找、网络精品课程学习、网络搜索、观看音像</td></tr>
<tr><td>资讯引导</td><td colspan="5"></td></tr>
<tr><td colspan="6">1. 哈斗类点心原料如何选用?</td></tr>
<tr><td colspan="6">2. 哈斗类点心生产工艺流程、操作要点及注意事项有哪些?</td></tr>
<tr><td colspan="6">3. 哈斗类点心生产需要哪些用具?</td></tr>
<tr><td colspan="6">4. 哈斗类点心生产中出现的问题及解决方法是什么?</td></tr>
</table>

任务计划单

<table>
<tr><td>学习情境六</td><td colspan="5">西式糕点生产</td></tr>
<tr><td>工作任务 6-3</td><td colspan="2">哈斗类点心生产</td><td colspan="2">学时</td><td>6</td></tr>
<tr><td>序号</td><td colspan="5">实施步骤</td></tr>
<tr><td></td><td colspan="5"></td></tr>
<tr><td></td><td colspan="5"></td></tr>
<tr><td></td><td colspan="5"></td></tr>
<tr><td></td><td colspan="5"></td></tr>
<tr><td></td><td colspan="5"></td></tr>
<tr><td></td><td colspan="5"></td></tr>
<tr><td rowspan="3">计划评价</td><td>班　级</td><td></td><td>第　组</td><td>组长签字</td><td></td></tr>
<tr><td>教师签字</td><td colspan="2"></td><td>日　期</td><td></td></tr>
<tr><td colspan="5">评语：</td></tr>
</table>

任 务 记 录 单

<table>
<tr><td>学习情境六</td><td colspan="5">西式糕点生产</td></tr>
<tr><td>工作任务 6-3</td><td colspan="3">哈斗类点心生产</td><td>学时</td><td>6</td></tr>
<tr><td colspan="6"></td></tr>
<tr><td rowspan="3">记录评价</td><td>班　　级</td><td></td><td>第　　组</td><td>组长签字</td><td></td></tr>
<tr><td>教师签字</td><td colspan="2"></td><td>日　　期</td><td></td></tr>
<tr><td colspan="5">评语：</td></tr>
</table>

任 务 评 价 单

学习情境六		西式糕点生产					
工作任务 6-3		哈斗类点心生产			学时		6
序号	评价项目	评价内容	参考分值	个人评价 20%	组内互评 20%	组间评价 20%	教师评价 40%
1	资讯 20%	任务认知程度	2				
		资源利用与获取知识情况	5				
		哈斗类点心生产工艺流程及操作要点	8				
		生产机械设备的使用与维护	5				
2	决策计划 20%	整理、分析、归纳信息资料	4				
		工作计划的设计与制订	5				
		确定哈斗类点心生产方法和工作步骤	5				
		进行生产的组织准备	4				
		解决问题的方法	2				
3	实施 30%	生产方案确定的合理性	5				
		生产方案的可操作性	4				
		原辅料选择的正确性	8				
		生产的规范性	4				
		完成任务训练单和记录单全面	5				
		团队分工与协作的合理性	4				
4	检查评估 30%	任务完成步骤的规范性	5				
		任务完成的熟练程度和准确性	5				
		教学资源运用情况	5				
		产品的质量	5				
		表述的全面、流畅与条理性	5				
		学习纪律与敬业精神	5				

评语	班 级		姓名		学号		总评	
	教师签字		第 组	组长签字			日期	
	评语：							

ISBN 978-7-122-30206-9

彩图2-3　黑珍珠蛋糕

彩图2-5　巧克力戚风蛋糕

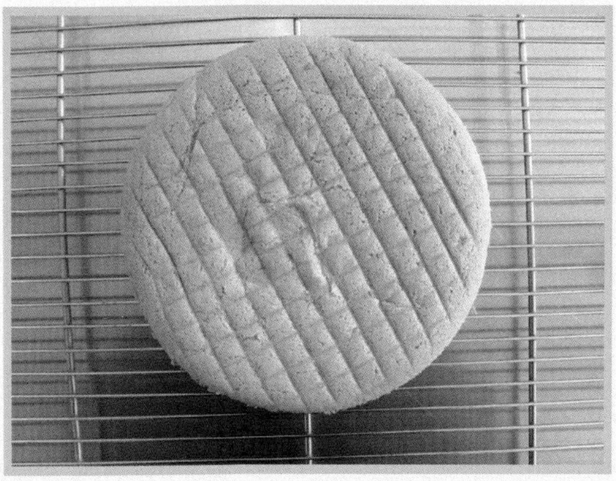

(a)　成品（一）

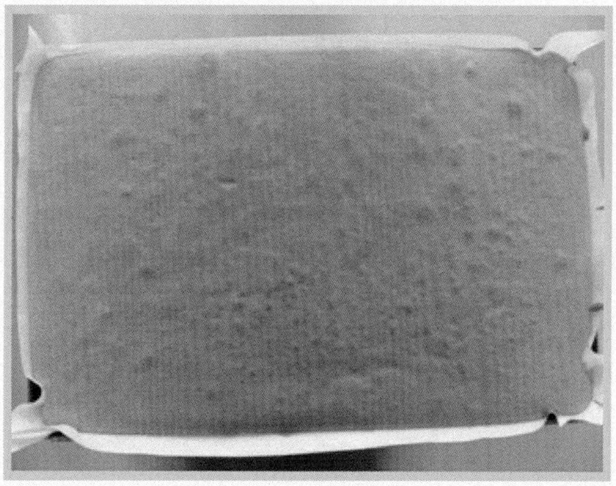

(b)　成品（二）

彩图2-4　戚风蛋糕

彩图3-1　原味黄油曲奇

彩图4-1　混糖月饼

彩图4-2　提浆月饼

彩图4-3　广式月饼

彩图4-4　苏式月饼

彩图5-1　桃酥

彩图5-2　三刀酥

彩图5-3　层层酥